普通高等教育人工智能与大数据系列教材

# 移动互联网技术与应用

主　编　杨　光
副主编　杨武军　程远征
参　编　金　蓉　石　敏

机械工业出版社

本书围绕移动互联网背景下的应用开发需求，简明扼要地介绍移动互联网的相关概念与技术、Java面向对象程序设计基础及Android应用开发技术与案例。读者通过基础知识与案例的学习，能够初步进行基于Android系统的移动互联网应用实际开发。

全书分为四部分，共11章。第一部分为第1章，介绍移动互联网的概念、关键技术与应用开发技术；第二部分包括第2~4章，详细介绍Java语言的特点、运行机制、面向对象基本概念、Java多线程技术等；第三部分包括第5~9章，详细介绍Android系统架构、开发环境搭建方法、应用界面设计、网络与通信编程、数据存储技术等；第四部分包括第10~11章，分别给出Android基础应用的案例和基于物联网开发平台的综合应用案例。各个章节的相关完整示例代码随书提供，读者可在机械工业出版社教育服务网（www.cmpedu.com）下载。

本书适合高等院校电子信息工程、通信工程等专业学生使用，也可作为相关行业的工程技术人员参考用书。

**图书在版编目（CIP）数据**

移动互联网技术与应用/杨光主编．—北京：机械工业出版社，2022.4
普通高等教育人工智能与大数据系列教材
ISBN 978-7-111-70200-9

Ⅰ.①移… Ⅱ.①杨… Ⅲ.①移动网-高等学校-教材 Ⅳ.①TN929.5

中国版本图书馆CIP数据核字（2022）第030003号

机械工业出版社（北京市百万庄大街22号 邮政编码100037）
策划编辑：王雅新　　　责任编辑：王雅新
责任校对：陈　越　李　婷　封面设计：张　静
责任印制：郜　敏
北京盛通商印快线网络科技有限公司印刷
2022年4月第1版第1次印刷
184mm×260mm · 18.75印张 · 499千字
标准书号：ISBN 978-7-111-70200-9
定价：55.00元

电话服务　　　　网络服务
客服电话：010-88361066　机　工　官　网：www.cmpbook.com
010-88379833　机　工　官　博：weibo.com/cmp1952
010-68326294　金　书　网：www.golden-book.com
**封底无防伪标均为盗版**　机工教育服务网：www.cmpedu.com

# 前　言

作为移动通信和互联网相互融合的产物，移动互联网的出现对政治、经济、文化等都带来了深远的影响。在过去的十余年间，移动互联网成为驱动我国产业转型升级和新经济、新业态、新技术进步的重要力量，令我国在蓬勃发展的全球互联网应用产业中占据领先地位。《中国互联网发展报告 2020》显示，截至 2019 年底，我国移动互联网用户规模达 13.19 亿，占全球网民总规模的 32.17%。

如果说移动终端和移动接入网络是移动互联网的外在表现形式，那么业务应用则是移动互联网的核心。移动互联网的软件设计思维与 PC 互联网有着本质不同，其中一个重要的原因在于智能手机等移动终端的屏幕较小，通常不具备键盘、鼠标等传统的人机交互方式，且移动终端的计算能力、功耗等受到一定限制，从而迫使面向移动互联网的软件设计思想在功能、交互、规模、效率等方面必须做出根本性的改变。因而，从学习移动互联网的应用软件开发技术与方法入手，不失为进入移动互联网领域，理解移动互联网思维的一条较好的途径。

本书主要面向非计算机类工科专业，内容围绕移动互联网背景下的应用开发需求，简明扼要地介绍移动互联网的基本概念与关键技术、Java 面向对象程序设计基础及 Android 应用开发技术与案例。全书分为四部分，共 11 章。第一部分为第 1 章，主要介绍移动互联网的概念、关键技术与应用开发技术；第二部分包括第 2~4 章，主要介绍 Java 语言的特点、运行机制、面向对象基本概念、Java 多线程技术等；第三部分包括第 5~9 章，详细介绍 Android 系统架构、开发环境搭建方法、应用界面设计、网络与通信编程、数据存储技术等；第四部分包括第 10~11 章，分别给出 Android 基础应用的案例和基于物联网开发平台的综合应用案例。

本书的主要特点有：

（1）网络知识与编程技术相结合

尽管目前已出版的介绍 Android 开发技术的教材较多，但其中对移动互联网应用开发相关的基础知识较少涉及，如移动互联网的组成与架构、面向对象程序设计、Java 编程技术等。本书通过由浅入深的方式向读者全面地呈现移动互联网应用开发所应具备的知识与技术，使读者能够在了解移动互联网发展变化的基础上，理解移动应用的设计思想，掌握基于 Android 的移动应用开发的基本编程技术。这种内容结构能够更好地适应非计算机专业以及不具备 Java 基础的初学者的知识结构与学习曲线，有利于读者在较短的时间内掌握所需知识。

（2）注重移动互联应用开发技术关键机制的讲解

在 Android 编程技术的讲解中，本书注重提炼 Android 应用程序的核心工作机制，通过对 UI 界面设计、事件响应处理、多线程机制等内容的介绍帮助读者完整地理解 Android 应用程序的工作原理，有助于读者举一反三，能够根据自己的需求进行应用程序的设计。由于移动互联网应用不可避免地涉及网络通信的问题，本书较为全面地介绍 Android 网络通信编程机制，包括 Android

Socket 通信、HTTP 通信、蓝牙通信、JNI/NDK 等，从而满足各种场景下的通信功能程序设计需求。

（3）增加物联网综合应用案例

本书各个相关章节均提供与书中内容对应的完整程序案例代码及相关项目文件。读者可以在机械工业出版社教育服务网进行下载，方便对所学知识进行深入学习与理解。除了基础案例外，本书最后一章是一个综合应用案例，融合了典型物联网应用涉及的数据采集、数据传输、协议分析远程控制等多方面的内容，展示了基于 Android 平台的物联网综合应用的设计与实现方法，读者通过学习该案例，能够较完整地了解物联网应用系统的结构与软件设计方法。

（4）适应行业发展的最新趋势

早期许多 Android 应用采用 Eclipse 开发环境。本书在 Android 开发基础技术和案例的讲解中，均以目前作为主流发展趋势的 Android Studio 为集成开发环境，在介绍 Android Studio 开发环境的搭建方法的基础上，帮助读者理解项目和模块的概念、Android Studio 多种视图下的项目工程结构以及 gradle 在项目构建中的作用。

本书的第 1、11 章由杨光编写，第 7 章由杨武军编写，第 5、9、10 章由程远征编写，第 2、3、4、8 章由金蓉编写，第 6 章由石敏编写。研究生刘利、董庆义、何升生参加了第 7、9、10 章的代码调试工作，研究生邢磊、刘琦参加了书稿的文字校对工作。

本书的编写得到了教育部产学合作协同育人项目“通信工程专业创新创业教育体系深化改革研究”的资助。在案例设计及测试方面，得到了北京智联友道科技有限公司以及西安邮电大学-中国电信股份有限公司陕西分公司联合共建智慧家庭（终端）实验室的大力帮助，也收到了许多老师、同仁的宝贵建议，在此一并表达编者最诚挚的谢意。

本书内容涉及通信、信息技术、计算机等多个专业领域，且相关知识与技术的发展十分迅速，因编者专业水平有限，书中难免存在疏漏之处，恳请各位专家、业界同行及广大读者批评指正。

编　者

# 目　录

# 第1章　移动互联网技术基础

移动互联网是继互联网之后信息技术的又一次巨大变革，它的出现对政治、经济、文化等都带来了深远的影响。移动互联网将移动通信和互联网这两个发展最快、创新最活跃的领域连接在一起，使得“网络无处不在、科技无所不能”的愿景成为现实。借助于无线移动接入手段，移动互联网不是对桌面互联网的简单复制，而是一种新的能力、新的思想和新的模式，并不断催生新的业务形态、商业模式和产业形态。

本章主要介绍移动互联网的基础知识，包括移动互联网的基本概念、关键技术及常用的移动互联网应用软件开发技术。

## 1.1　移动互联网的概念

### 1.1.1　移动互联网的产生背景

#### 1. 什么是移动互联网

移动互联网是互联网与移动通信各自独立发展后互相融合而产生的新兴领域。移动互联网的概念自20世纪末被提出后，业界纷纷给出了各自的定义。

中国信息通信研究院（原中国工信部电信研究院）在其发布的《移动互联网白皮书》中提出：移动互联网是以移动网络作为接入网络的互联网及服务，它包括移动终端、移动网络和应用服务三大要素。

中国电信认为，移动互联网是移动通信和互联网从终端技术到业务全面融合的产物，它可以从广义和狭义两个角度理解。广义的移动互联网是指用户使用手机、平板计算机、笔记本计算机等移动终端，通过移动或无线网络访问并使用互联网服务；狭义的移动互联网是指用户使用手机通过移动网络访问并使用互联网服务。

维基百科的定义：移动互联网是指使用移动无线调制解调器，或者整合在手机或独立设备上的无线调制解调器接入的互联网。

尽管以上定义有不同的表述方式，但都体现了移动互联网两个层次的内涵。从技术层面看，移动互联网是以移动终端作为用户设备，以无线移动方式接入，以宽带IP为技术核心的开放式基础电信网络。从内容层面看，移动互联网为用户提供各类包括语音、数据、多媒体在内的各种多样化、个性化的业务和应用。在以上两层内涵中，基础电信网络是实现应用的载体，而业务应用则是整个移动互联网的核心，它直接面向用户，是人们对基础电信网络能力不断升级的驱动力。

**2. 移动互联网的产生背景**

（1）移动互联网的出现

互联网起源于1969年美国国防部高级研究计划局（Advanced Research Projects Agency，ARPA）建立的阿帕网（ARPANET）。最初的ARPANET只有四个节点，分别是加利福尼亚大学洛杉矶分校、斯坦福研究所、加利福尼亚大学圣芭芭拉分校和犹他大学，其后许多大学、研究所、政府机构开始接入，网络规模不断扩大。1983年，出于军事安全的考虑，ARPANET中的部分节点被分离形成了一个专门的军事网络（Military Network，MILNET），其余的部分作为民用网络。之后越来越多的机构、企业加入其民用网络，逐渐发展为今天的国际计算机互联网。

二十世纪90年代后期，随着互联网的普及与移动通信技术的发展，人们开始尝试使用移动设备接入互联网。1996年，世界第一部能够连接互联网的手机诺基亚9000在芬兰发布，然而由于当时连接互联网的费用过于昂贵，手机上网业务并未普及。

1999年，日本电信运营商NTT DoCoMo推出了i-Mode移动上网模式。用户通过i-Mode可以随时随地使用手机访问互联网，收发电子邮件甚至下载高品质音乐等。i-Mode的出现，第一次将移动电话从“通话手机”进化为全方位的“信息手机”，被认为是全球移动互联网服务的开端。

i-Mode模式的成功使日本成为当时世界互联网的焦点，包括韩国、欧洲、美国等在内的各国电信运营商纷纷开始效仿。我国的移动梦网也正是在借鉴i-Mode的基础上推出的。

（2）中国移动互联网的发展

中国移动互联网出现于2000年，其后的二十年间迅速发展壮大，截至2018年底我国移动互联网用户数达8.17亿。目前，业界将中国移动互联网的发展历程概括为以下四个阶段。

1）萌芽期（2000—2007年）。受限于移动2G网速和手机智能化程度，无线应用协议（Wireless Application Protocol，WAP）应用是该阶段移动互联网应用的主要模式。WAP应用把Internet上HTML的信息转换成用WML描述的信息，显示在移动电话的显示屏上。WAP只要求移动电话和WAP代理服务器的支持，而不要求现有的移动通信网络协议做任何的改动，因而被广泛地应用于GSM、CDMA、TDMA等多种网络中。

2000年12月，中国移动正式推出了移动互联网业务品牌“移动梦网Monternet”，囊括了短信、彩信、手机上网（WAP）、百宝箱（手机游戏）等多元化信息服务，从而拉开了中国移动互联网的序幕。

2）成长培育期（2008—2011年）。随着第三代（3rd Generation，3G）移动网络的部署和智能手机的出现，移动网速大幅提升，移动智能终端功能逐渐增强，中国移动互联网掀开了新的发展篇章。2009年1月，工业和信息化部宣布，批准中国移动、中国电信、中国联通三大电信运营商增加第三代移动通信业务经营许可，中国3G网络大规模建设正式铺开，中国移动互联网全面进入3G时代。

各大互联网公司都在摸索如何抢占移动互联网入口，一方面纷纷推出手机浏览器，另一方面通过与手机制造商合作，将企业应用预安装在手机中。然而由于智能手机发展处在初期，使用人群主要局限于高端人群阶层，很多创新的移动互联网应用尽管已经上线，但并没有得到大规模应用。

3）高速成长期（2012—2013年）。该阶段，具有触摸屏功能的智能手机大规模普及，传统手机被迅速取代，智能手机操作系统的普遍安装和手机应用程序商店的出现极大地丰富了手机上网功能，移动互联网应用呈现爆发式增长。

以微信为代表的手机即时通信应用开始呈现大规模增长，同时各大互联网公司都在推进业务向移动互联网转型。手机购物、移动支付等应用飞速发展；手机搜索、手机地图、手机新闻等各类手机应用不断推出。手机制造商与服务提供商的界限开始被打破，一些公司推出“智能手机+互联网服务”的创新商业模式，依托智能手机为载体，加大公司互联网服务应用的推广力度，获得了巨大的成功。手机打车、信息推荐引擎等一大批基于移动互联网的应用服务创新和商业模式创新在此期间大量涌现，极大地激发了投资界对移动互联网应用的投资兴趣。

4）全面发展期（2014 年至今）。此阶段，随着第四代（4th Generation，4G）移动通信网络的部署，移动上网网速得到极大提高，移动应用场景得到极大丰富。2013 年 12 月，工信部正式向中国移动、中国电信和中国联通三大运营商发放了 TD-LTE（Time Division Long Term Evolution）4G 牌照。2015 年 2 月 27 日，工信部向中国电信和中国联通发放 FDD-LTE（Frequency Division Duplexing-Long Term Evolution）牌照。中国 4G 网络正式大规模铺开，移动互联网应用开始全面发展。

桌面互联网时代，门户网站是企业开展业务的标配。移动互联网时代，手机 APP（Application）应用是企业开展业务的标配。4G 网络促使许多公司利用移动互联网开展业务。4G 网络性能的大幅提高促进了实时性要求高、流量需求大的移动应用的快速发展，涌现出一大批基于移动互联网的手机视频、直播应用。各互联网公司围绕已有的移动支付、打车应用、移动电子商务等领域展开了激烈竞争，出现了在不同业务领域相互渗透的局面。

**3. 移动互联网的发展趋势**

经过二十年的发展，移动互联网已经渗透到人们生活、工作的各个领域。未来 5G、工业互联网、人工智能等领域的发展将为移动互联网的发展注入新的动力，推动移动互联网的创新与变革。总体上看，移动互联网具有以下发展趋势。

（1）5G 时代的到来将开启移动互联网的新阶段

第五代（5th Generation，5G）移动通信技术是最新一代蜂窝移动通信技术。2019 年 6 月 6 日，我国工信部正式向中国电信、中国移动、中国联通、中国广电发放 5G 商用牌照，中国正式进入 5G 商用元年。5G 网络具有高速率、低时延、海量连接等特征，其数据传输峰值速率可达数十 Gbit/s，网络延迟低于 1ms，连接密度可达到 100 万连接/平方公里。5G 网络性能的飞跃，将为移动互联网高速发展提供强大的支撑平台，带来深刻甚至是颠覆性的影响。

借助于 5G 的大带宽、低时延管道，能解决增强现实（Augmented Reality，AR）、虚拟现实（Virtual Reality，VR）、3D 视频等应用所需的超高速移动数据传输问题，为用户带来更加极致的应用体验。5G 将推动移动互联网向万物互联时代迈进，满足海量用户的通信要求，并保障数以亿计的设备安全接入网络。用户可以便捷地访问物联网、车联网等提供的众多非传统移动互联网业务的服务，形形色色的新型应用与服务将不断衍生。

（2）工业互联网的建设将加速移动互联网市场结构变化

随着互联网普及率的不断提升，人口红利趋近结束，以个人用户的日常生活为应用场景的消费互联网的发展已经接近饱和状态，工业互联网的出现为互联网的发展赋予了巨大的动能。“工业互联网”的概念最早由通用电气于 2012 年提出，随后美国五家行业龙头企业联手组建了工业互联网联盟（Industrial Internet Consortium，IIC），将这一概念大力推广开来。按照 IIC 的定义，工业互联网是“一种物品、机器、计算机和人的互联网，它利用先进的数据分析法，辅助提供智能工业操作，改变商业产出。它包括了全球工业生态系统、先进计算和制造、普适感知、泛在网络连接的融合”。

工业互联网不仅包括企业内部的智能工厂或者企业之间的智能生产，还将和消费互联网乃至人类的社交网络进行更大范围的整合，形成包含人类互联网、物联网和服务互联网在内的超级网络。随着工业互联网的建设，移动互联网市场将呈现结构变化新特征。传统制造业企业采用移动互联网、云计算、大数据、物联网等信息通信技术，改造原有产品及研发生产方式。借助移动互联网技术，企业及厂商可以在各类工业产品上增加网络软硬件模块，实现用户远程操控、数据自动采集分析等功能，极大地改善了工业产品的使用体验。运用物联网技术，工业和企业可以将机器等生产设施接入互联网，构建网络化物理设备系统，进而使各生产设备能够自动交换信息、触发动作和实施控制。

（3）人工智能技术与产业结合将推动移动互联网向纵深发展

当前，人工智能呈现深度学习、跨界融合、人机协同、群智开放、自主操控等新特征，正在对经济社会发展产生重大而深远的影响。在智能化引领发展的阶段中，人工智能技术正在越来越广泛地应用于移动互联网领域。

借助于人工智能技术，各运营商能够建立移动互联网用户行为分析系统，掌握用户的上网习惯以及偏好，从而准确定位用户对于移动互联网的需求，为企业经营分析决策提供数据支撑。身份认证是保障移动互联网应用安全性的关键技术。基于生物识别（如指纹、人脸、虹膜、指静脉等）的身份认证方式是人工智能算法的一个重要应用方向，具有安全性高、使用方便等优势，将其与传统认证方式相结合而成的多因子身份认证方式能够极大地增强移动互联网的安全性。AR/VR 技术是基于人工智能技术的应用新拓展，此类应用需要收集用户周围的感知数据快速上传至服务器，并通过服务器计算将结果下发到用户的眼镜等输出设备上，人工智能算法实现了大数据量的瞬时计算，为 AR/VR 应用的发展奠定了强大的计算基础。此外依托于人工智能的深度置信网、卷积神经网络、递归神经网络等技术，一大批新型应用正快速发展，如自动驾驶汽车、智能家居、智能语音搜索、图像搜索等。人工智能技术对移动互联网的每一个领域都可以产生巨大的影响。

## 1.1.2 移动互联网的组成与体系架构

### 1. 移动互联网的组成

从网络结构来看，移动互联网由移动互联网终端、移动无线接入网络及互联网核心部分组成，如图 1-1 所示。

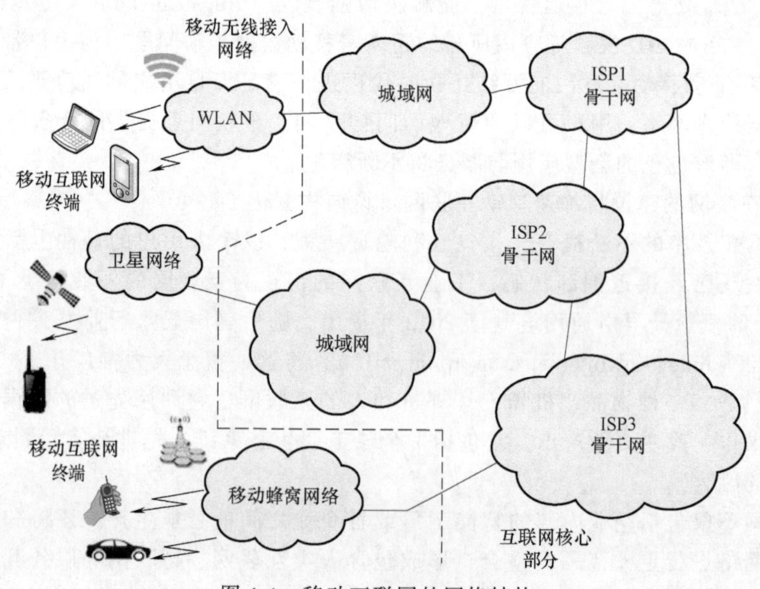


图 1-1 移动互联网的网络结构

（1）移动互联网终端

移动互联网终端是指采用无线通信技术接入互联网的终端设备，其主要功能就是移动上网。移动终端的形态多种多样，包括手机、平板计算机、上网本、笔记本计算机、可穿戴设备、车载设备等。总体上可将移动终端分为功能型和智能型两类。功能型终端通常采用封闭式操作系统，主要功能已经固化，可供用户配置和扩展的部分很少。智能型终端具备开放的操作系统，支持应用程序的灵活开发、安装及运行。在移动互联网时代，智能型终端将逐渐取代功能型终端占据移动终端市场的主导地位。

（2）移动无线接入网络

移动无线接入网络负责将用户端的移动终端接入互联网。在广义的移动互联网定义中，接入网的范畴很大，包括多种类型。主要的移动无线接入网络包括：移动蜂窝网络（2G、3G、4G、5G 等）、无线局域网（Wireless Local Area Network，WLAN）、无线城域网（Wireless Metropolitan Area Network，WMAN）、无线个域网（Wireless Personal Area Network，WPAN）、卫星网络等。

（3）互联网核心部分

互联网的核心部分包括城域网和骨干网两层结构。城域网将位于同一城市内不同地点的主机、数据库以及局域网等互相联接起来，骨干网则是用来连接多个区域或地区的高速网络，各个商业 ISP 的骨干网互联形成了整个互联网的骨干网。城域网和骨干网中的关键网络层设备包括三层交换机、高性能路由器等。

需要说明的是，各类服务器包括分布式服务器、云服务器等通常是以有线方式接入互联网的，它们既可以为移动互联网用户提供服务，也可以为传统互联网用户提供服务，这里就不做详细介绍了。

**2. 移动互联网的技术体系架构**

移动互联网的技术体系架构由“端”“管”“云”三个层次构成，包括移动互联网应用服务平台技术、面向移动互联网的网络平台技术、移动智能终端软件平台技术、移动智能终端硬件平台技术、移动智能终端原材料元器件技术、移动互联网安全控制技术六大领域。如图 1-2 所示。

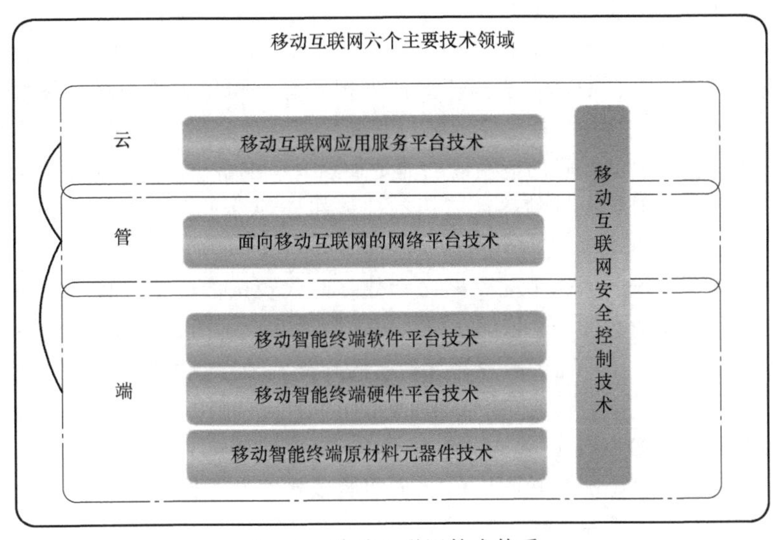


图 1-2　移动互联网技术体系

（1）移动智能终端软件平台技术

移动智能终端软件平台技术包括操作系统、中间件、应用平台、应用软件四部分。已有的移动智能终端操作系统包括 Android、IOS、Windows phone、Symbian、BlackBerry OS 等。随着移动互联网的发展，操作系统技术正从最初聚焦于对硬件资源的管理调度扩展到面向应用服务的延伸与整合，架构在内核系统上的中间件、应用平台等也成为其有机组成部分。

(2) 移动智能终端硬件平台技术

移动智能终端硬件平台的组成包括处理器、存储器、基带芯片、射频单元、电源系统、输入输出设备、传感设备等，各类硬件单元的能力不断增强，其中多模通信技术、新型传感技术(如 GPS 磁罗盘、陀螺仪、加速度计)、多点触控技术、高效电源技术等正推动着移动互联网应用的飞速发展。

(3) 移动智能终端原材料元器件技术

在移动智能终端原材料和元器件方面，芯片厂家一方面通过提高集成度，实现集成包括数字信号处理、模拟/射频、无源元件、传感器/执行器、光电子器件、生物芯片等在内的复杂封装；另一方面不断探索新材料和新结构，向着纳米、亚纳米以及多功能化器件方向发展，如碳基纳米器件、量子、自旋电子和分子器件等。

(4) 面向移动互联网的网络平台技术

网络平台即网络基础设施。移动互联网的网络基础设施相比于传统互联网的差异主要体现在接入技术的不同，基于公众移动通信网络接入互联网是一种主要的接入方式。目前主流的移动通信系统为 4G、5G 系统。作为最新一代蜂窝移动通信技术，5G 将满足超高流量密度、超高连接数密度、超高移动性的需求，为用户提供高清视频、虚拟现实、增强现实、云桌面、在线游戏等极致用户体验。

无线局域网技术是实现移动互联网接入的另一种重要方式，目前的主流标准是 IEEE 802.11 系列标准。其原始标准 802.11 于 1997 年推出，速率为 2Mbit/s。其后的二十年间，802.11 系列标准被不断修正完善，2009 年推出的 802.11n 标准，支持的最大传输速率为 300Mbit/s；2014 年推出的 802.11ac 标准，支持的最大传输速率为 1Gbit/s；目前的最新标准为 2018 年推出的 802.11ax，最大传输速率可达 9.6Gbit/s。

(5) 移动互联网应用服务平台技术

应用平台为移动互联网业务应用的开发、部署、运行、管理等提供各种所需的能力。目前，云计算与移动互联网应用平台的结合成为重要的发展趋势。相比于传统桌面终端，移动终端的计算与存储能力有限，云计算技术能够将计算过程从用户终端集中到“云端”，有效地克服了移动终端的能力瓶颈，使得移动互联网应用的功能更加强大、丰富、广泛。另一方面，移动互联网促进了云计算的发展，目前有大量的移动应用都部署在云计算平台上，成为支撑云计算平台发展的重要力量。

移动互联网规模的激增，加速了互联网向大数据时代迈进的步伐。移动终端产生的海量用户数据已占据互联网数据的大部分，依赖于强大的云计算平台，通过大数据分析手段，能够发掘出各种具有价值的信息，对于商业、教育、文化、医疗等各种社会民生领域的发展都将产生十分深远的影响。

(6) 移动互联网安全控制技术

在移动互联网环境下，传统互联网中的安全问题依然存在，同时还出现了一些新的安全问题。移动互联网的安全技术贯穿“端”“管”“云”三个层面。

移动终端上恶意软件的传播途径更多样化，隐蔽性也较高，移动终端“永远在线”的特性使得窃听、监视和攻击行为更加容易。移动终端安全机制包括硬件设备安全标准、通信入网认证等，终端操作系统安全机制包括防病毒、系统漏洞攻击、数据安全及隐私保护机制、数据授权访问、加密等。

网络安全机制包括网络设备的环境安全，操作系统、数据库等的访问控制及入侵防御机制，用户认证及数据加密机制等。

云计算的引入给移动互联网带来新的安全风险，移动互联网应用架构下的云计算安全技术体系框架主要包括五个组成部分：数据安全和隐私保护、虚拟化运行环境安全、差异化移动云安全接入、基于 SLA 的动态云安全服务、风险评估及监管体系。

## 1.2 移动互联网的关键技术

### 1.2.1 基础网络技术

从基础网络技术来看，移动互联网相比传统互联网最大的差异就在于接入网络技术的不同。同时由于用户设备的移动性，如何在 IP 网络中灵活、有效地提供移动性支持也是十分重要的。

**1. 移动接入技术**

广义的移动互联网接入技术包括移动蜂窝网络接入、无线局域网接入、无线城域网接入、无线个域网接入、卫星网络接入等，这里主要介绍移动蜂窝网络技术。

(1) 移动蜂窝组网原理

移动通信网络的无线区域覆盖技术包括大区制及小区制两种。大区制就是整个服务区由一个基站或少量的基站来覆盖，大区制基站天线架设高、功率大，覆盖半径也大，通常为 20～50km。该方式的优点是系统组成与控制比较简单，缺点是基站天线所使用的频率在很大范围内无法复用，且由于基站频道数目有限，系统能容纳的用户数量比较少。

小区制又称蜂窝制，是指把整个服务区划分为若干个小区，每个小区采用小功率的基站覆盖。该方式下分配给移动通信系统的频谱资源被划分为若干独立的信道，这些信道按组分配给各个小区，独立的信道能够被非相邻的小区复用。因此小区制移动通信系统的容量大，但存在同频干扰以及越区切换问题。目前的公众移动通信网络大多采用小区制。典型的蜂窝系统结构如图 1-3 所示。

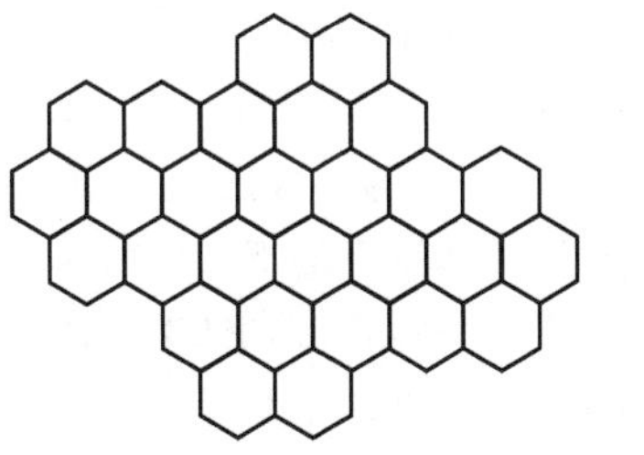

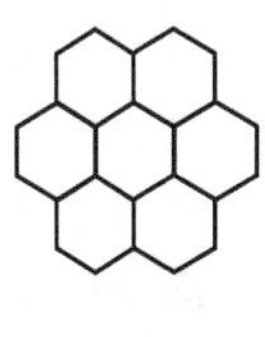

N=7的区群结构

图 1-3 蜂窝系统结构

为实现无缝隙、无重叠的全覆盖，小区的形状需要被设计为正多边形。正六边形是一个常用的选择，这是由于在服务区面积一定的情况下，正六边形小区的形状最接近理想的圆形，用它覆盖所需基站最少，也最经济。正六边形构成的网络形同蜂窝，因此将其称为蜂窝网。

在每个小区中，基站可以位于小区中央，采用全向天线实现无线区覆盖，这种方式称为中心激励；基站也可以设置在正六边形的三个互不相邻的顶点，采用 120°扇形辐射的定向天线实现无线区覆盖，这种方式称为顶点激励。顶点激励的优点是有利于消除障碍物阴影，对来自天线方向图主瓣之外的干扰有一定隔离度，从而允许同频小区的距离减小，提高了频率资源利用率；但其缺点是控制相对比较复杂。通常由若干个小区构成区群，区群彼此连接构成整个服务区。为防止同频干扰，同一区群中的小区不得使用相同的频率，且邻接区群中的同频小区中心间距应该相等。区群之间的频率复用将导致同频干扰问题，即无用信号的载频与有用信号的载频相同，从而对接收有用信号的接收机造成干扰，因此同频小区的距离应满足一定要求。

（2）第三代移动通信系统（3G）

第一代移动通信系统（1G）为模拟系统，仅能提供语音业务；自第二代移动通信系统（2G）开始，移动通信进入了数字时代，但2G仅能提供语音业务及低速数据业务；第三代移动通信系统能够提供最高达2Mbit/s的业务传输速率，使得移动数据通信进入了多媒体时代，同时也推动移动互联网进入成长培育期。

第三代移动通信系统是国际电信联盟（International Telecommunication Union，ITU）提出的具有全球移动、综合业务、数据传输蜂窝、无绳、寻呼、集群等多种功能，并能满足频谱利用率、运行环境、业务能力和质量、网络灵活及无缝覆盖、兼容等多项要求的全球移动通信系统，简称IMT-2000（International Mobile Telecom System-2000）。

ITU在2000年5月确定了三个主流3G无线接口标准：WCDMA、CDMA2000、TD-SCDMA；2007年全球微波接入互操作性（World Interoperability for Microwave Access，WIMAX）也成为被接受的3G标准。三大主流3G无线接口标准均采用码分多址技术（Code Division Multiple Access，CDMA），该技术是美国高通公司利用美国军方解禁的“扩展频谱技术”开发出的一种通信技术。CDMA技术利用不同的高速扩频编码序列对不同用户的信号进行扩频调制，各个扩频码序列相互正交，从而保证不同的用户信号能够使用相同的频率、时间、空间进行无线传输。

WCDMA在全球应用最为广泛，全称为Wideband CDMA，也称为CDMA Direct Spread，是基于GSM网络发展起来的3G技术规范，最初由欧洲提出，日本提出的宽带CDMA技术与其基本相同。CDMA2000是由窄带CDMA（IS95）发展而来的，也称为CDMA Multi-Carrier，由美国高通公司为主导提出，随后韩国也成为该标准的主导者。TD-SCDMA全称为Time Division-Synchronous CDMA，是我国自主制定的3G标准，它融合了智能无线、同步CDMA和软件无线电等先进技术，在频谱利用率、对业务支持的灵活性、成本等方面具有独特的优势，非常适用于GSM系统到3G系统的升级。

（3）第四代移动通信系统（4G）

4G通常是指相对于3G的下一代网络，是在3G的基础上不断优化升级、创新发展而来的。ITU于2005年将4G正式命名为IMT-Advanced，其性能指标要求慢速移动场景下用户下行峰值速率达到1Gbit/s，快速移动场景下的下行峰值速率达到100Mbit/s。由于这个极限峰值速率在早期的网络条件下难以达到，所以ITU将LTE-TDD（Long Term Evolution-Time Division Duplexing）、LTE-FDD（Long Term Evolution- Frequency Division Duplexing）、WIMAX以及HSPA+纳入现阶段4G的范畴。从严格意义上讲，以上这些标准只能算作3.9G，例如，LTE-TDD的理论下行峰值速率为100Mbit/s，LTE-FDD的理论下行峰值速率为150Mbit/s，只有升级版的LTE-Advanced、Wireless Man-Advanced才能满足ITU的要求。

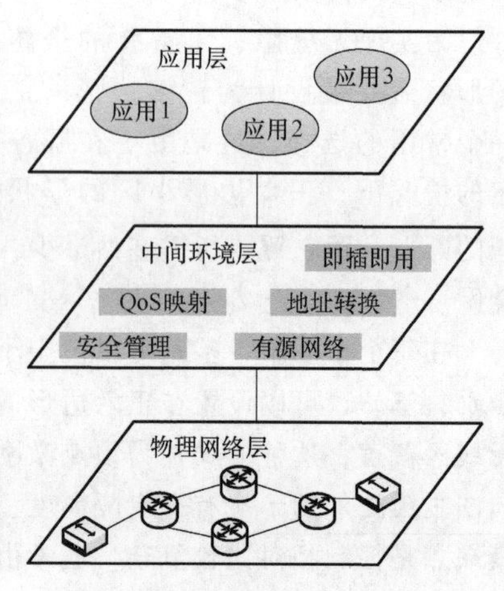

图1-4　4G网络的分层结构

4G系统的网络结构包括三层：物理网络层、中间环境层、应用层，如图1-4所示。物理网络层提供接入和路由选择功能，它们由无线和核心网的结合格式完成。中间环境层作为桥接层提供QoS映射、地址转换、即插即用、安全管理、有源网络等。物理网络层与中间环境层、中间环境层与应用层间的接口是开放的，从而便于发展新的应用及服务，提供无缝高数据率的无线服务，并运行于多个频带。这一服务能自适应于多个无线标准及多模终端，跨越多个运营商和服务商，提供更大范围的服务。

4G 系统物理层的关键技术主要包括：

1）正交频分多址（OFDMA）技术。正交频分多址（Orthogonal Frequency Division Multiple Access，OFDMA）是指将传输信道划分成频域正交的一系列子信道，再将不同的子信道分配给不同用户的多址技术。该技术允许子信道的频谱相互重叠但互不干扰，具有频谱利用率高、抗多径干扰能力强、抗频率选择性衰落能力强、抗窄带干扰能力强等显著优点，为 4G 标准的核心技术之一。

2）多输入多输出（MIMO）技术。多输入多输出（Multiple-Input Multiple-Output，MIMO）是一种空间分集技术，它将用户数据分解为多个并行数据流，在指定带宽内在多个发射天线上进行发射，经过无线信道后，由多个接收天线接收，并根据数据流的空间特性恢复出原数据流。MIMO 系统具有极高的频谱利用效率，在对现有频谱资源充分利用的基础上通过利用空间资源来获取可靠性与有效性两方面的增益。

3）软件无线电技术。软件无线电技术的基本思想是构造一个开放的、标准化的、模块化的通用硬件平台，利用软件来实现无线通信系统的各种组件的功能，如调制解调器、加密、解密、通信协议等。并使 A/D、D/A 转换器尽可能地靠近天线，从而使得无线通信新系统、新产品的开发重心逐渐转到软件上来，以适应无线通信快速发展的需求。

4）智能天线技术。智能天线技术是在软件无线电基础上提出的新的天线设计概念，它采用先进的波束转换技术和自适应空间数字信号处理技术，产生空间定向的波束，使得天线的主波束对准用户信号到达方向，旁瓣或零陷对准干扰信号到达方向，达到充分高效利用移动用户信号并删除或抑制干扰信号的目的，有利于增加系统容量、扩大覆盖、提高无线传输速率。

5）载波聚合技术。LTE 采用 OFDM 多址技术，以子载波为单位分配频率资源，按照不同的子载波数目，可支持 1.4~20MHz 的传输带宽。LT-Advanced 采用载波聚合技术来满足更高的带宽需求。载波聚合分为连续载波聚合和非连续载波聚合。前者对连续频段上的多个载波进行聚合；后者对分散的频谱资源进行整合，可以达到最高 100MHz 的带宽，且具有更强的频谱利用灵活性。

6）多点协作传输技术。多点协作传输技术是对传统单基站 MIMO 技术的补充和扩展，是 LTE-Advanced 中的关键技术。它通过小区间的联合调度和协作传输，使小区边缘用户的干扰信号变为有用信号，或降低来自相邻小区的干扰水平，从而能够有效地提高数据传输速率、提升小区边界吞吐量、减少小区干扰。多点协作传输涉及三种技术：协作干扰抑制、协作波束赋形和联合处理。

（4）第五代移动通信系统（5G）

2015 年 6 月，ITU 在 ITU-R WP5D 第 22 次会议上，确定了 5G 的名称、愿景和时间表等关键内容，从此 5G 被命名为 IMT-2020。ITU 归纳了 5G 的主要技术场景：增强移动宽带（Enhanced Mobile Broadband，eMBB），是以人为中心的应用场景，集中表现为超高的传输数据速率，广覆盖下的移动性保证，最直观的体验就是极致的网速；高可靠性低时延连接（Ultra-Reliable Low latency Communications，uRLLC），在此场景下，连接时延要达到 1ms 级别，而且要支持高速移动（500km/h）情况下的高可靠性（99.999%）连接，该场景更多面向车联网、工业控制、远程医疗等特殊应用；海量机器类通信（massive Machine Type of Communication，mMTC），主要面向大规模物联网业务，将会发展在 6GHz 以下的频段。

从标准进展来看，3GPP 于 2016 年启动 5G 标准研究，2018 年 6 月，5G 第一阶段标准 Rel-15 冻结，主要支持增强移动宽带和基础的低时延高可靠业务；第二阶段标准 Rel-16 即将冻结，重点支持大连接低功耗场景；第三阶段标准 R17 已正式立项，预计于 2021 年完成，主要围绕“网络智慧化、能力精细化、业务外延化”三大方向。

5G 的主要性能指标包括：0.1～1GB/s 的用户体验速率，几十 GB/s 的峰值速率，每平方公里数十 TB/s 的流量密度，每平方公里百万的连接密度数，毫秒级的端到端时延。

下面介绍 5G 的几种关键技术。

1）毫米波。毫米波（millimeter wave）通常指频段在 30～300GHz，相应波长为 1～10mm 的电磁波。毫米波属于甚高频段，能够提供极高的带宽，此外还具有波束窄、传输质量高、安全保密性好等优点。但由于毫米波波长很短，所以绕射和衍射能力较弱，覆盖面积小，雨衰比较严重。目前 5G 最有希望采用的毫米波波段为 28GHz 和 60GHz，28GHz 频段可用频谱带宽达到 1GHz，60GHz 频段可用频谱带宽达到 2GHz。

2）非正交多址（NOMA）。非正交多址（Non-Orthogonal Multiple Access，NOMA）是基于功率域复用的新型多址方案，它允许多个用户在相同的时频资源上承载信息，不同用户的传输资源是非正交的，各用户的信息可以混叠在一起进行传输，因此可以获得比 OFDMA 更高的频谱利用率。NOMA 在发送端进行非正交发送，主动引入干扰信息，在接收端通过串行干扰删除接收机实现正确解调，其频谱效率的提升是以增加接收端的复杂度为代价换取的。

3）滤波组多载波技术（FBMC）。在 OFDMA 技术中，需要通过加入循环前缀来对抗多径衰落，从而导致无线资源的浪费。滤波组多载波技术（Filter-Bank Based Multicarrier，FBMC）中，发送端通过合成滤波器组来实现多载波调制，接收端通过分析滤波器组来实现多载波解调，由于原型滤波器的冲击响应和频率响应可以根据需要进行设计，各载波之间不再必须是正交的，不需要插入循环前缀；各子载波带宽、各子载波之间的交叠程度可以灵活控制，从而可方便地控制相邻子载波之间的干扰，并且便于使用一些零散的频谱资源。

4）大规模 MIMO 技术。大规模 MIMO（massive MIMO）技术是传统 MIMO 技术的扩展和延伸，其基本特征是在基站侧配置大规模的天线阵列（从几十至几千），其中基站天线数量远远大于用户终端的天线数量，利用波束成形技术使天线能量集中在一个较窄的方向上传播，多用户传输信道趋于正交，从空间域的维度实现频谱资源复用，能够数倍地提高小区容量和频谱效率。

5）超密集组网（UDN）。5G 网络的架构将从传统的移动蜂窝方式转向分布式的、异构的新型通信方式。超密集组网（Ultra Dense Network，UDN）就是通过更加“密集化”的无线网络部署，将站间距离缩短为几十米甚至十几米，站点密度大大增加，从而带来了功率效率、频谱效率的提升，大幅度提高了系统容量。UDN 在提升容量的同时，也面临同频干扰、移动性管理、多层网络协同、网络回程等技术问题，其解决方案包括干扰管理、小区虚拟化、接入和回程设计等。

6）设备到设备通信（D2D）。设备到设备通信（Device-to-Device Communication，D2D），是指两个终端会话的数据直接进行传输，不需要通过基站转发，而相关的控制信令，如会话的建立、维持、无线资源分配以及计费、鉴权、识别、移动性管理等仍由蜂窝网络负责。蜂窝网络引入 D2D 通信，可以减轻基站负担，降低端到端的传输时延，提升频谱效率，降低终端发射功率。

**2. 移动 IP 技术**

不同于传统互联网，移动互联网需要满足移动用户在任何地点、任何时间、通过各类可用的接入方式方便地访问网络的服务，这对原有的 IP 地址寻址机制提出了新的要求。传统 IP 网络中，每一个 IP 地址都归属于一个网络，当一台计算机从一个网络转入另一个网络时，需要重新配置 IP 地址，这种方式对需要频繁移动的移动设备而言是不适合的。

移动 IP 技术是针对节点移动性在网络层提出的一种解决方案，它提供了一种机制，使得某个移动节点可以连接到任意链路，但同时可以不必改变其永久 IP 地址。本质上，可以将移动 IP 看成一种路由协议，它在特定节点建立路由表，以保证 IP 数据包可以被传送给未连接在家乡链路上的节点。下面简要介绍其基本工作原理。

（1）基本术语

移动节点：位置经常变化的节点，经常从一个链路切换到另一个链路。

归属地址：移动节点拥有的永久 IP 地址，一般不发生改变，除非归属网络的编址发生变化。

归属链路：移动结点在归属网络接入的本地链路。

归属代理：移动节点归属网络上的一台路由器，主要用于保持移动节点的位置信息，当移动节点外出时，负责将发给移动节点的 IP 包转发给移动节点。

转交地址：当移动节点切换到外地链路时，该节点获得一个临时 IP 地址，分为可配置转交地址和外地代理转交地址。当归属代理向移动节点转发 IP 包时，将转交地址作为隧道的出口地址。

通信节点：一个移动节点的通信对象。

外地代理：移动节点所在外地网络上的一台路由器，当转交地址由它提供时，负责向移动节点的归属代理通报转交地址，同时作为移动节点的默认路由器将归属代理转发的隧道包进行解封装，并交付给移动节点。

隧道：一种数据包封装技术，把一个数据包封装在另一个数据包的数据净荷中进行传输。

图 1-5 所示为移动 IP 基本术语的示例。

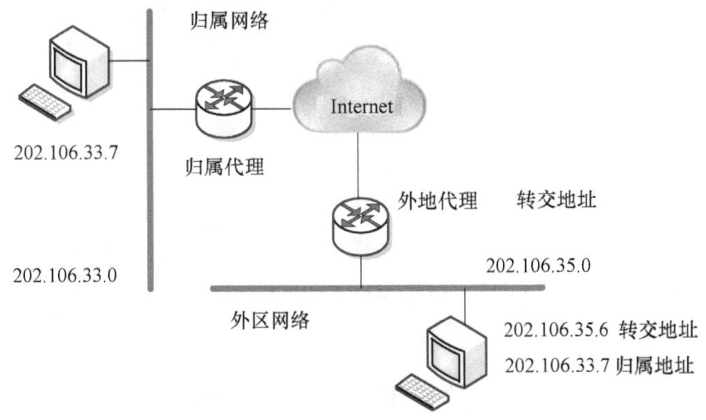


图 1-5　移动 IP 的基本术语示例

（2）移动 IP 工作原理

移动 IP 具有三种基本工作过程，分别为代理发现、注册与注销、隧道封装与分组路由。

1）代理发现。移动节点通过执行代理发现过程来检测自身当前是在归属网络还是在外地网络上。归属代理和外地代理周期性地广播代理通告消息来宣告自己的存在，消息中包含代理的 IP 地址及转交地址等。此外，移动节点还可以主动地发出代理请求消息，收到该消息的代理立即返回代理通告消息。移动节点根据接收到的代理通告消息可判断自己是否漫游出归属网络。如果收到的是归属代理的通告消息，说明移动节点已返回归属网络，则执行注销过程，以便恢复在本地链路上的正常通信；否则移动节点将选择是保留当前注册，还是重新发起注册。如果移动节点在外地链路上无法获得代理通告消息，则移动节点可以从外部链路的动态主机配置协议

(Dynamic Host Configuration Protocol, DHCP) 服务器获得一个转交地址；若外部链路没有 DHCP 服务器，则需要手工为移动节点配置一个转交地址。

2) 注册与注销。当移动节点从归属网络移动到外地网络或从一个外地网络移动到另一个外地网络时，需要执行注册过程，将其当前转交地址通知给归属代理；当移动节点返回归属网络时，需要向归属代理注销之前的注册。需要说明的是，一次注册所绑定的转交地址信息是有生命期的，移动节点在此绑定信息超时之前必须延长绑定，否则该绑定将失效，移动节点需重新注册。

注册过程包括两种方式：

① 通过外地代理向归属代理注册。移动节点向外地代理发送注册请求消息，外地代理接收并处理该消息，然后将请求转发给归属代理；归属代理处理完注册请求消息之后，向外地代理发送注册应答消息（接受或拒绝注册请求），外地代理处理完注册应答消息并将其转发给移动节点。该过程如图 1-6 所示。

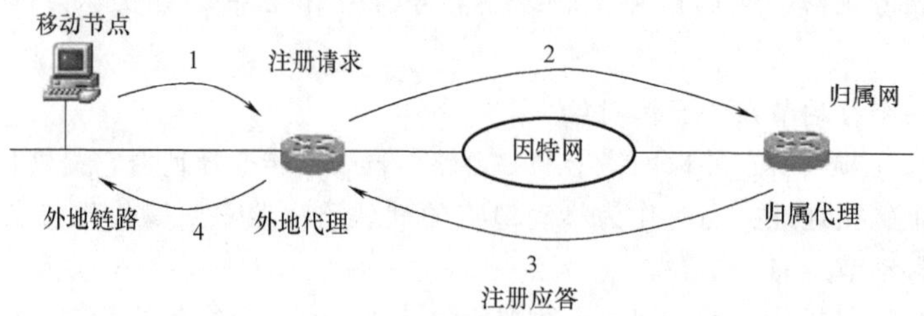


图 1-6　基于外地代理的注册过程

② 直接向归属代理注册。移动节点直接向归属代理发送注册请求消息，归属代理处理后向移动节点返回注册应答消息（接受或拒绝注册请求）。该过程如图 1-7 所示。

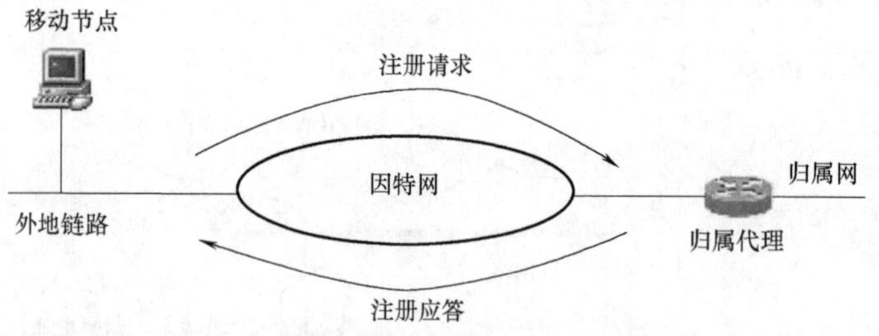


图 1-7　直接向归属代理注册的过程

3) 隧道封装与分组路由。当移动节点移动到外地网络时，归属代理将其他通信节点发送给移动节点的原始数据包进行隧道封装，即将原始 IP 包封装进转发 IP 包（隧道包）中，隧道包中的目的地址为移动节点的转交地址。归属代理将隧道包转发给隧道终点（外地代理或移动节点本身），隧道包被解封装，然后递交给移动节点。

移动 IPv4 可使用三种隧道技术：IP in IP、最小封装、通用路由封装。归属代理和外地代理必须支持 IP in IP 封装方式，其他两种技术则为移动 IP 的可选封装方式。

由于 IPv4 地址长度仅为 32 比特，随着互联网规模的迅速扩大，IPv4 面临的一个突出的问题是地址资源溃乏。而 IPv6 地址达到 128 比特，地址空间十分巨大，从而能很好地解决 IPv4 地址不足的问题。同时移动 IPv6 技术充分利用了 IPv6 带来的便利与优势，能够更加高效、安全地支持 IP 移动性，因此在下一代互联网中将具有广阔的应用前景。

### 1.2.2 终端技术

**1. 移动智能终端简介**

随着移动互联网的发展，移动智能终端正在取代传统移动终端，成为人们生活中不可或缺的重要通信工具。相比于传统的手机，移动智能终端具有更加强大的计算及信息处理、信息存储能力，并具有各种丰富的、易于实现人机交互的外设资源，从而为人们提供便捷的、灵活的、包罗万象的网络应用功能。

目前出现的移动智能终端类型主要有：

1）智能手机（Smartphone）是指具有独立操作系统，可以由用户自行安装各类软件、游戏等第三方服务商开发的程序，并可以通过移动通信网络来实现无线网络接入的手机类型的总称。除具备传统手机的所有功能之外，智能手机的功能可以根据用户的需求不断扩展，已成为目前应用最为广泛的移动终端。

2）平板计算机（Tablet Personal Computer）是一种小型、方便携带的个人计算机，以触摸屏作为基本的输入设备。平板计算机是笔记本计算机向更加便携化方向发展的产物，通常采用与智能手机相似的结构，且装有类似的操作系统。

3）智能穿戴设备是应用穿戴式技术对日常穿戴进行智能化设计、开发出可以穿戴的设备的总称，如手表、手环、眼镜、服饰等。通过这些设备，人们可以更好地感知外部与自身的信息，能够在计算机、网络甚至其他人的辅助下更为高效率地处理信息，能够实现更为无缝的交流。

4）AR/VR 设备。虚拟现实技术（Virtual Reality，VR）集计算机、电子信息、仿真技术于一体，其基本实现方式是计算机模拟虚拟环境从而给人以环境沉浸感，目前出现的 VR 设备主要有 VR 眼镜、VR 头盔、VR 体感设备等。增强现实（Augmented Reality，AR）技术是一种将虚拟信息与真实世界巧妙融合的技术，广泛运用了多媒体、三维建模、实时跟踪及注册、智能交互、传感等多种技术手段，将计算机生成的文字、图像、三维模型、音乐、视频等虚拟信息模拟仿真后，应用到真实世界中，两种信息互为补充，从而实现对真实世界的“增强”。AR 设备的表现形式通常为具有一定透明度的眼镜，同时还集成了影像投射元件，与 VR 不同的是用户会在看到虚拟内容同时看到现实景物。

5）车载智能终端是指融合了传感器技术、GPS 技术、数据处理技术及无线通信技术等，能实现对运输车辆现代化管理的车载设备。主要由传感器、液晶显示屏、摄像头、汽车防盗器、无线通信模块等构成，具有强大的业务调度功能和数据处理能力，能提供车辆数据采集、行驶轨迹记录、车辆故障监控、车辆远程控制（如开闭锁，空调控制，车窗控制，发送机扭矩限制，发动机启停等）、驾驶行为分析、无线热点分享等功能。

6）物联网终端是一种连接传感网络层和传输网络层，能够实现数据采集与网络传输等功能的设备。物联网终端基本由外围传感接口，中央处理模块和外部通信接口三个部分组成，通过外围感知接口与传感设备连接，如 RFID 读卡器，红外感应器，环境传感器等，将这些传感设备的数据进行读取并通过中央处理模块处理后，按照网络协议，通过外部通信接口，如以太网接口、WiFi、3G、4G 等方式发送到指定中心处理平台。

**2. 移动智能终端硬件**

移动智能终端的硬件组成主要包括处理器、存储器、射频电路、电源模块、输入输出设备、定位与传感单元等，如图 1-8 所示。

（1）处理器

处理器是移动智能终端的控制与计算核心。按完成的功能来看，处理器可将其分为应用处理器（Application Processor，AP）和基带处理器（Baseband Processor，BP）。AP 主要完成计算功能，承载操作系统，进行音频、视频、图像等的处理，处理人机交互，实现丰富的移动互联应用。BP 是通信的中枢，控制射频芯片共同实现通信功能，其技术核心在于对通信协议算法及信号的处理。AP 和 BP 的功能可以由两片独立的芯片来实现，也可以集成在一片芯片上，由于后者在稳定性、成本方面具有较大的优势，所以成为移动智能终端处理器发展的主要趋势。从芯片的体系架构看，由指令集所决定的体系架构是应用处理芯片的技术基础，目前基于 ARM（Advanced RISC Machine）架构的处理器在手机处理器领域占有约 90%的市场份额，处于绝对的垄断地位，主流的处理器芯片厂商几乎都是采用了 ARM 架构，如高通、德州仪器、英伟达、三星及苹果等。

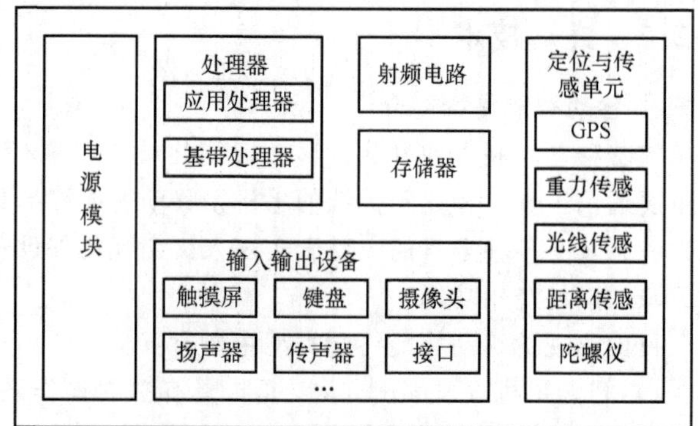


图 1-8　移动智能终端硬件组成

（2）存储器

智能终端使用的存储器有随机存取存储器（Random Access Memory，RAM）、只读存储器（Read Only Memory，ROM）、闪存（Flash）存储器等。RAM 在任何时候都可以被读写，掉电后不能保留数据，即通常所说的内存，主要用于暂存程序运行过程中的指令和数据。RAM 可以分为静态 RAM（SRAM）和动态 RAM（DRAM）两类，SRAM 在不掉电的情况下数据不会消失，不需要周期性更新，读写速度快，但价格昂贵，只用于要求苛刻的地方，如缓存等；DRAM 所储存的数据需要周期性地更新，读写速度比 SRAM 慢，但价格便宜，在计算机及嵌入式系统的内存中广泛采用。ROM 可在任何时候读取，断电后能保留数据，数据一旦写入只能用特殊方法更改或无法更改，用来作为外部存储器存储和保存数据，在嵌入式系统中常用来存放可执行文件映像。Flash 结合了 ROM 和 RAM 的长处，断电不会丢失数据，同时数据可以快速读取，目前已经取代 ROM 成为嵌入式系统广泛采用的外部存储设备，用来存储 Bootloader、操作系统或者程序代码等。

（3）射频电路

射频电路主要负责射频信号的接收和发射，它主要由射频天线、射频收发电路、射频功率放大器、声表面滤波器、射频电源管理电路、射频信号处理电路等组成。当天线收到射频信号后，将其送入射频收发电路进行切换处理，再经过声表面滤波器进行滤波处理，再送入射频信号处理电路进行频率变换与解调，最后送入基带电路；基带电路产生的基带信号送入射频信号处理电路进行调制和变频，再送入射频功率放大器放大，然后经过射频收发电路进行切换处理，最后送入射频天线模块进行发射。

（4）输入输出设备

对于智能终端而言，高性能、操作便捷、交互性强的输入输出设备已成为影响终端品质以及应用体验的关键，这里主要介绍其中的触摸屏及摄像头。

1）触摸屏。触摸屏又称为“触控面板”，是一种可接收触头等输入信号的感应式液晶显示装置，当接触了屏幕上的图形按钮时，屏幕上的触觉反馈系统可根据预先编程的程序驱动各种连接装置，可用以取代机械式的按钮面板，并借由液晶显示画面制造出生动的影音效果。触摸屏的本质是传感器，它由触摸检测部件和触摸屏控制器组成。触摸检测部件安装在显示器屏幕前面，用于检测用户触摸位置，接收后送触摸屏控制器；触摸屏控制器的主要作用是从触摸点检测装置接收触摸信息，并将它转换成触点坐标。根据传感器的类型，可将触摸屏分为电阻式、电容式、红外线式、表面声波式和触摸屏等。其中电阻式触摸屏需要使用触摸笔；电容式触摸屏可以使用手指触摸并支持多点触摸，已成为当前发展的主流；红外线式及声波表面式触摸屏当前还存在一定的缺陷，未来具有较大的发展空间。

2）摄像头。摄像头是一种重要的视频输入设备，可分为模拟摄像头和数字摄像头两类。前者采集到的视频信号是模拟信号，必须经过特定的视频捕捉卡将信号进行数字转换；后者可直接将视频采集设备采集到的模拟信号转换为数字信号。数字摄像头主要由镜头、图像传感器、A/D 转换器、数字信号处理芯片等构成。镜头通常由若干片透镜构成，可以是塑胶透镜或玻璃透镜。图像传感器本质上是一个半导体芯片，其表面含有几十万到数百万的光电二极管，光电二极管受到光照射时，就会产生电荷，图像传感器的类型有互补金属氧化物半导体（Complementary Metal Oxide Semiconductor，CMOS）型和电荷耦合器件（Charge Couple Device，CCD）型。A/D 转换器的两个重要指标是转换速度和量化精度，由于高分辨率图像的像素庞大，所以对转换速度具有很高的要求，同时量化精度也决定了摄像头的色彩深度。数字信号处理芯片（Digital Signal Processing，DSP）通过一系列复杂的数学运算，对数字图像信号参数进行优化处理，如图像去噪、增强、锐化、白平衡、压缩等。

（5）定位与传感单元

智能终端中的定位单元目前主要包括 GPS 定位单元、北斗定位单元等。定位单元集成了 RF 射频芯片、基带芯片和核心 CPU，并加上相关外围电路而构成。定位单元至少需同时收到 3 颗以上卫星信号后，再经过复杂运算才能获得正确的定位数据，如果同时通信的卫星颗数越多，就能越快越准确地获得定位数据。

传感单元通过各类传感器感受被测量的信息，并按一定规律变换成电信号或其他所需形式的信号输出，传感单元的广泛应用，可以极大地丰富智能终端应用、显著地提升用户的操作体验。重力传感器利用压电效应实现，传感器内部将一块重物和压电片整合在一起，通过正交两个方向产生的电压大小，来计算水平方向。手机屏幕的自动旋转功能，以及平衡球等游戏正是依赖这一功能实现的。光线传感器是根据光电效应的原理来实现的，通过光线传感器，智能终端可以感受所处环境的光线亮度，从而进行屏幕亮度的自动调节。距离传感器可根据光学、红外、超声波等原理来实现，手机上使用的距离传感器大多是红外距离传感器，当用户的脸靠近手机屏幕时，根据距离感应器获得的距离信息屏幕会自动关闭。陀螺仪又叫角速度传感器，它的测量物理量是偏转、倾斜时的转动角速度，利用陀螺仪可以实现智能终端体感游戏中的姿态检测以及手机拍照的防抖功能等。

（6）电源管理技术

相比于功能型终端，移动智能终端需要在高性能硬件平台的基础上提供多样化的应用功能，如高屏幕分辨率、媒体影像、游戏等，这些应用依赖于高功率处理器，从而导致系统能耗的迅速增加，对电池的续航能力提出了更高的要求。电源管理技术对于移动设备至关重要，它实际上是一个系统工程，从应用程序到内核框架，再到设备驱动和硬件设备，都要综合考虑，才能达到系统能耗的最优化。

智能终端硬件组件包括功耗不可管理组件和功耗可管理组件两类，前者的功耗和性能在系统设计和执行过程中是恒定的，而后者的功耗在软件执行过程中存在多种工作状态，为软件提供了状态调整接口，从而有利于实现软件层的电源能耗管理。软件层降低系统能耗的方法主要包括动态电源管理（Dynamic Power Management，DPM）和动态电压调节（Dynamic Voltage Scaling，DVS）。DPM 技术是一种对系统进行动态电源管理与硬件组件功耗状态动态配置技术，它通过关闭硬件模块的电源或将硬件模块切换至低功耗状态来减少系统空闲时的电量消耗。然而进行状态转换需要消耗一定的能量，并且带有时延，所以状态转换策略要恰到好处，只有设备进入低功耗状态节约的能量能够补偿状态转换消耗的能量时，DPM 才能真正实现节能。DVS 技术能够在运行时动态地改变处理器的频率和电压，在不影响处理器峰值性能的前提下，更有效地减少它的能量消耗。DVS 技术利用了 CMOS 电路的特性，即 CMOS 电路的功耗正比于时钟频率和电压的平方，由于降低电压会减少时钟频率，增加任务的完成时间，因此 DVS 技术是以延长执行时间为代价来达到减少能量消耗的目的。

### 3. 移动操作系统

操作系统是移动智能终端软件体系的核心，它负责管理和控制系统硬件资源及软件资源，为上层应用提供服务与支撑。除具备进程管理、文件系统、网络协议栈等基本功能外，移动操作系统还需提供图形用户界面接口调用服务、输入/输出控制、电源管理、多媒体底层编解码服务、程序运行环境、无线通信控制等功能。

目前应用最为广泛的移动操作系统为 Android 和 iOS，其他的移动操作系统还有 Windows Phone、Symbian、BlackBerry、Ubuntu Touch、Tizen 等。下面主要介绍 Android 及 iOS 操作系统。

（1） Android 操作系统

Android 操作系统基于 Linux 内核，由谷歌和开放手机联盟共同开发，最早的版本 Android 1.0 beta 发布于 2007 年 11 月 5 日，目前最新的版本为 Android 11。由于 Android 系统的开放平台允许任何移动终端厂商加入 Android 联盟，且完全开放的源代码吸引了大批的应用开发者，因此已成为市场份额最大的移动操作系统。根据市场研究机构 IDC 的预测报告，2019 年 Android 操作系统的智能手机市场份额为 87%。早期的 Android 系统架构包括四层：应用程序（Application）、应用程序框架（Application Framework）、系统库和 Android 运行时（Libraries and Android Runtime）和 Linux 内核层。2008 年，谷歌负责安卓系统开发的工程师 Patrick Brady 在 Google I/O 演讲中提出硬件抽象层（Hardware Abstraction Layer，HAL）的概念，该层的出现可以使 Android 与 Linux 的耦合度更低，减少 Android 对 Linux 内核和驱动的依赖，方便系统移植和接口开发。谷歌发布的新版 Android 系统架构中，引入了 HAL 层，从而形成了五层的体系架构，具体内容将在第 5 章进行介绍。

（2） iOS

iOS 是苹果公司为 iPhone、iPad、iPod Touch 等手持设备开发的操作系统。iOS 与苹果公司的 Mac OS X 操作系统一样，是以 Darwin 为基础的，属于类 UNIX 的商业操作系统。iOS 系统架构包括触摸（Cocoa Touch）层、媒体（Media）层、核心服务（Core Service）层和核心操作（Core OS）系统层。

1）触摸层。触摸层为 iOS 应用程序的开发提供与用户交互的框架，如界面控件 UIKit、事件管理 EventKit、通知中心 Notification Center 等。该层提供了一系列基于 Objective-C 语言的 API，应用程序的可视界面以及与高级系统服务的交互功能都构建在这些 API 的基础之上。

2）媒体层。媒体层为多媒体应用的开发提供服务接口，包括图像框架、音频框架、视频框架等。图像框架主要包括 Core Graphics、Core Image、Core Animation、OpenGL ES；音频框架包括 Core Audio、AV Foundation、OpenAL；视频框架包括 AV Foundation、Core Media 等。

3）核心服务层。核心服务层为程序提供基础的系统服务，该层的主要框架包括基础功能 Foundation、网络访问 CFNetwork、浏览器引擎、Webkit 定位 Core Location、重力加速度与陀螺仪 Core Motion、数据访问 Core Data 等。

4）核心操作系统层。核心操作系统层是用 FreeBSD 和 Mach 所改写的 Darwin，是开源、符合 POSIX 标准的一个 Unix 核心。该层提供操作系统的基础功能，如硬件管理、内存管理、线程管理、文件系统、安全管理等，这些功能都通过基于 C 语言的 API 来提供。

### 1.2.3　应用服务技术

随着智能移动终端的迅速发展，各类移动互联网应用不断涌现，移动应用不仅需要提供丰富的、日益复杂的业务服务，还需要保证良好的用户体验，如便捷流畅的操作、多样化的交互方式、快速的业务响应等。而受制于移动终端的运算能力与续航能力，大量的业务逻辑、信息处理与数据存储任务需要由服务端完成。云计算技术的出现，改变了传统互联网的应用模式。在云计算架构中，复杂的计算与资源管理都部署在云数据中心，极大地增强了业务应用的灵活性、可扩展性，并显著降低了业务成本。随着移动互联网、物联网设备与数据的急剧增长，云计算的集中服务模式在实时性、资源开销、隐私安全等方面显现出一定的局限性。边缘计算的思想是在用户侧就近提供内容存储及分发服务，使应用、服务和技术部署在高度分布的环境中，从而更好地满足低时延、高带宽的需求。移动互联网应用不断产生海量异构数据，传统技术难以满足其数据获取、存储、处理及分析的需求。大数据技术涉及采集、存储、处理等多个方面，基于大数据技术能够从移动互联网各种类型的海量用户数据中快速获得有价值的信息，从而产生巨大的商业价值和社会价值。

另一方面，基于 Web 方式提供应用服务是移动互联网应用的主要类型之一，此类应用的迅速发展对 Web 技术提出了新的需求，新兴的移动 Web 技术如移动 Widget、移动 Mashup、移动 AJAX 等的出现对提高应用开发效率、增强应用功能、提升用户体验发挥着重要的作用。

**1. 云计算**

云计算是由分布式计算、并行处理、网格计算发展而来的，是一种新兴的商业计算模型，它将计算任务分布在大量计算机构成的资源池上，使各种应用系统能够根据需要获取计算力、存储空间和各种软件服务。

（1）云计算服务模式

云计算提供了三种基本的服务模式：软件即服务（Software-as-a-Service，SaaS）、平台即服务（Platform-as-a-Service，PaaS）、基础设施即服务（Infrastructure-as-a-Service，IaaS）。如图 1-9 所示。

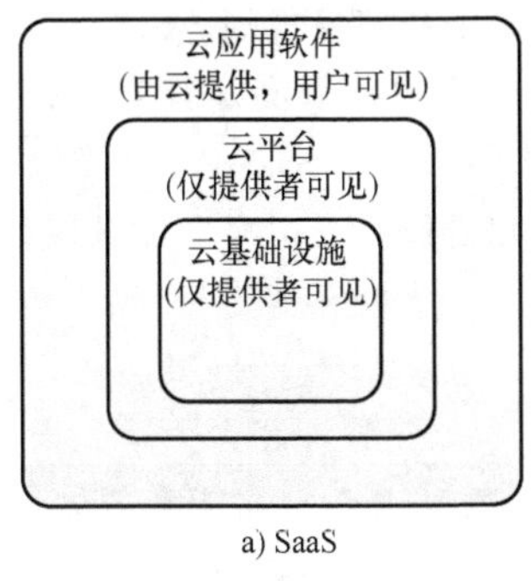


a) SaaS

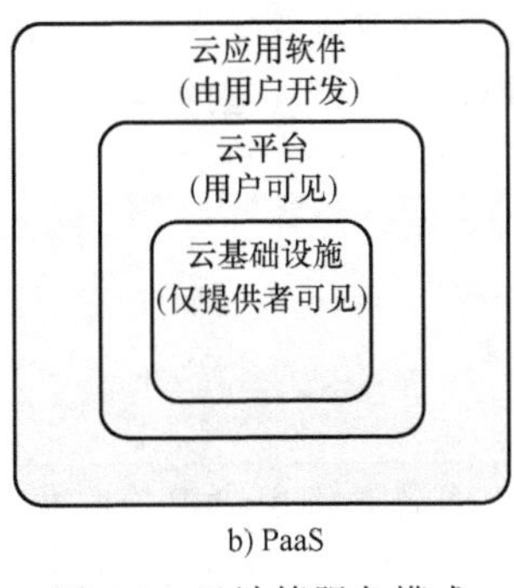


b) PaaS

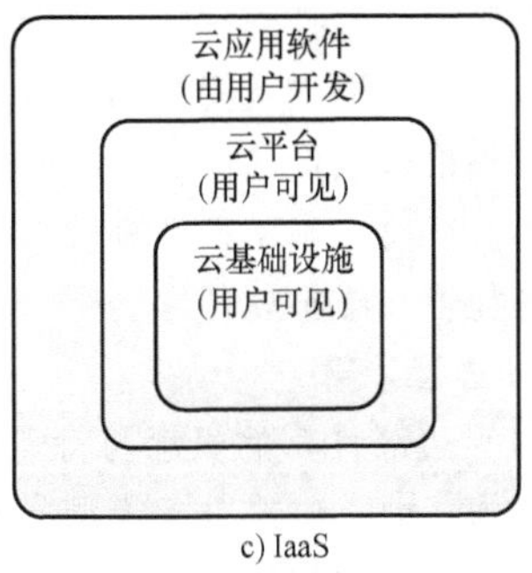


c) IaaS

图 1-9　云计算服务模式

IaaS 指把 IT 基础设施封装为服务然后通过网络对外提供，并根据用户对资源的实际使用量或占用量进行计费的一种服务模式。在这种服务模型中，普通用户不用自己构建物理硬件设施，而是通过租用的方式，利用 Internet 从 IaaS 服务提供商获得计算机基础设施服务，包括服务器、存储和网络等服务。例如，阿里云的 ECS 主机、亚马逊的弹性云计算 AWS EC2、腾讯云服务器 CVM 等都是典型的 IaaS 服务。

PaaS 是指将应用的运行和开发环境作为一种服务来提供的商业模式。PaaS 提供应用的开发、部署、运行以及资源管理环境，包括操作系统、执行环境和应用服务、开发工具、开发 API、中间件、升级和下线、资源监控与管理、扩容等。基于 PaaS 能够加快软件商的应用开发速度并显著地降低开发及部署的成本。例如，VMware 的 Cloud Foundry、Google APP Engine、Sina AppEngine、Baidu App Engine 等都是典型的 IaaS 服务。

SaaS 以软件的形式向用户提供服务，其中的软件是运行在云中的用户可访问的应用软件。SaaS 使得用户能够在多种客户设备上通过 Web 浏览器等简单的接口访问，企业无需购买及维护软件，而改用向提供商租用的方式来使用软件，从而避免了软件安装、维护、升级等方面的复杂性。典型的 SaaS 例子有 Google Gmail、纷享逍客、钉钉、金蝶云 · 星空等。

（2）基于云计算的互联网数据中心

互联网数据中心（Internet Data Center，IDC）是电信部门利用已有的互联网通信线路、带宽资源建立的标准化电信专业级机房环境，为企业、政府提供服务器托管、租用以及相关增值等方面的全方位服务。IDC 主要提供三种类型的服务：基础服务、增值服务和应用服务。基础服务主要为用户提供机房空间、网络资源、供电、空调等基础资源；增值服务是在基础业务产品之上根据客户需求提供的各类网络安全、数据应用、运行维护等附加服务；应用服务是指网络系统和用户信息系统的应用开发服务，包括企业电子邮箱服务、电子商务加速服务和专业咨询服务等。

传统的 IDC 在资源利用率、管理能力、灵活性、安全可靠性等方面都存在着一定的局限性，而基于云计算的 IDC 通过建立可运营、可管控的云计算服务平台，利用虚拟化技术将基础设施封装为标准化的服务，能够有效地克服传统 IDC 存在的问题。基于云计算的 IDC 体系架构包括物理层、虚拟层、管理层和业务层四个层次。

物理层是数据中心的基础硬件设施层，该层主要提供机房环境和带宽资源，包括实体服务器、存储设备以及宽带网络设备等。

虚拟层是一个虚拟化的环境，它将物理层的基础硬件系统如服务器、存储设备、网络设备全部进行虚拟化，从而建立一个共享的、按需分配的资源系统，该系统可用于海量数据的存储和访问。

管理层是数据中心的决策面，它以虚拟层为中心来支撑处于其上层的云应用，主要功能包括计费管理、监控管理、安全管理、备份容灾、动态部署、动态调度和容量规划等。

业务层可提供不同层面的计算能力，通过规范的接口向不同的用户提供满足其需求的服务，该层可提供基础设施即服务（IaaS）、平台即服务（PaaS）、软件即服务（SaaS）三个层次的业务服务。目前，基于云计算的 IDC 业务包括弹性计算、在线存储和备份、虚拟桌面、虚拟数据中心业务托管和虚拟软件等。

**2. 边缘计算**

（1）边缘计算的概念与特点

作为一种集中式服务模型，云计算需要将用户数据收集至云数据中心，才能有效地提供服务。然而随着网络空间发展进入万物互联阶段，在覆盖区域广、时效性强的物联网应用场景下，云计算在实时性、带宽、安全性、能耗等方面体现出明显的不足。为解决这个问题，2013 年西北太平洋国家实验室的 Ryan LaMothe 提出一种新型计算模型概念——边缘计算（Edge Computing，EC）。与 EC 相关的各产业联盟与组织纷纷提出了对于边缘计算的定义，尽管它们的描述不尽相同，但在核心概念上形成了共识，即边缘计算是在网络中靠近用户设备或数据源的一侧，通过提供具有计算、存储、应用等能力的服务器设备和平台，将云计算的部分计算或存储迁移到网络的边缘，就近为用户提供服务。边缘计算具有以下优点：

1）节省带宽资源。在边缘计算中，大量临时数据不需要上传至云端，服务应用程序可以利用边缘节点中的资源完成数据的存储、计算工作，从而为主干网络节省了大量的带宽资源。

2）提高响应能力。在边缘计算中，计算任务不再总是需要云计算中心的响应，云端服务可以卸载至资源丰富的边缘节点上，更短的网络路径让应用服务的响应时延大大减少，不仅增加了响应能力，也提高了用户的服务体验。

3）增强隐私保护能力。在边缘计算中，由于用户隐私数据可以存储在边缘设备而不是云端服务器，减少了隐私数据的传输路径，在一定程度上规避了隐私泄露的风险。

边缘计算与云计算并非替代关系，而是协同互补的。云计算适合全局性、非实时、长周期的大数据处理与分析，边缘计算适合局部性、实时、短周期的数据处理。通过二者的紧密协同，能更好地满足各种应用场景的需求。

（2）边缘计算的架构

2018 年，边缘计算产业联盟（Edge Computing Consortium，ECC）完成了边缘计算参考架构 3.0。参考架构基于模型驱动的工程方法（Model-Driven Engineering，MDE）进行设计。基于模型可以将物理世界和数字世界的知识模型化，从而实现物理世界和数字世界的协作；跨产业的生态协作；减少系统异构性，简化跨平台移植；有效支撑系统的全生命周期活动。边缘计算参考架构 3.0 如图 1-10 所示。

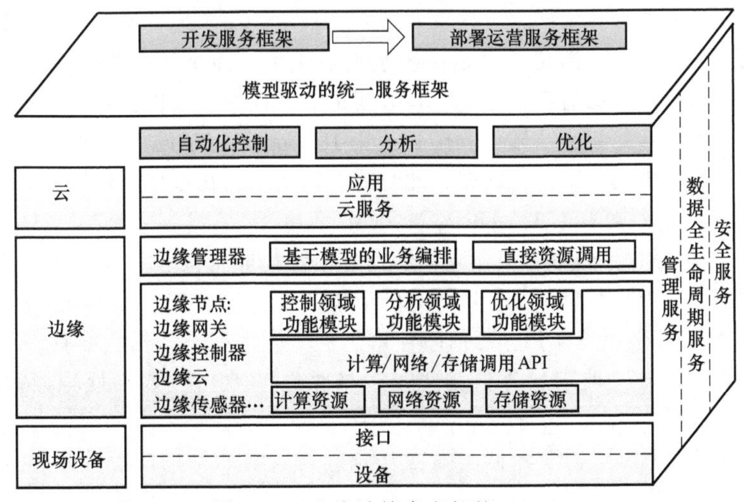


图 1-10　边缘计算参考架构 3.0

整个系统分为云、边缘和现场设备三层，边缘计算位于云和现场层之间，边缘层向下支持各种现场设备的接入，向上可以与云端对接。

边缘层包括边缘节点和边缘管理器两个主要部分。边缘节点是硬件实体，是承载边缘计算业务的核心。边缘计算节点根据业务侧重点和硬件特点不同，包括以网络协议处理和转换为重点的边缘网关、以支持实时闭环控制业务为重点的边缘控制器、以大规模数据处理为重点的边缘云、以低功耗信息采集和处理为重点的边缘传感器等。边缘管理器的呈现核心是软件，主要功能是对边缘节点进行统一的管理。

边缘计算节点一般具有计算、网络和存储资源，边缘计算系统对资源的使用有两种方式：第一，直接将计算、网络和存储资源进行封装，提供调用接口，边缘管理器以代码下载、网络策略配置和数据库操作等方式使用边缘节点资源；第二，进一步将边缘节点的资源按功能领域封装成功能模块，边缘管理器通过模型驱动的业务编排的方式组合和调用功能模块，实现边缘计算业务的一体化开发和敏捷部署。

**3. 大数据**

（1）大数据的概念与分类

随着互联网的飞速发展，特别是随着移动计算、物联网、云计算等技术的兴起及其广泛应用，全球数据量呈现出爆发式的增长，数据类型也日趋复杂，需要新的分析方法和技术来发掘海量数据中蕴含的价值，大数据（Big Data）技术正是在此背景下产生的。大数据是指无法在一定时间范围内用常规软件工具进行捕捉、管理和处理的数据集合，需要新处理模式才能具有更强的决策力、洞察发现力和流程优化能力的海量、高增长率和多样化的信息资产。从数据结构角度来看，可以将大数据分为结构化数据、半结构化数据和非结构化数据。

1）结构化数据（Structured Data）是指具有固定结构的数据，通常指用关系数据库方式记录的数据，数据按表和字段进行存储，字段之间相互独立。例如，各种电子政务系统、企业 OA、ERP、ORM、电商平台等产生的都是结构化数据。

2）半结构化数据（Semi-Structured Data）是指以自描述的文本方式记录的数据，由于自描述数据无需满足关系数据库上那种非常严格的结构和关系，在使用过程中非常方便。很多网站和应用访问日志都采用这种格式，网页本身也是这种格式。

3）非结构化数据（Unstructured Data）通常是指语音、图片、视频等格式的数据。这类数据一般按照特定的应用格式进行编码，数据量非常大，且不能简单地转换成结构化数据。

以上三种数据类型中，结构化数据是传统数据的主体，而半结构化和非结构化数据是大数据的主体，后者的增长速度比前者快得多。在数据平台设计时，结构化数据用传统的关系数据库便可高效处理，而半结构化和非结构化数据必须用 Hadoop 等特定的大数据平台。在数据分析和挖掘时，不少工具都要求输入结构化数据，此时需要把半结构化数据先转换成结构化数据。

IBM 公司提出了大数据的“5V”特征：

1）Volume：数据量大，包括采集、存储和计算的量都非常大。大数据的起始计量单位至少是 P（1000 个 T）、E（100 万个 T）或 Z（10 亿个 T）。

2）Variety：种类和来源多样化。包括结构化、半结构化和非结构化数据，具体表现为网络日志、音频、视频、图片、地理位置信息等，多种类型的数据对数据处理能力提出了更高的要求。

3）Value：数据价值密度相对较低。随着互联网以及物联网的广泛应用，信息感知无处不在，信息海量，但价值密度较低，如何结合业务逻辑并通过强大的机器算法来挖掘数据的价值，是大数据时代最需要解决的问题。

4）Velocity：数据增长速度快，处理速度也快，时效性要求高。例如，搜索引擎要求几分钟前的新闻能够被用户查询到，个性化推荐算法尽可能地要求实时完成推荐。这是大数据区别于传统数据挖掘的显著特征。

5）Veracity：数据的准确性和可信赖度，即数据的质量。

（2）大数据技术体系框架

大数据系统的技术体系框架包含六个层次，分别是数据采集层、数据存储层、资源管理与服务协调层、计算引擎层、数据分析层、数据可视化层，如图 1-11 所示。

数据采集层负责将数据源中的数据实时或者接近实时地收集到一起。数据源具有分布式、异构性、多样化及流式产生等特点，因此对大数据采集系统在扩展性、可靠性、安全性、实时性方面提出了更高的要求。

数据存储层需要解决的核心问题是如何存储通过采集平台采集到的各种类型的数据。在大数据场景下，由于数据采集系统将数据源源不断地送入中央存储系统中，因而对数据存储层的扩展性、容错性及存储模型具有较高的要求。

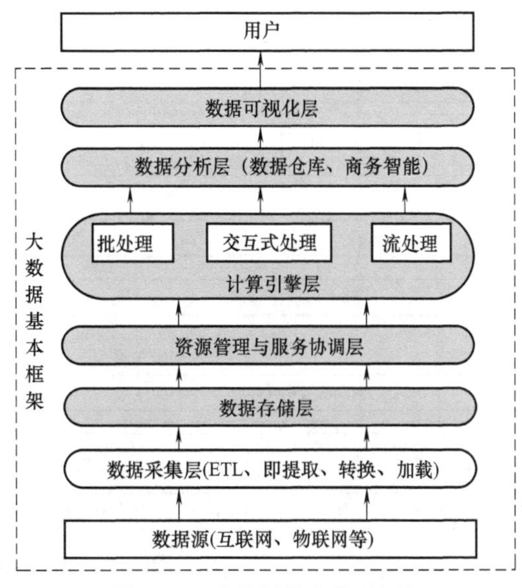

图 1-11　大数据技术体系框架

资源管理与服务协调层用于对共享的集群资源进行管理与统一调度，不同的应用服务可以部署到一个公共的服务器集群中，并采用轻量级隔离方案对各个应用进行隔离。引入统一资源管理层可以提高资源利用率，降低运维成本，减少数据移动成本。

在实际生产环境中，不同的应用场景对数据处理的要求是不同的。针对不同的场景，可以单独构建一个计算引擎，每种计算引擎只专注于解决某一类问题。计算引擎层是大数据技术中最活跃的一层，可按照对时间性能从低到高的要求，将计算引擎分为批处理、交互式处理和实时处理（流处理）三类。

数据分析层直接和用户应用程序对接，为其提供易用的数据处理工具，在解决实际问题时可以根据应用的特点选择适当的分析工具。例如，首先使用批处理框架对原始海量数据进行分析，产生较小规模的数据集，再使用交互式处理工具对数据集进行快速查询，获取最终结果。

数据可视化层运用计算机图形学和图像处理技术，将数据转换为图形、图像呈现给用户并进行交互处理。由于大数据具有容量大、结构复杂和维度多等特点，对其进行可视化具有较高的挑战性。

随着大数据开源技术的发展，目前开源社区已经积累了比较完整的大数据技术栈，其中应用最为广泛的是以 Hadoop 为核心的生态系统。Hadoop 是由 Apache 软件基金会开发的分布式系统基础架构，用户可以在不了解分布式底层细节的情况下，开发分布式程序，充分利用集群的能力进行高速运算和存储。Hadoop 的核心主要包括分布式文件系统（Hadoop Distributed File System，HDFS）、分布式计算系统 Map Reduce 和资源管理系统 YARN。当前 Hadoop 已发展为一个庞大的生态圈，图 1-12 所示为 Hadoop 生态系统的结构，列举了其中出现的各种工具。

**4. 移动 Web 技术**

（1）移动 Widget

Widget 中文译为“微件”，是一小块可以在任意一个基于 HTML 的网页上执行的代码，它的表现形式可能是视频、地图、新闻或小游戏等，其本质是 JavaScript+HTML 的组合应用。移动 Widget 运行在移动设备上，是一种能够脱离浏览器的定制网页，受限于手机屏幕及性能，移动 Widget 通常被设计为简单的应用，一个 Widget 通常只实现一种特定的功能，如时钟、新闻、天气等。Widget 应用介于 BS 和 CS 架构之间，结合了两者的优点，具有小巧轻便、易于开发、跨平台等特点，它并不完全依赖网络，软件框架可以存在本地，而内容资源从网络获取，程序代码和 UI 设计同样可以从专门的服务器更新，保留了 BS 架构的灵活性。Widget 架构规范体系由硬件层、引擎层、核心架构层组成，如图 1-13 所示。

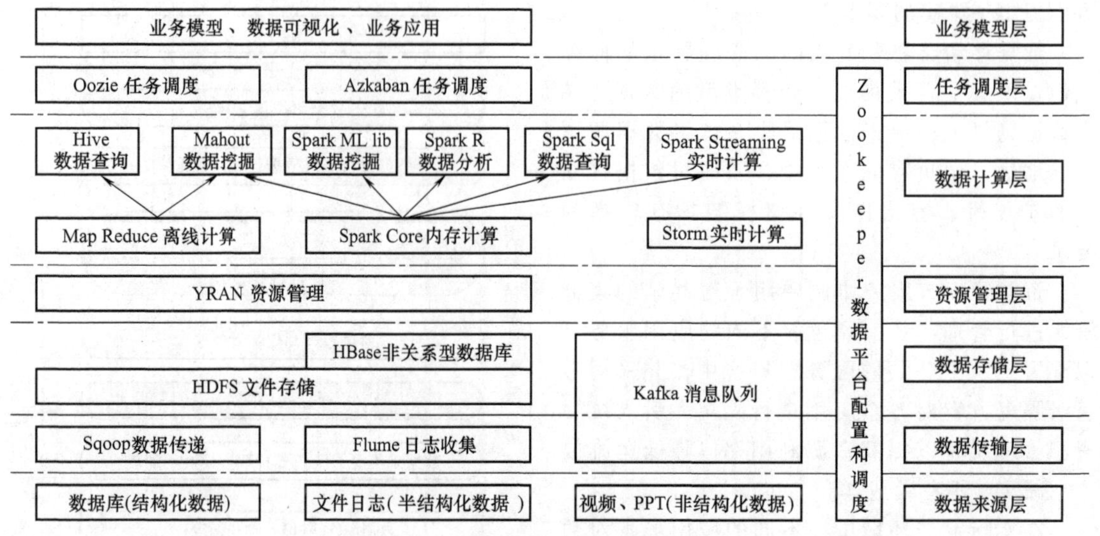


图 1-12　Hadoop 生态系统的结构

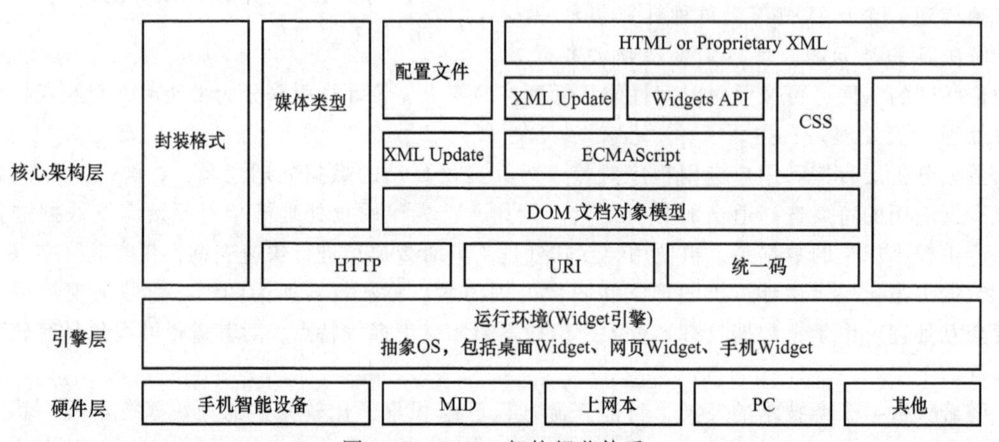


图 1-13　Widget 架构规范体系

硬件层包括各种主流的互联网设备，如智能手机、移动互联网终端、上网本、PC 等。引擎层主要是 Widget 的运行环境，负责 Widget 展现以及与操作系统的沟通。核心架构层包含 Widget 应用开发的各种核心技术。

（2）移动 Mashup

Mashup 是指将两种或两种以上的数据或服务融合在一起，形成一个新的应用。移动 Mashup 一般使用源应用的 API 接口或者简单的信息聚合输出作为内容源，合并的 Web 应用用什么技术，则没有什么限制。Mashup 未必需要很高的编程技能和很强的架构能力，只需要熟悉 API 和网络服务工作方式，都能进行开发。例如，将电子地图和位置信息、商户信息进行融合，可以开发出完善的移动商业推广应用。移动 Mashup 的应用开发架构由数据源、移动通信网络和 Mashup 应用开发平台构成，如图 1-14 所示。

数据主要来自于互联网和移动通信网，为了保障移动通信运营商用户信息的隐私和安全，需要采用数据分析功能对用户信息进行处理后再开放使用。

移动通信网可以基于标准的 Parlay X、OSA/Parlay、SOAP 接口及 Rest 接口等，开放其网络

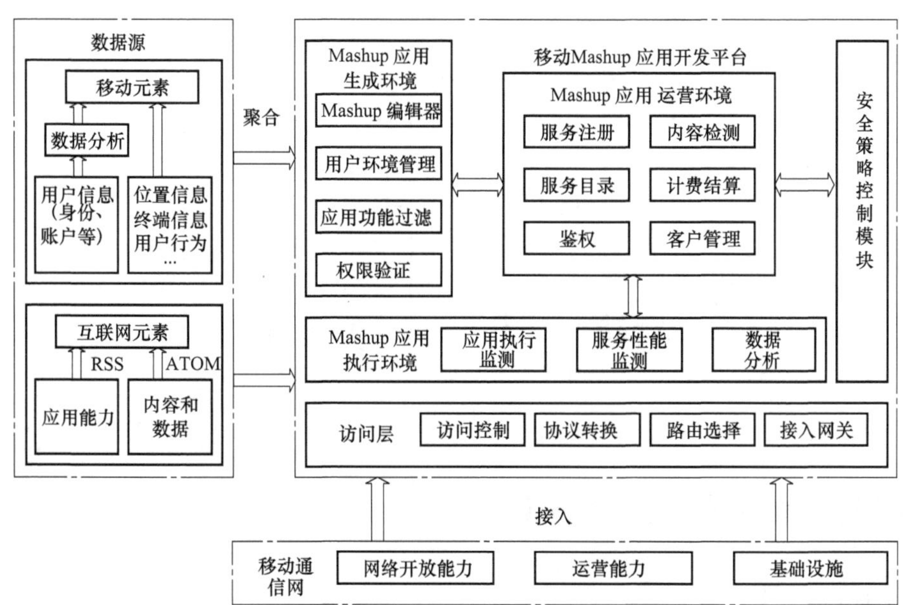


图 1-14　移动 Mashup 应用开发架构

能力，如 SMS、MMS、WAP、定位等，从而使用 Mashup 应用开发。

移动 Mashup 应用开发平台是开发架构的主体部分，负责为开发者提供在线开发平台，为用户提供应用下载途径，并负责整个应用生命周期的安全管理和性能监测。

（3）移动 AJAX

AJAX 全称是异步 JavaScript 和 XML（Asynchronous JavaScript And XML），中文通常译为“阿贾克斯”，是一种异步 Web 交互技术，它通过异步通信和响应，来完成页面的局部刷新，以改善传统 Web 页面大量不必要的整页刷新，从而提高响应的速率，减少网络数据的传输量。同时 AJAX 能够极大地改善页面的表现和交互方式，可以让传统的 Web 应用程序界面具备与桌面程序相比拟的表现力，从而提供更好的用户体验。随着移动 Web 应用的迅速发展，AJAX 技术在移动端应用开发中得到了广泛的应用

AJAX 并不是一种单纯的新技术，而是多种技术的综合，包括 JavaScript、XHTML、CSS、DOM、XML、XMLHttpRequest 等，其核心是 JavaScript 的 XMLHttpRequest 对象，通过浏览器的内置对象 XMLHttpRequest 向服务器端发送异步的请求，实现前后台的交互。AJAX 相当于在用户和服务器之间加了一个中间层（AJAX 引擎），使用户操作与服务器响应异步化。并不是所有的用户请求都提交给服务器，像一些数据验证和数据处理等都交给 AJAX 引擎自己来做，只有确定需要从服务器读取新数据时再由 AJAX 引擎代为向服务器提交请求。图 1-15 所示为 AJAX 的基本工作原理。

使用 AJAX 与服务端进行交互的过程通常包括以下步骤。

1）创建 XMLHttpRequest 对象。

2）为 XMLHttpRequest 对象的 onreadystatechange 事件设置回调函数。

3）使用 XMLHttpRequest 对象的 open( )方法创建一个到服务器的 http 请求，并指定此请求的方法、URL 以及验证信息等。

4）使用 XMLHttpRequest 对象的 send( )方法发送请求。

5）接收服务器端返回的响应数据。

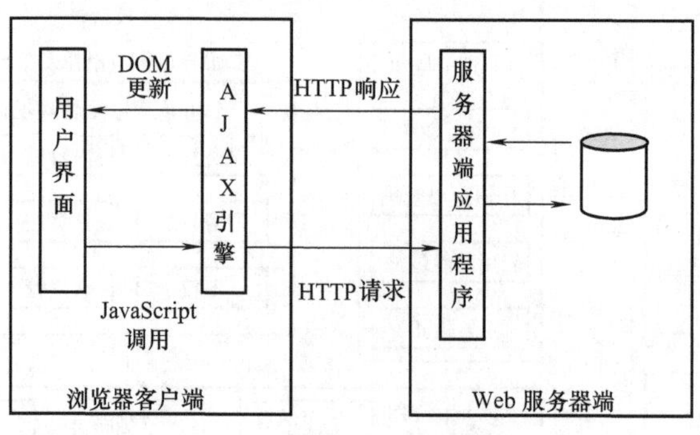


图 1-15　AJAX 工作原理

6）将处理结果更新到 HTML 页面中。

## 1.3　移动互联网应用开发技术

### 1.3.1　网络应用模式

从互联网应用系统的工作模式来看，可以将互联网应用分为两大类：对等（Peer to Peer，P2P）模式和基于服务器（Server Based）的模式。基于服务器的模式又可以分为客户机/服务器模式（Client/Server，C/S）和浏览器/服务器模式（Broswer/Server，B/S）。

1. P2P 模式

在 P2P 工作模式下，网络系统中计算机站点的地位是彼此平等的；网络中的资源分散在每台计算机上，所有计算机都既是客户机又是服务器；每台计算机的用户自己决定将其计算机中的哪些数据共享到网络中去，没有负责整个网络管理的网络管理员。P2P 工作原理如图 1-16 所示。

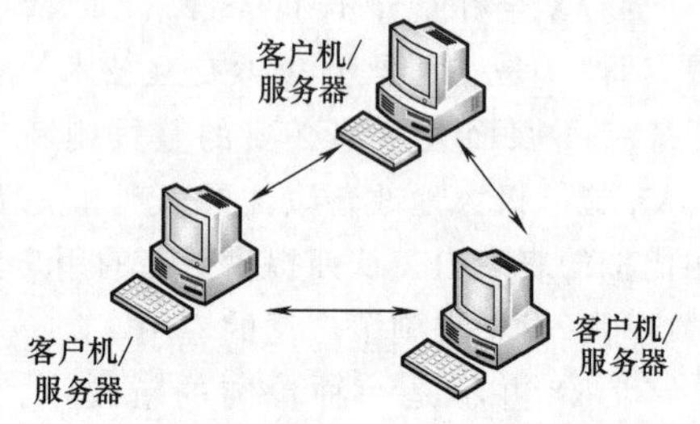


图 1-16　P2P 模式基本原理

在 P2P 模式下，资源是分散在各个网络节点上的，能够避免服务器的性能瓶颈；随着更多用户的加入，网络整体资源和服务得到了提升和扩充；网络中某一节点或局部网络出现问题，对整个网络不会有很大的影响，因此网络的健壮性较强。然而 P2P 模式也具有一些缺点，首先 P2P 网络难以实现对用户及资源的集中式管理，另一方面其网络安全管理比较分散，数据保密性较差，因此仅适用于网络规模不大、安全性要求不高的场合。

P2P 模式又可以分为以下三种类型。

1）集中式对等网络模式。该模式基于中央目录服务器，为网络中各节点提供目录查询服务，传输内容无需再经过中央服务器，这种网络结构比较简单，中央服务器的负担大大降低。但由于仍存在中央节点，容易形成传输瓶颈，扩展性也比较差，不适合大型网络。其典型的例子有 QQ、Napster 等。

2）无结构分布式网络模式。该模式与集中式的最显著区别在于它没有中央服务器，所有节点通过与相邻节点间的通信，接入整个网络。在无结构的网络中，节点采用一种查询包的机制来搜索需要的资源，具体的方式为某节点将包含查询内容的查询包发送到与之相邻的节点，该查询包以扩散的方式在网络中蔓延。为避免查询包无限传播，一般会设置一个适当的生存时间

(TTL)，在查询的过程中递减，当 TTL 值为 0 时，将不再继续发送。Gnutella 就是采用该模式的文件共享系统。

3）结构化分布式网络模式。该模式是近几年基于分布式哈希表（Distributed Hash Table）技术的研究成果，它的基本思想是将网络中所有的资源整理成一张巨大的表，表内包含资源的关键字和所存放节点的地址，然后将这张表分割后分别存储到网络中的每一节点中去。用户在网络中搜索相应资源时能够发现存储与关键词对应的哈希表内容节点，在该节点中存储了包含所需资源的节点地址，随后发起搜索的节点根据这些地址信息与对应节点连接并传输资源。这是一种技术上比较先进的对等网络，它具有高度结构化，高可扩展性，节点的加入与离开比较自由，适合应用于比较大型的网络。

**2. 基于服务器的模式**

在基于服务器的工作模式下，网络中有一台或多台性能较高的计算机集中进行共享数据库的管理和存取，称为服务器，客户机向服务器发起请求访问其服务。该模式的优点是易于管理共享资源，数据备份方便，安全性比较好，网络规模基本不受限制。其缺点是对服务器性能要求比较高，容易出现服务访问瓶颈，服务器的失效将导致网络应用中断。基于服务器的工作模式目前分为 C/S 模式和 B/S 模式。

（1）C/S 模式

在 C/S 模式下，为了使用服务器的服务，需要在客户机上运行专用的客户端程序，在服务器上运行服务器程序。通过这种方式可以充分利用两端硬件环境的优势，将任务合理分配到 Client 端和 Server 端来实现，降低了系统的通信开销。其基本原理如图 1-17 所示。

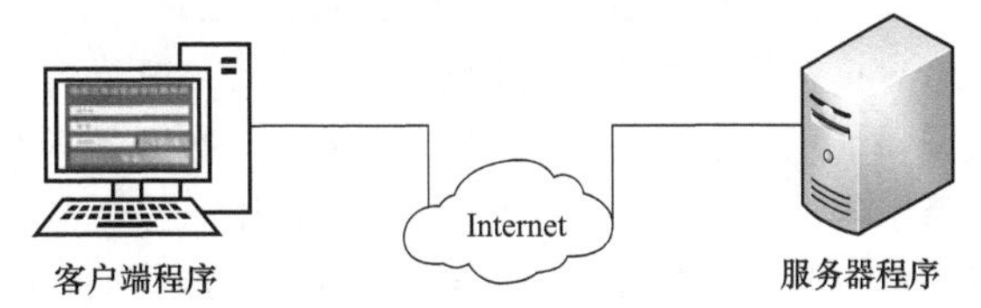


图 1-17　C/S 模式基本原理

C/S 模式的优点是可以提供十分丰富的用户界面和操作；应用服务器运行负担较轻；可以提供集中化的用户管理和安全管理措施；容易实现系统扩容。其缺点是需要安装客户端程序，不适于面向不可知用户；程序移植性差，需要针对不同的平台进行开发；维护成本高，发生一次升级，所有的客户端程序都需要改变。

采用 C/S 模式的应用很多，如 FTP 文件下载系统、企业财务系统、企业资源管理系统、大型网络游戏、智能手机 APP、物联网应用等。

（2）B/S 模式

B/S 模式本质上是 C/S 模式的一个特例。在该模式下客户端使用的应用程序是通用的网络浏览器，它主要负责业务的呈现及用户的交互，大部分的业务逻辑在服务端实现。其基本原理如图 1-18 所示。

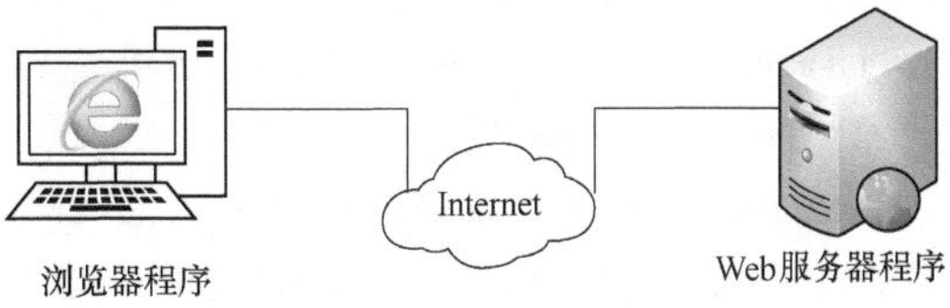

图 1-18　B/S 模式基本原理

B/S 模式的优点是不需要安装专用的客户端程序，系统需要进行功能升级时，只需升级服务器程序，业务开发和维护的成本低、效率高。B/S 模式的缺点是应用界面和功能的丰富程度不及 C/S，响应速度慢，跨浏览器表现不佳等。

B/S 应用开发技术经历了从静态技术阶段到动态技术阶段，再到后来的 Web2.0 阶段，随着 HTML、CSS、JavaScript 等前端技术的不断升级迭代，以及服务端开发语言、技术、工具的不断发展，加上云计算、人工智能等先进技术的引入，目前 B/S 应用功能已从单纯的站点向复杂应用转变，应用的性能不断增强，成为今天网络应用的一种重要模式。

### 1.3.2 移动互联网应用的类型

随着接入互联网的移动智能设备的迅猛增长，移动端应用的开发成为备受业界与市场关注的焦点。从移动端的应用开发模式来看，移动互联网应用主要包括原生应用（Native APP）、Web 应用（Web APP）及混合应用（Hybrid APP）三种类型。

**1. 原生应用**

原生应用是针对特定的操作系统而构建的应用程序。根据操作系统的不同，原生应用的开发语言、框架及工具均有所不同。

原生应用的优点有响应速度快，具有极佳的用户体验；可以访问系统的各类软件、硬件资源，提供十分丰富的功能；支持离线操作。原生应用的缺点是需要针对不同的操作系统进行开发，开发难度大、开发维护成本高、周期长；应用的功能和内容需要完全符合应用商店的规范条例才允许上架，应用上线时间不确定。

因此，原生开发适用于对应用的功能、性能有较高的要求，且有足够的开发成本与开发时间预算的场合。

**2. Web 应用**

Web 应用是为移动浏览器设计的基于 Web 的应用，它们是用 JavaScript、CSS、HTML5 等语言开发的，可以在各种智能手机浏览器上运行。

Web 应用的优点有应用直接在浏览器中运行，不需要直接和系统打交道，跨平台性强；只需采用通用的 Web 开发语言和框架，一次开发即可应用于多种移动设备终端，开发难度小、成本低、周期短；可即时上线；不需要用户主动安装即可完成应用的迭代升级。Web 应用的缺点是功能有限，只能使用浏览器提供的部分功能；响应速度慢，操作体验欠佳；无法离线使用，虽然 HTML5 提供了离线存储功能，但并不意味着用户访问页面时，本地已经存在；应用难以被发现。

基于以上原因，Web 应用通常适用于对功能及性能要求不高，开发预算有限的场合。

**3. 混合应用**

鉴于原生应用和 Web 应用各自的优缺点，越来越多的应用开始采用混合开发的模式。混合开发综合了原生和 Web 开发的特性，自 2012 年被大规模采用以来，目前已发展出多种不同的混合开发模式，总体上可以分为以下几类。

（1）WebView 模式

在 WebView 模式下，APP 的原生部分仅作为一个容器，主要的业务代码都通过 HTML、CSS、JavaScript 放在 WebView 中执行。其代表性开发平台有 PhoneGap、Cordova。

（2）JavaScript Core 模式

JavaScript Core 通过 JavaScript 调用原生代码来渲染原生控件。JavaScript Core 框架原来只提供在 WebView 的 WebKit 内核中，最初在 iOS7 中开放了该功能，其后在 Android 中也提供了类似功能，从而催生了 React Native 框架的出现。

（3）微信小程序

微信小程序本质上采用了基于 WebView 的方案，但独立设计了一套语法来对应传统的 HTML、CSS 和 JavaScript，在部分组件上也借鉴了 React Native 框架直接渲染原生组件以提升性能，再利用离线缓存获得流畅的体验。

（4）Flutter

Flutter 是谷歌推出的混合式跨平台方案，它更激进地实现了整个 UI 层，可以通过 Dart 语言直接控制完成。

混合式开发的优点有多数业务逻辑采用了各平台支持的通用语言进行开发，可以跨平台使用；混合应用中的 Web 代码无需编译，便于更新迭代；可以将更多的原生功能提供给 Web 端调用，从而提升应用的功能与用户体验。

鉴于混合式开发的优势，目前很多大型的移动应用都采用这种开发模式，其中包括淘宝、微信、京东、今日头条、美团、爱奇艺等。

表 1-1 给出了 Native APP、Web APP 及 Hybrid APP 三种应用开发模式的对比。

**表 1-1　三种应用开发模式的性能对比**

| 特性 | Native APP | Hybrid APP | Web APP |
|---|---|---|---|
| 开发语言 | 只用 Native 开发语言 | Native 和 Web 开发语言 | 只用 Web 开发语言 |
| 代码移植和优化 | 无 | 高 | 高 |
| 针对特定设备的特性 | 高 | 中 | 低 |
| 高级图形 | 高 | 中 | 中 |
| 安装、升级灵活性 | 低，通过应用商店 | 中，部分更新可不通过应用商店升级 | 高 |
| 用户体验 | 高 | 中 | 低 |

## 1.3.3　移动互联网应用的开发工具

### 1. 原生应用开发工具

开发原生应用软件需要针对不同智能终端的操作系统来选择不同的开发语言、框架及环境。曾经出现的移动操作系统有很多，如 Symbian、Android、iOS、Windows Mobile、BlackBerry 等，但今天其中的一些操作系统已经退出历史舞台。表 1-2 给出了目前最为主流的两种移动操作系统 Android 和 iOS 原生应用的主要开发技术。

**表 1-2　Android 与 iOS 原生应用开发技术**

| 操作系统 | Android | iOS |
|---|---|---|
| 开发语言 | Java、Kotlin | Objective-C、Swift |
| 开发环境 | Eclipse、Android Studio | Xcode |
| 开发包 | Android SDK | iOS SDK |
| 安装包 | . apk | . ipa |
| 应用商店 | Android Market | APP Store |

在本书后续的章节中，将主要介绍基于 Android 系统的移动互联网应用开发技术。Android Studio 是谷歌推出一个 Android 集成开发工具，基于 IntelliJ IDEA。2014 年 12 月 Android Studio 1.0 发布，目前的最新版本是 Android Studio 4.0，于 2020 年 5 发布。Android Studio 4.0 的亮点包括新的 Motion 编辑器，可以帮助 Android 开发管理应用的复杂运动和 Widget 动画；构建分析器（Build Analyzer），可用于分析构建速度较慢的原因；新的 CPU Profiler 界面，旨在提供有关应用的线程活动，并跟踪记录丰富的相关信息；改进的 Layout Inspector，可以查看应用当前显示的布局结构及数据，便于进行 UI 调试；直接使用 Java 8 语言的 API 等。

从 Android 应用开发语言来看，除了传统的 Java 语言之外，Kotlin 也成为一门极具潜力的

Android 开发语言。Kotlin 由 JetBrains 公司开发，Google 在 I/O 2017 大会上宣布 Android 加入了对 Kotlin 编程语言的支持。Kotlin 是一门与 Swift 类似的静态类型 JVM 语言，与 Java 相比，Kotlin 的语法更简洁、更安全、更具表达性，而且提供了更多的特性，如高阶函数、操作符重载、字符串模板。它与 Java 具有高度可交互操作性，可以同时用在一个项目中。

除了使用编程语言直接开发 Android 应用之外，采用成熟、稳健的框架辅助软件系统开发也成为一种常见的模式。框架被定义为整个或部分系统的可重用设计，表现为一组抽象构件及构件实例间交互的方法。系统中一些基础的通用工作都可以交给框架处理，程序开发者只需要集中精力完成系统的业务逻辑设计，从而能够显著提升开发效率，降低开发难度。表 1-3 给出了 Android 应用开发的一些流行框架。

**表 1-3　Android 应用开发通用流行框架**

| 类型 | 框架名称 | 用　途 |
| --- | --- | --- |
| 缓存 | DiskLruCache | 基于 LRU 的磁盘缓存 |
| 图片加载 | Android Universal Image Loader | 加载、缓存及展示图片的库 |
| | Picasso | 图片下载与缓存 |
| | Fresco | 管理图像和内存 |
| 图片处理 | Picasso-transformations | 为 Picasso 提供多种图片变换 |
| | Glide-transformations | 为 Glide 提供多种图片变换 |
| | Android-gpuimage | 基于 OpenGL 的 Android 过滤器 |
| 网络请求 | Android Async HTTP | Android 异步 HTTP 库 |
| | AndroidAsync | 异步 Socket、HTTP（客户端 + 服务器）、WebSocket，和 socket. io 库 |
| | OkHttp | Http 与 Http/2 的客户端 |
| 网络解析 | Gson | Java 序列化/反序列化库，可以将 JSON 和 java 对象互相转换 |
| | Fastjson | 快速的 JSON 解析器/生成器 |
| | HtmlParser | 解析单个独立 html 或嵌套 html |
| 图表 | WilliamChart | 创建图表的 Android 库 |
| | HelloCharts | 兼容到 API8 的 Android 图表库 |
| | MPAndroidChart | Android 图表视图/图形库 |
| 响应式编程 | RxJava | JVM 上的响应式扩展 |
| | RxJavaJoins | 为 RxJava 提供 Joins 操作 |
| | RxAndroid | Android 上的响应式扩展，在 RxJava 基础上添加了 Android 线程调度 |

### 2. Web 应用开发工具

随着移动互联网的迅速发展，移动 Web 应用的份额已经逐渐超越 PC 端。目前，移动 Web 开发的基础技术主要是 HTML5、CSS3、JavaScript，同时利用高质量的移动框架进行软件开发也是构建移动 Web 应用的常见方式。

(1) HTML5

HTML5 是 HTML 语言的第五次重大修改版本，2014 年 10 月由万维网联盟（W3C）完成标准制定。HTML5 不再只是一种标记语言，而是为下一代 Web 提供全新的框架和平台，它通过提供一系列的新元素和新特性，使得 Web 应用具备更加丰富的功能和更好的用户体验。HTML5 主要的新特性如下。

1）语义化：提供更加丰富的标签，对微数据、微结构具有更加友好的支持，赋予网页更好的意义和结构。

2）本地存储：HTML5 可以将用户数据及信息存储在本地，在关闭浏览器后再次打开时恢复数据，从而减少网络流量，还可以做到离线使用。

3）连接特性：提供 Server-Sent Event 和 WebSocket 技术，实现双向连接和消息推送，使得连接工作效率更高，特别是在实时聊天和网页游戏方面，极大地提升了用户体验。

4）多媒体：网页标签自身支持音频和视频播放，打破了在多媒体功能上对 Flash 等插件的依赖，降低了开发成本并提高了开发效率。

5）图形特效：提供了画布 Canvas 和 WebGL 等图形和三维功能，使普通网页也能呈现出惊人的视觉效果。

除了以上特性外，HTML5 对移动开发能力也具有很大的提升，主要体现在以下方面：

1）视口控制：由于不同移动设备的屏幕大小及分辨率有较大的差异，视口控制使得网页页面显示能够更好地适应不同的屏幕尺寸，获得最佳的显示效果。

2）媒体查询：允许开发者基于设备的不同特性应用不同的样式声明。例如，通过对视口宽度的判断，在网页输出不同的展示效果。

3）硬件设备访问：可以方便地访问摄像头、话筒、重力传感器、GPS 等硬件设备，便于开放各类功能丰富的移动应用。

4）专为移动平台定制的表单元素：针对文本、电话号码、E-mail、URL、搜素等输入的不同要求，通过简单的声明，即可完成不同样式的键盘调用。

5）丰富的交互方式：提供拖拽、撤销历史、文本选择等多种交互方式，并支持组件移动和组件变形效果，便于移动端的操作。

（2）CSS3

CSS（Cascading Style Sheets）即层叠样式表，是一种用来布局和美化网页的样式表语言。CSS3 是 CSS 的最新版本，相比于 CSS2.1 增加了大量新功能。CSS3 演进的一个主要变化就是它被分为一系列模块，每个模块都有独立的规范。下面简要介绍 CSS3 的新特性。

1）选择器。CSS3 提供了更加方便快捷的选择器，可以减少多余的 Class、ID 或 JavaScript 的使用，大幅度提高程序的性能。

2）盒模型。CSS3 提供了 box-sizing 属性来改变默认的 CSS 盒模型对元素高度和宽度的计算方式。

3）个性化字体。CSS3 引入@ font-face 规则，允许开发者为网页指定在线字体，突破了以往只能使用操作系统默认字体的限制。

4）自适应布局。CSS3 提供了 calc 函数在渲染时动态计算属性值，从而实现自适应布局。

5）其他特性。CSS3 还提供了圆角边框、字体阴影、响应式布局、弹性布局、多列布局等特性，以及媲美原生应用的过渡与动画效果。

（3）JavaScript

JavaScript 是 ECMAScript 语言的一种实现，是一种基于原型、多范式的动态脚本语言，并支持面向对象、命令式和声明式编程风格。JavaScript 已经被广泛地应用于 Web 页面当中，通过嵌入 HTML 来实现各种酷炫的动态效果，为用户提供赏心悦目的浏览效果。除此之外，也可以用于控制 cookies 以及基于 Node.js 技术进行服务器端编程。

完整的 JavaScript 实现包含三部分：ECMAScript、文档对象模型和浏览器对象模型。

1）ECMAScript。ECMAScript 是一种由 Ecma 国际（前身为欧洲计算机制造商协会）通过 ECMA-262 标准化的脚本程序设计语言。ECMAScript 规范定义了一种脚本语言实现应该包含的内容，但是因为它是可扩充的，所以其实现所提供的功能与这个最小集相比可能变化很大。JavaScript 是按 ECMAScript 规范实现的一种脚本语言，其他的还有 JScript、ActionScript 等。

2）文档对象模型（Document Object Model，DOM）。DOM 把整个网页映射为一个多层节点结构。HTML 页面中的每一个组成部分都是某种类型的节点。这些节点又包含着不同类型的数据。通过 DOM 创建的表示文档的树形图，开发人员可以获得控制页面内容和结构的主动权。借助 DOM 提供的 API，可以轻松自如地删除、添加、替换或修改任何节点。

3）浏览器对象模型（Browser Object Model，BOM）。BOM 描述与浏览器进行交互的方法和接口，它提供了很多对象，用于访问浏览器的功能，这些功能与任何网页内容无关。常见的 BOM 对象有：

Window：代表整个浏览器窗口，是 BOM 中的核心对象。

Navigator：代表浏览器当前的信息，通过它可以获取用户当前使用的是什么浏览器。

Location：代表浏览器当前的地址信息，通过它可以获取或者设置当前的地址信息。

History：代表浏览器的历史信息，通过它可以实现上一步/刷新/下一步操作。

Screen：代表用户的屏幕信息。

（4）移动 Web 开发框架

除了使用 HTML、CSS、JavaScript 等基础技术开发移动 Web 应用之外，采用成熟的 Web 框架辅助进行系统开发能够极大地提高开发效率。目前比较流行的移动端 Web UI 框架有 JQuery Mobile、Ant Design Mobile、Mobile Angular UI、vonic、MUI 等，常用的 JavaScript 框架有 React、Vue. js、Zepto. JS 等。

**3. 混合应用开发工具**

（1）PhoneGap 与 Cordova

PhoneGap 是一个免费且开源的开发环境，它基于 WebView 模式实现混合应用开发。PhoneGap 在每个移动平台（如 iOS、Android、BlackBerry 等）中都实现了一套后台框架，分别与各平台系统 API 进行交互，从而调用其原生 API，为应用开发人员提供了统一的 JS 调用接口，即 PhoneGap API，开发人员只需要采用 Html、JaveScript、CSS 等 Web 技术即可进行移动平台快速开发。

PhoneGap 最初隶属于 Nitobe 公司。2011 年 10 月，Adobe 公司收购了 Nitobe，随后将 PhoneGap 项目捐献给了 Apache 基金会，但是保留了 PhoneGap 的商标所有权。Apache 收录 PhoneGap 项目后将其更名为 Apache Callback，2012 年 Apache 又将名字更改成 Cordova。

（2）React Native

React Native 是 Facebook 于 2015 年 4 月开源的跨平台移动应用开发框架，支持 iOS 和 Android 两大平台。它基于 React 的虚拟 DOM 模型，实现了一套代码多处运行。React Native 支持组件生命周期和 JSX 语法，其最大优势是使用 JavaScript 调用原生方法和组件，兼顾了性能和开发效率，熟悉 Web 前端开发的技术人员只需很少的学习就可以进入移动应用开发领域。React Native 在 JavaScript 中抽象操作系统原生的 UI 组件，代替 DOM 元素来渲染，在 UI 渲染上非常接近原生应用。尽管业务逻辑代码使用 JavaScript，但由于 JavaScript 是即时编译的，因此 React Native 的运行效率要比基于 HTML5、CSS 等技术的 PhoneGap、AppCan 等高很多。

（3）Flutter

Flutter 是 Google 开源的 UI 工具包，帮助开发者通过一套代码库高效地构建多平台精美应用，支持移动、Web、桌面和嵌入式平台。Flutter 的目标是解决移动开发中的两个重要问题，其一是实现原生应用的性能和与平台的集成，其二是提供一个多平台、可移植的 UI 工具包来支持高效的应用开发。Flutter 组件采用响应式框架构建，其核心思想是用组件构建 UI。

Flutter 选用 Dart 作为其开发语言，Dart 既可以是 AOT（Ahead Of Time）编译，也可以是 JIT（Just In Time）编译，其 JIT 编译的特性使 Flutter 在开发阶段可以达到亚秒级有状态热重载，从而大大提升了开发效率。Flutter 使用自带的高性能渲染引擎（Skia）进行自绘，渲染速度和用户体验近似于原生应用。Flutter 内置众多精美的 Material Design 和 Cupertino（iOS 风格）小部件，开发者可快速构建精美的用户界面，以提供更好的用户体验。

（4）其他混合应用开发工具

目前混合开发模式已经成为开发移动应用的重要方式，除以上工具之外，国内外的公司也推出了很多其他的混合应用开发框架，如 AppCan、Titanium、appMobi XDK、Vue Native、Weex、ExMobi 等。

## 习　题

1. 简述移动互联网的概念和内涵。
2. 简要说明移动互联网的技术体系架构。
3. 5G 有哪些关键技术？
4. 解释移动 IP 的代理发现过程。
5. 互联网应用系统具有哪些工作模式？
6. B/S 模式与 C/S 模式分别有哪些优缺点？举例说明日常使用的应用哪些属于 B/S 模式，哪些属于 C/S 模式。
7. 简要说明云计算提供的三种基本服务模式。
8. 说明 AJAX 技术的工作原理。
9. 大数据技术体系框架包含哪些层次？
10. 从移动端的应用开发模式来看，移动互联网应用包括哪些类型？请举例说明。

# 第2章 Java编程基础

Java是Sun公司于1995年推出的高级编程语言，具有良好的跨平台特性，借助于Java虚拟机，Java程序能够在多种类型的操作系统平台上运行。Java在当前的软件行业中已经成为主流开发语言，Java SE、Java EE技术已经发展成同C#和.NET平分天下的应用软件开发技术。本章主要介绍Java语言的发展历程、特点、运行机制及其开发环境的搭建。

## 2.1 Java语言发展历程

Java可以开发出安装和运行在本机上的桌面程序、通过浏览器访问的面向Internet的应用程序，亦可实现非常优美的图像效果。目前，Java成为许多从事软件开发工作的程序员的首选开发语言。下面简要介绍Java语言的发展历程。

Java是印度尼西亚爪哇岛的英文名称，因盛产咖啡而闻名。在Java中，许多类库名称都与咖啡有关，如Java Beans（咖啡豆）、NetBeans（网络豆）、Object Beans（对象豆）等。它的标识也正是一杯正冒着热气的咖啡。

1991年4月，Sun公司开发了一种名为OaK的语言来对其智能消费产品（如电视机、微波炉等）进行控制。

1995年5月，Sun公司正式以Java来命名这种自己开发的语言。

1998年12月，Sun公司发布了全新的Java 1.2版，标志着Java进入了Java 2.0（Java two）时代，Java也被分成了现在的J2SE、J2EE和J2ME三大平台。这三大平台至今仍满足着不断增长的市场需求。

2002年2月，Sun公司发布了JDK 1.4，JDK 1.4的诞生明显提升了Java的性能。

2006年6月，Sun公司公开Java SE 6.0，同年公开了Java语言的源代码。

2009年4月，甲骨文公司以74亿美元收购Sun公司，取得Java的版权.

2010年9月，JDK 7.0发布，增加了闭包功能。

2011年7月，甲骨文公司发布Java 7.0的正式版。

2014年，甲骨文公司发布JDK 8.0，新增了对Lambda表达式的支持，JDK有了关键性的提升。

2017年，甲骨文公司发布JKD 9.0。

2018年3月21日，甲骨文公司发布JKD 10.0。

2018年9月25日，Java 11（18.9 LTS）正式发布，支持期限至2026年9月。

目前，共有3个独立的版本，用于开发不同类型的应用程序：

▲ Java SE。Java SE 的全称是 Java Platform Standard Edition（Java 平台标准版），是 Java 技术的核心，主要用于桌面应用程序的开发。

▲ Java EE。Java EE 的全称是 Java Platform Enterprise Edition（Java 平台企业版），主要应用于网络程序和企业级应用的开发。任何 Java 学习者都需要从 Java SE 开始入门，Java SE 是 Java 语言的核心，而 Java EE 是在 Java SE 的基础上扩展的。

▲ Java ME。Java ME 的全称是 Java Platform Micro Edition（Java 平台微型版），主要应用于手机游戏、PDA、机顶盒等消费类设备和嵌入式设备中。

## 2.2　Java 语言的特性

Java 语言作为静态面向对象编程语言的代表，极好地实现了面向对象理论，允许程序员以优雅的思维方式进行复杂的编程。

Java 具有简单性、面向对象、分布式、解释性、健壮性、安全性、平台独立与可移植性、多线程等多个特点。Java 可以编写桌面级应用程序、Web 应用程序、分布式系统和嵌入式系统应用程序等。

### 1. 面向对象

面向对象是 Java 语言的基础，也是 Java 语言的重要特性，因为它本身就是一种纯面向对象的程序设计语言，Java 提倡万物皆对象，语法中不能在类外面定义单独的数据和函数，也就是说 Java 语言最外部的数据类型是对象，所有的元素都要通过类和对象来访问。

### 2. 分布性

Java 的分布性包括操作分布和数据分布，其中操作分布是指在多个不同的主机上布置相关操作，而数据分布是将数据分别存放在多个不同的主机上，这些主机是网络中的不同成员。Java 可以凭借 URL（统一资源定位符）对象访问网络对象，访问方式与访问本地系统相同。

### 3. 解释性

运行 Java 程序需要解析器。任何移植了 Java 解析器的计算机或其他设备都可以用 Java 字节码进行解释执行。字节码独立于平台，它本身携带了许多编译时的信息，使得连接过程更加简单，开发过程也就更迅速、更具探索性。

### 4. 可移植性

Java 程序具有与体系结构无关的特性，从而使 Java 程序可以方便地移植到网络的不同计算机中。Java 的类库中也实现了针对不同平台的接口，使这些类库也可以移植。

### 5. 多线程

多线程机制能够使应用程序在同一时间并行执行多项任务，而且相应的同步机制可以保证不同线程能够正确地共享数据。使用多线程可以带来更好的交互能力和实时行为。

### 6. 安全性

Java 语言删除了类似 C 语言中的指针和内存释放等语法，从而有效地避免了非法操作内存。Java 程序代码要经过代码校验、指针校验等很多的测试步骤才能够运行，所以未经允许的 Java 程序不可能出现损害系统平台的行为，而且使用 Java 可以编写防病毒和防修改的系统。

### 7. 健壮性

Java 的设计目标之一是编写多方面可靠的应用程序。Java 检查程序在编译和运行时的错误，并且消除错误。类型检查能帮助用户检查出许多在开发早期出现的错误，同时很多集成开发工具（如 Eclipse、NetBeans）的出现使编译和运行 Java 程序更加容易。

## 2.3 Java 程序的运行机制

Java 语言是一种特殊的高级语言，它既具有解释型语言的特征，也具有编译型语言的特征，因为 Java 程序要经过先编译、后解释两个步骤。

### 2.3.1 高级语言运行机制

计算机高级语言按程序的执行方式可以分为编译型和解释型两种。

编译型语言是指使用专门的编译器，针对特定平台（操作系统）将某种高级语言源代码一次性“翻译”成可被该平台硬件执行的机器码（包括机器指令和操作数），并包装成该平台能识别的可执行性程序的格式，这个过程称为编译（Compile）。编译生成的可执行性程序可以脱离开发环境，在特定的平台上独立运行。

编译型语言是一次性地编译成机器码，所以可以脱离开发环境独立运行，而且通常运行效率较高；但也因为编译型语言的程序被编译成特定平台上的机器码，导致编译生成的可执行性程序通常无法移植到其他平台上运行；如果需要移植，则必须将源代码复制到特定平台上，针对特定平台进行修改，至少也需要采用特定平台上的编译器重新编译。

现有的 C、C++、Objective-C、Swift、Kotlin 等高级语言都属于编译型语言。

解释型语言是指使用专门的解释器将源程序逐行解释成特定平台的机器码并立即执行的语言。解释型语言通常不会进行整体性的编译和链接处理，解释型语言相当于把编译型语言中的编译和解释过程混合到一起同时完成。

可以认为每次执行解释型语言的程序都需要进行一次编译，因此解释型语言的程序运行效率通常较低，而且不能脱离解释器独立运行。但解释型语言有一个优势，跨平台比较容易，只需提供特定平台的解释器即可，每个特定平台上的解释器负责将源程序解释成特定平台的机器指令即可。解释型语言可以方便地实现源程序级的移植，但这是以牺牲程序运行效率为代价的。

现有的 JavaScript、Ruby、Python 等语言都属于解释型语言。

### 2.3.2 Java 程序与 JVM

Java 语言比较特殊，由 Java 语言编写的程序需要经过编译步骤，但这个编译步骤并不会生成特定平台的机器码，而是生成一种与平台无关的字节码（也就是 *.class 文件）。当然，这种字节码是没有可执行性的，必须使用 Java 解释器来解释执行。因此可以认为 Java 语言既是编译型语言，也是解释型语言。或者说 Java 语言既不是纯粹的编译型语言，也不是纯粹的解释型语言。Java 程序的执行过程必须经过先编译，后解释两个步骤。Java 语言程序代码的编译和运行过程如图 2-1 所示。

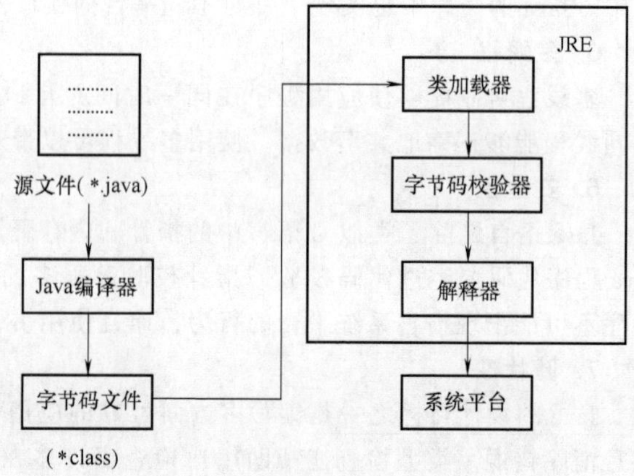


图 2-1 Java 语言程序代码的编译和运行过程

Java 语言里负责解释执行字节码文件的是 Java 虚拟机 JVM（Java Virtual Machine）。JVM 是可运行 Java 字节码文件的虚拟计算机。所有平台上的 JVM 向编译器提供相同的编程接口，而编译器只需要面向虚拟机，生成虚拟机能理解的代码，然后由虚拟机来解释执行，在一些虚拟机的实现中，还会将虚拟机代码转换成特定系统的机器码执行，从而提高运行效率。

当使用 Java 编译器编译 Java 程序时，生成的是与平台无关的字节码，这些字节码不面向任何具体平台，只面向 JVM。不同平台上的 JVM 都是不同的，但它们都提供了相同的接口。JVM 是 Java 程序跨平台的关键部分，只要为不同平台实现了相应的虚拟机，编译后的 Java 字节码就可以在该平台上运行。显然，同一字节码程序要在不同的平台上运行几乎是“不可能的”，只有通过中间的转换器才可以实现，JVM 就是这个转换器。

JVM 是一个抽象的计算机，和实际的计算机一样，它具有指令集并使用不同的存储区域。它负责执行指令，还要管理数据、内存和寄存器。

## 2.4　Java 开发环境搭建

在学习 Java 语言之前，必须了解并搭建好它所需要的开发环境。要编译和执行 Java 程序，JDK（Java Developers Kits）是必备的。下面将具体介绍下载及安装 JDK、配置环境变量的方法。

### 2.4.1　下载和安装 JDK

#### 1. 下载 JDK

Java 的 JDK 是 Sun 公司的产品。由于 Sun 公司已经被 Oracle 收购，因此 JDK 可以在 Oracle 公司的官方网站“http://www.oracle.com/index.html”下载。

下面以 JDK8 为例介绍下载 JDK 的方法，具体步骤如下。

1）打开浏览器，输入网址“http://www.oracle.com/index.html”，浏览 Oracle 官方主页。将光标移动到工具栏的 Downloads 菜单项上，将显示下载列表下拉菜单，单击“Java SE”超链接。

2）在 JDK 的下载页面中，单击 JDK 的下载按钮，即“Download”按钮。在 JDK 的下载列表中，首先单击“Accept License Agreement”的单选按钮，如果不选择此按钮，单击要下载的超链接时将不能进行下载。然后根据操作系统的位数选择适当版本的 JDK 进行下载。如果是 64 位的 Windows 操作系统，那么需要下载 jdk-8ul12-windows-x64.exe 文件，直接单击该文件的超链接即可。

说明：JDK 的版本号随时会发生变化。下载 JDK 时，如果存在比 8ull2 更高的版本，可以放心地下载最新版本的 JDK。一般情况下，高版本都是向下兼容低版本的。

#### 2. JDK 安装

下载 Windows 平台的 JDK 安装文件 jdk-8ull2-windows-x64.exe 后即可安装，步骤如下。

1）双击已下载的安装文件，将弹出“欢迎”对话框，单击“下一步”按钮，如图 2-2 所示。

2）在弹出的对话框中，可以选择安装的功能组件，这里选择默认设置，如图 2-3 所示。

3）单击“下一步”按钮，使用默认的安装路径“C:\ProgramFiles\Java\jdkl.8.0_112\”。

4）单击“下一步”按钮，开始安装 JDK8，在安装过程中会弹出 JRE 的“目标文件夹”对话框，使用 JRE 默认的安装路径即可。

5）安装完成后，将弹出提示安装成功的对话框，单击“关闭”按钮即可。

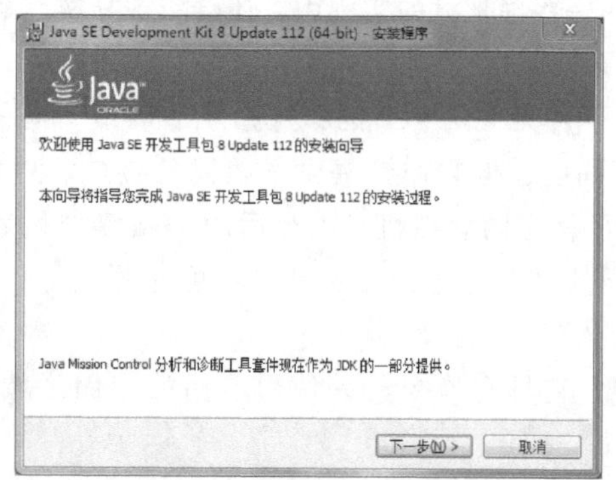


图 2-2 “欢迎”对话框

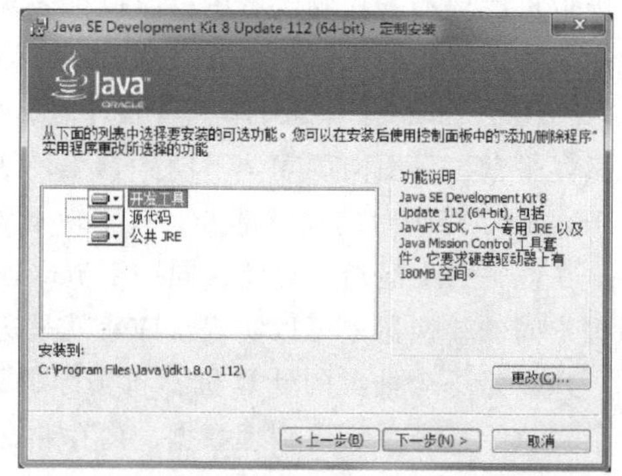


图 2-3 “自定义安装”对话框

## 2.4.2 环境变量配置

安装完 JDK 之后，必须配置环境变量方可使用 Java 环境。在 Windows 操作系统中，主要配置 3 个环境变量，分别是 JAVA_HOME、Path 和 CLASSPATH。其中 JAVA_HOME 用来指定 JDK 的安装路径；Path 用来使系统能够在任何路径下都可以识别 java 命令；CLASSPATH 用来加载 Java 类库的路径。在 Windows 7 系统中配置环境变量的步骤如下。

1）在“计算机”图标上单击鼠标右键，在弹出的快捷菜单中选择“属性”命令，在弹出的“属性”对话框左侧单击“高级系统设置”超链接，将打开图 2-4 所示的“系统属性”对话框。

2）单击“环境变量”按钮，将弹出“环境变量”对话框，如图 2-5 所示，单击“系统变量”栏下的“新建”按钮，创建新的系统变量。

3）弹出“新建系统变量”对话框，分别输入变量名“JAVA_HOME”和变量值（即 JDK 的安装路径），其中变量值是编者的 JDK 安装路径，读者需要根据自己的计算机环境进行修改，如图 2-6 所示。单击“确定”按钮，关闭“新建系统变量”对话框。

4）在图 2-5 所示的“环境变量”对话框的“系统变量”栏中双击 Path 变量，对其进行修改。将原变量值最前面的“C: \ ProgramData \ Oracle \ Java \ javapath;”删除，并输入“%JAVA_

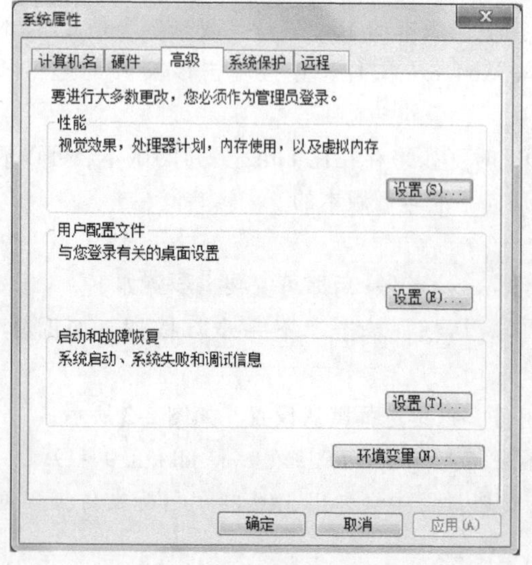


图 2-4 “系统属性”对话框

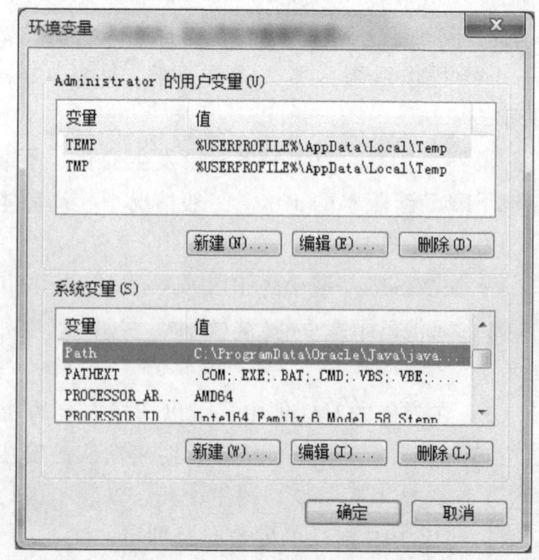


图 2-5 “环境变量”对话框

HOME%\bin;%JAVA_HOME%\jre\bin;”（注意最后的“;”不要丢掉，它用于分割不同的变量值），如图 2-7 所示。单击“确定”按钮完成环境变量的设置。

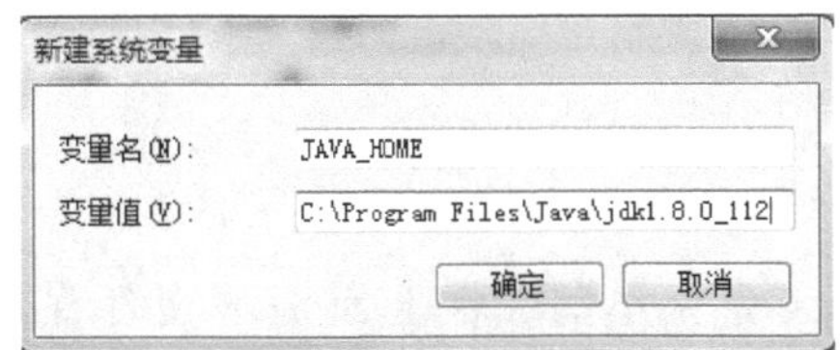


图 2-6　“新建系统变量”对话框

图 2-7　“编辑系统变量”对话框

5）在图 2-5 所示的“环境变量”对话框中，单击“系统变量”栏下的“新建”按钮，新建一个 CLASSPATH 变量，变量值为“.;%JAVA_HOME%\lib;%JAVA_HOME%\lib\tools.jar;”，如图 2-8 所示。

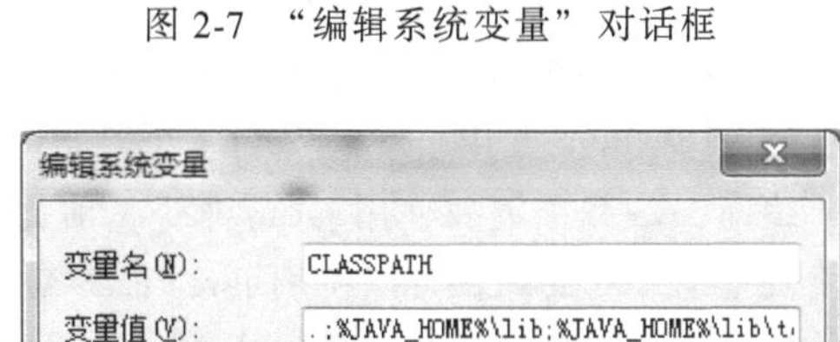


图 2-8　设置 CLASSPATH 变量

6）JDK 配置完成后，需确认是否配置准确。在 Windows 系统中测试 JDK 环境需要选择“开始”→“运行”命令（没有“运行”命令可以按<Windows+R>组合键），然后在“运行”对话框中输入“cmd”并单击“确定”按钮启动控制台。在控制台中输入 javac 命令，按<Enter>键，将输出图 2-9 所示的 JDK 的编译器信息，其中包括修改命令的语法和参数选项等信息。这说明 JDK 环境搭建成功。

图 2-9　JDK 的编辑器信息

### 2.4.3　运行 Java 程序

本节将编写编程语言里最“著名”的程序：HelloWorld，以这个程序来开启 Java 学习之旅。

**1. 编辑 Java 源代码**

编辑 Java 源代码可以使用任何无格式的文本编辑器，在 Windows 操作系统中可使用记事本（NotePad）、EditPlus 等应用程序，在 Linux 平台上可使用 VI 等工具。

编写 Java 程序不要使用写字板，更不要使用 Word 等文档编辑器。因为写字板、Word 等工具是有格式的编辑器，当使用它们编辑一份文档时，这个文档中会包含一些隐藏的格式化字符，这些隐藏字符会导致程序无法正常编译、运行。

在记事本中新建一个文本文件，命名为 HelloWorld.java，并在该文件中输入如下代码。

```
public class HelloWorld
{
        // Java 程序的入口方法,程序将从这里开始执行
```

```
        public static void main(String[] args)
        {
            //向控制台打印一条语句
            System.out.println("Hello World!");
        }
}
```

编辑上面的 Java 文件时，注意 Java 程序严格区分大小写。将上面文本文件保存为 HelloWorld.java，该文件就是 Java 程序的源程序。

编写好 Java 程序的源代码后，接下来就应该编译此 Java 源程序来生成字节码了。

**2. 编译 Java 程序**

编译 Java 程序需要使用 javac 命令，前面已经把 javac 命令所在的路径添加到了系统的 Path 环境变量中，因此现在可以使用 javac 命令来编译 Java 程序了。

如果直接在命令行窗口里输入 javac，不跟任何选项和参数，系统将会输出提示信息，用以提示 javac 命令的用法，读者可以参考提示信息来使用 javac 命令。

对于初学者而言，先掌握 javac 命令的如下用法：

```
javac-d destdir srcFile
```

在上面命令中，-d destdir 是 javac 命令的选项，用以指定编译生成的字节码文件的存放路径，destdir 只需是本地磁盘上的一个有效路径即可；而 srcFile 是 Java 源文件所在的位置，这个位置既可以是绝对路径，也可以是相对路径。

通常总是将生成的字节码文件放在当前路径下，当前路径可以用点（.）来表示。在命令行窗口进入 HelloWorld.java 文件的所在路径，在该路径下输入如下命令：

```
javac-d . HelloWorld.java
```

运行该命令后，将在该路径下生成一个 HelloWorld.class 文件。

**3. 运行 Java 程序**

运行 Java 程序使用 java 命令，启动命令行窗口，进入 HelloWorld.class 所在的位置，在命令行窗口里直接输入 java 命令，如果不带任何参数或选项，将看到大量提示，告诉开发者如何使用 java 命令。

对于初学者而言，只要掌握 java 命令的如下用法即可：

```
java Java 类名
```

值得注意的是 java 命令后的参数是 Java 类名，而不是字节码文件的文件名，也不是 Java 源文件名。通过命令行窗口进入 HelloWorld.class 所在的路径，输入如下命令：

```
java HelloWorld
```

运行上面命令，将看到如下输出：

```
Hello World !
```

这表明 Java 程序运行成功。

### 2.4.4 常见的 Java IDE 介绍

使用文本开发效率无疑是很低的，每次编写完代码后，还需要手动编译执行，十分麻烦。

Java 作为一门全世界最受欢迎的语言，有很多优秀的集成开发环境（Integrated Development Environment，IDE），集成开发环境是用于提供程序开发环境的应用程序，一般包括代码编辑器、编译器、调试器和图形用户界面等工具。下面简单介绍其中几个常用的 Java IDE。

1. NetBeans

NetBeans 是业界第一款支持创新型 Java 开发的开放源码 IDE。开发人员可以利用强大的开发工具来构建桌面、Web 或移动应用，同时通过 NetBeans 和开放的 API 的模块化结构，第三方能够非常轻松地扩展或集成 NetBeans 平台。

NetBeans 不仅支持 Windows 平台，而且还支持 Mac、Linux 和 Solaris 等平台，可以根据平台选择合适的版本。NetBeans 也不只支持 Java 开发平台，目前它还支持 PHP、Ruby、JavaScript、Ajax、Groovy、Grails 和 C/C ++等开发语言。NetBeans 对国际化支持也非常好，可以直接使用中文版。

NetBeans IDE 包括开源的开发环境和应用平台，还可以下载绑定的服务器，这样 NetBeans IDE 就可以非常方便地让开发人员利用 Java 平台快速进行 Web 应用、桌面应用以及移动应用程序的开发工作。

除此之外，NetBeans 项目还有一个活跃的开发社区提供支持，为 NetBeans 开发环境提供了丰富的产品文档、培训资源以及大量的第三方插件。

NetBeans 的功能非常强大，其下载地址为“https：//netbeans. org/downloads/”，它的安装非常简单，只需要双击安装文件，按照向导选择安装即可。

2. Eclipse IDE for Java Developers

Eclipse 是一个开放源代码的、基于 Java 的可扩展应用开发平台，它为编程人员提供了一流的 Java 集成开发环境。在 Eclipse 的官方网站中提供了一个 Java EE 版的 Eclipse IDE，使用 Eclipse IDE for Java EE，既可以创建 Java 项目，还可以创建动态 Web 项目。

（1）Eclipse 的下载与安装

在 Eclipse 的官方网站（网址为：http：//www. eclipse. org）中，可以下载最新的 Eclipse 安装包。由于 Eclipse 的版本经常更新且高版本会兼容低版本，所以下载最新版本的 Eclipse 即可。下面以 Eclipse 4. 4. 1 为例介绍 Eclipse 下载与安装的具体操作步骤。

1）在 IE 地址栏中输入“http：//www. eclipse. org”，进入到 Eclipse 官方网站。

2）单击“DOWNLOAD”按钮，进入 Eclipse 的下载列表页面。

3）找到 Eclipse IDE for Java EE developers，然后根据操作系统的位数选择适当的版本进行下载。如果是 64 位的 Windows 操作系统，单击“Windows 64 Bit”超链接，进入到 Eclipse IDE for JavaEE developers 的下载页面，如图 2-10 所示。

4）单击“［China］Beijing Institute of Technology（http）”超链接，将打开文件下载对话框。在该对话框中，单击“保存”按钮，即可将 Eclipse 的安装文件下载到本地计算机中。

5）将下载后的解压包解压到指定的路径下，即可完成 Eclipse 的安装。

说明：Eclipse 的下载页面和版本随时会发生变化，下载 Eclipse 时如果存在比 4. 4. 1 更高的版本，可以放心地下载使用，一般情况下高版本都是向下兼容低版本的。

（2）启动 Eclipse

安装完成后双击 Eclipse 安装目录下的 eclipse. exe 文件，即可启动 Eclipse。在首次启动 Eclipse 时需要设置工作空间，这里将工作空间设置在 Eclipse 根目录的 workspace 文件夹下，如图 2-11 所示。

每次启动 Eclipse 时都会弹出设置工作空间的对话框，如果想在以后启动 Eclipse 时不再进行

图 2-10　Eclipse IDE 的下载页面

工作空间的设置，可以选中“Use this as the default and do not ask again”复选框。单击“OK”按钮后，即可启动 Eclipse，进入到如图 2-12 所示的界面。

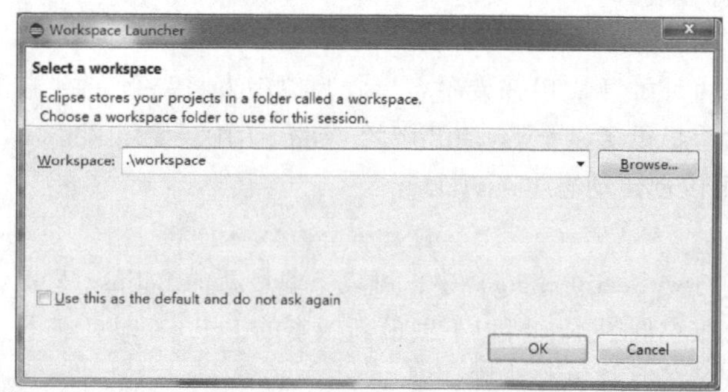


图 2-11　设置工作空间

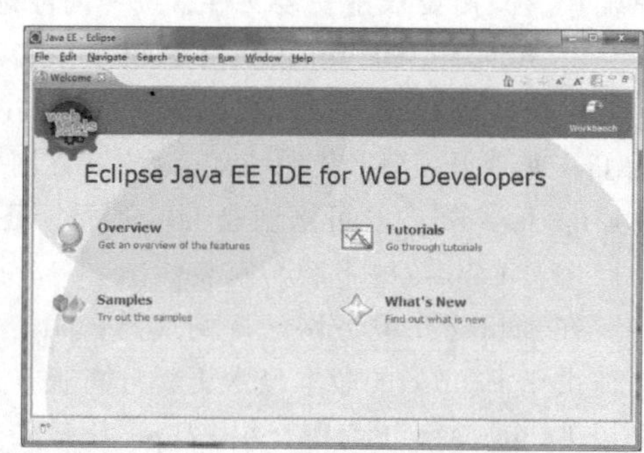


图 2-12　Eclipse 的欢迎界面

（3）创建 Eclipse

若是初次进入所选择的工作空间，会出现 Eclipse 的欢迎页，否则直接进入到 Eclipse 的工作台。如果出现欢迎界面，关闭该欢迎界面，就会进入到 Eclipse 的工作台。Eclipse 的工作台主要由菜单栏、工具栏、透视图工具栏、项目资源管理器视图、大纲视图、编辑器和其他视图组成，如图 2-13 所示。

在 Eclipse 工作台的上方提供了菜单栏，该菜单栏包含了实现 Eclipse 各项功能的命令，并且与编辑器相关，即菜单栏中的菜单项与当前编辑器内打开的文件是关联的。例如，编辑器内没有打开任何文件，那么将显示如图 2-13 所示的菜单栏。

### 3. JetBrains IntelliJ IDEA

IntelliJ IDEA 被认为是当前 Java 开发效率最快的 IDE 工具。它整合了开发过程中众多的实用功能，最大程度地加快了开发的速度。在智能代码助手、代码自动提示、重构、J2EE 支持、Ant、JUnit、CVS 整合、代码审查、创新的 GUI 设计等方面的功能十分完善。与其他的一些繁冗而复杂的 IDE 工具有鲜明的对比。IntelliJ IDEA 的下载地址为 http://www.jetbrains.com/idea/，单击主页的“Download”按钮，可以看到 IDEA 有两个版本，一个是商业版（IntelliJ IDEA Ulti-

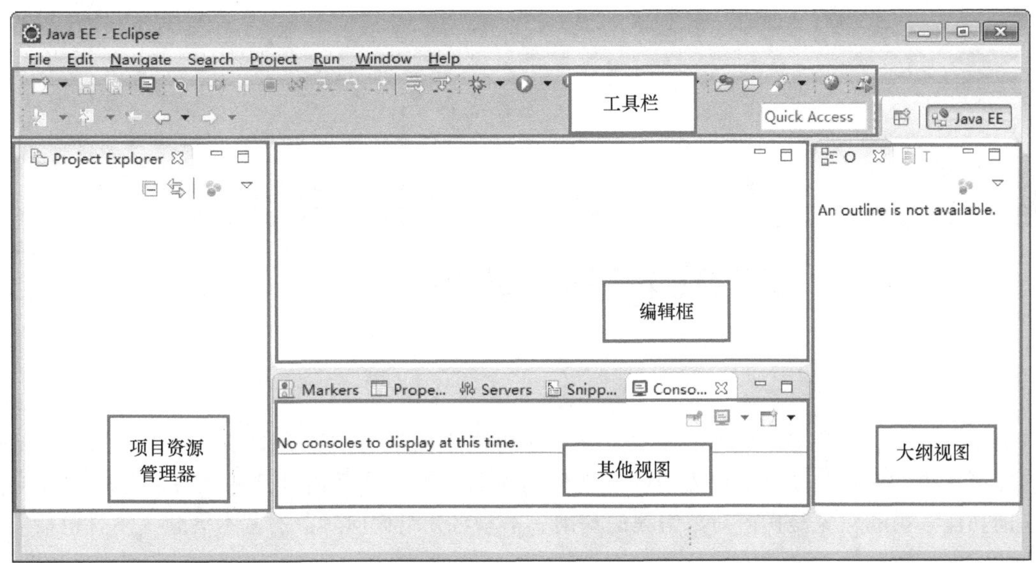


图 2-13　Eclipse 的工作台

mate)，一个是社区版（IntelliJ IDEA Community）。商业版需要付费使用，而社区版免费使用。

## 习　题

1. Java 语言的特点主要有哪几点？
2. 如何配置 Java 环境变量？尝试搭建自己的 Java 开发环境。
3. 如何测试 JDK 配置是否成功？
4. 编写 Java 语言的 Hello World 程序。
5. 尝试编写 Java 程序，使程序分别输出两个整数的加、减、乘、除运算结果。

# 第3章 基于Java语言的面向对象程序设计

面向对象是Java语言的基本特征，它将客观世界中的事物描述为对象，并通过抽象思维方法将需要解决的实际问题分解成人们易于理解的对象模型，然后通过这些对象模型来构建应用程序的功能。类和对象是面向对象编程的基础。本章将介绍面向对象的基本概念，主要包括类和对象的定义。

## 3.1 面向对象基本概念

### 1. 对象

在Java的世界中“万物皆对象”，现实世界中所有事物都可视为对象，对象无处不在。Java语言是一门面向对象的编程语言，这与C语言不同，在Java中要学会用面向对象的思想思考问题、编写程序。面向对象（Object-Oriented，OO）思想的核心是对象（Object)，对象表示现实世界中的实体，因此面向对象编程能够很好地将现实世界中遇到的概念模拟到计算机程序中。例如，在一次购物支付过程中，顾客A和收银员B就是两个对象，都有自己的特征。顾客A的特征有姓名、年龄、体重，可执行的动作有：购物；而收银员B的特征有姓名、年龄、体重，可执行的动作有：收款。

与现实世界中的对象类似，软件系统中的对象具有以下特征：

1）标志。在创建对象时就会给该对象赋予一个唯一的标志符，以和其他的对象区别，使程序中的其他对象能从众多对象中辨认出它感兴趣的那个对象。简单地说，对象的标志就是对象名。

2）状态。对象的状态是对象内部包含的各种信息，它由该对象的变量（也称为属性）和这些变量的当前值确定。变量是对象固有的或特有的特征和性质。变量一般是静态的，当前值却是动态变化的。状态可理解为对象的“静态”变量。简单地说，对象的状态就是变量。

3）行为。对象的行为可看做是这个对象的外部可见和可测试的操作，即可改变对象状态值和传递消息的操作。行为也可理解为对象的动态属性。

### 2. 类

在Java中把具有相同状态和行为的对象抽象为一个类（Class)，对象是类的实例。类具有属性和方法，属性是对一组对象的状态的抽象，方法是对一组对象的行为的抽象。类实际上是对某种类型的对象定义变量和方法的原型。它表示对现实生活中一类具有共同特征的事物的抽象，是面向对象编程的基础。

类本身是抽象的，它不存在于内存中。当引用类的代码运行时，类的一个新的实例（即对象）就在内存中创建了。虽然只有一个类，但这个类可以在内存中创建多个相同类型的对象。

类是具有相同属性和共同行为的一组对象的集合，因此可以将它们共同具有的特征抽象出来，这些共同的属性和行为被组织在一个单元中，就称为类。类有属性和方法，对象或实体所拥有的状态特征在类中表示时称为类的属性，对象执行动作行为称为类的方法。

### 3. 封装

封装是面向对象编程的核心思想。将对象的状态和行为封装起来，其载体就是类，类通常对客户隐藏其实现细节，这就是封装的思想。封装的处理机制是保护对象需要确保安全的部分，只暴露对象可以安全暴露的部分。例如，现实生活中的电视机就是封装的一个很好的例子，它里面有数千个电子元器件，它们一起构成了可以接收信号并将信号解码成图像和声音的部件。这些元器件不用暴露给用户，因此电视机制造商将它们包装到一个坚固不易破碎的金属外壳里面。为了让电视机易于使用，把一些按钮露在外面，通过这些按钮用户可以开机关机、调整亮度、调节声音的大小等。

### 4. 继承

类之间的继承关系是客观事物之间遗传关系的直接模拟，它反映了类之间的内在联系以及对属性和方法的共享，即子类可以沿用父类（被继承类）的某些特征，当然子类也可以具有自己独立的属性和方法。例如，飞机、汽车和火车属于交通工具类，汽车类可以继承交通工具类的某些属性和方法。又如，中学生、大学生都是学生类的子类，都有学生类的特性（学号、姓名、班级等），同时每个子类还可以定义额外的、自己独有的而别人没有的特性。例如，中学生类有一个参加高考的行为，而大学生有专业类别的属性。

因此，Java 中继承实际上是一种基于已有的类创建新类的机制，是软件代码复用的一种形式。利用继承，首先创建一个具有共有属性和方法的一般类（父类或超类），然后基于该一般类再创建具有特殊属性和方法的新类（子类），新类继承一般类的状态和方法，并根据需要增加它自己的新的状态和行为。

在 Java 程序中，每一个类只有一个直接的父类，每一个父类可以有多个子类。使用继承可以快速创建新的类，继承使用关键字 extends 表示。语法格式如下：

```
class A extends SuperA{
...
}
```

### 5. 多态

所谓多态，是指一个名字有多种语义，或者同一界面有多种实现。用户在编程时关心的应该是功能模块的功能及其使用的界面，并不需要了解到底是用哪一种方法实现的。也就是说，在设计这一级上，软件设计人员只关心“施加在对象上的动作是什么”，而不涉及“如何实现这个动作”。在面向对象程序设计语言中，重载表达了简单的多态性，使用较多的是方法的重载。方法重载是多个方法具有相同的方法名字，但是其方法的参数个数或参数类型要不相同。

Java 的函数重载强调的是函数名相同，函数参数不同。由于方法调用的参数是在编译期确定的，因此重载发生在编译期。这种情况称为早期绑定（early binding），也称为静态多态；而把程序运行时才能确定具体方法体的情况称为晚期绑定（lately binding），也称为动态多态。C++中虚函数则强调的是单个界面具有多个实现的版本，也就是函数名、函数参数的类型、顺序和个数都相同，但函数体却完全不同。这在系统编译过程中是无法确定的，只有系统在运行时动态地寻找所需要的函数体进行匹配。

Java 语言除了具有方法的重载多态之外，还具有用于实现动态多态的覆盖（override）技术，较好地解决了面向对象语言对多态性方面的要求。

## 3.2 类

类是封装对象的属性和方法的载体，而在 Java 语言中对象的属性以成员变量的形式存在，对象的方法以成员方法的形式存在。本节将介绍在 Java 语言中类是如何定义的。

### 3.2.1 类的定义

Java 中的类由两部分组成，即成员变量和成员方法。Java 成员变量是类的数据部分，它可以是基本类型的数据或数组，也可以是另一个类的实例。类的成员方法用于处理这些数据。成员方法简称为方法，类似于其他语言中的函数，但方法不同于函数，方法是类的成员，只能在类中定义。调用一个类的成员方法，实际上是进行对象之间或用户与对象之间的消息传递。

在 Java 中类定义的一般格式如下：

```
[修饰符] class 类名 [extends 父类名][implements 接口名]
{
  类成员变量的声明; //表明类的状态
  类成员方法的声明; //描述类的行为
}
```

☑ class 是关键字，表明其后定义的是一个类。class 前的修饰符可以是 Java 语言中提供的 4 种形式的访问修饰符 public、private、protect 或 default 中的一种，其作用是用来限定所定义类的使用方式。

public：Java 语言中访问限制最宽的修饰符，一般称之为“公共的”。被其修饰的类、属性以及方法不仅可以跨类访问，而且允许跨包（package）访问。

private：Java 语言中对访问权限限制最窄的修饰符，一般称之为“私有的”。被其修饰的类、属性以及方法只能被该类的对象访问，其子类不能访问，更不允许跨包访问。

protect：介于 public 和 private 之间的一种访问修饰符，一般称之为“保护型”。被其修饰的类、属性以及方法只能被类本身的方法及子类方法访问，即使子类在不同的包中也可以访问。

default：不加任何的访问修饰符，通常称为“默认访问模式”。该模式下，只允许在同一个包中进行访问。

☑ 类名是用户为该类所起的名字。它应该是一个合法的标识符，并尽量遵从命名约定。

☑ extends 是关键字。如果所定义的类是从某一父类派生而来，则父类的名字应写在 extends 之后。

☑ implements 是关键字。如果要实现接口，就要有 implements 关键字和相应的接口名称。

关于类定义还有以下几点说明：

1）Java 的类定义与实现是放在一起保存的，整个类必须在同一个文件中，因此有时会导致源文件会很大。

2）Java 文件名必须与 Java 文件中的公有类的类名相同，这里的相同是指区分大小写情况下的相同。

3）在类定义中可以指明父类，也可以不指明。若没有指明从哪个类派生而来，则表明它是从默认的父类 Object 派生而来，实际上 Object 是 Java 所有类的父类。Java 中除 Object 之外的所有类均有且只有一个父类。Object 是唯一没有父类的类。

4）class 定义的大括号之后没有分号“;”。

### 3.2.2　成员变量与成员方法

当一个变量的声明出现在类体中的任何地方，但不属于任何一个方法时，该变量就是类的成员变量。成员变量又称为域或变量域，表示类和对象的特征，即属性。一个类的成员变量描述了该类的内部信息，它可以是简单变量，也可以是对象、数组等其他结构型数据。

类成员变量的定义称为声明，与一般变量的声明一样，必须包括变量类型和变量名，但增加了可选的修饰选项。成员变量声明语句的格式为：

```
[访问控制修饰符] 数据类型 成员变量名[=初值]
```

**【例 3.1】** 定义日期类及年月日三个成员变量。

```
public class Date{
  private int year,month,day;  //定义了三个私有成员变量 year、month 和 day
    }
```

成员方法可以用来获取或修改对象的属性，同时也可以用来接收其他对象的信息，以及向其他的对象发送消息。在通常情况下成员方法中都包含了一组相关的语句，用来执行相应的操作，其使用方式和其他编程语言中的函数调用类似。方法声明的基本格式如下所示：

```
[访问控制修饰符] 返回类型 方法名(参数 1,参数 2,...,参数 n)
{
  ...; //方法体
return 返回值;
}
```

一个成员方法可以有参数，参数可以是对象，也可以是基本数据类型的变量，同时成员方法可以有返回值也可以无返回值，如果方法需要返回值，可以在方法体中使用 return 关键字，使用这个关键字后，方法的执行将被终止。

**【例 3.2】** 定义 Employee 雇员类和显示雇员薪水的成员方法。

```
public class Employee {
        private String name; // 姓名
        private double salary; // 薪水
        private String hireDay;// 入职日期
        public void showSalary(){// 成员方法:用于输出雇员薪水
                System.out.println("Salary:" + salary);
        }
}
```

### 3.2.3　类的构造方法

在类中除了成员方法之外，还存在一种特殊类型的方法，那就是构造方法。构造方法主要是用来初始化类，创建类的实例。构造方法是一个与类同名的方法，对象的创建就是通过构造方法来完成的。每当类实例化一个对象时，类都会自动调用构造方法。构造方法只可以使用访问修饰符 public、private 及 protected。

构造方法的特点：1）构造方法没有返回值；2）构造方法名称要与本类的名称相同。

构造方法的定义语法格式如下：

```
[访问控制修饰符]  类名()
{
... 构造函数名(参数1,参数2,...,参数n);          //构造方法与类同名
}
```

在构造方法中可以为成员变量赋值，这样当实例化一个本类的对象时，相应的成员变量也将被初始化。

如果类中没有明确定义构造方法，编译器会自动创建一个不带参数的默认构造方法。

在定义构造方法时没有返回值，但这与普通没有返回值的方法不同，普通没有返回值的方法使用 public void methodEx( ) 这种形式进行定义，但构造方法并不需要使用 void 关键字进行修饰。

【例 3.3】 定义 Employee 雇员类的构造函数。

```
public class Employee {
      private String name; // 姓名
      private double salary; // 薪水
      private String hireDay;// 入职日期
      public Employee(){
            name = "Zhang San";
            salary = 4000.00;
            hireDay = "2020/10/15";
      }
      public void showSalary(){// 成员方法:用于输出雇员薪水
            System.out.println("Salary:" + salary);
      }
}
```

### 3.2.4 局部变量

如果在成员方法内定义一个变量，那么这个变量被称为局部变量。局部变量在方法被执行时创建，在方法执行结束时被撤销。局部变量在使用时必须进行赋值操作或被初始化，否则会出现编译错误。

局部变量具有以下特点：

☑ 局部变量在方法、构造方法或者语句块中声明。

☑ 局部变量在方法、构造方法、或者语句块被执行的时候创建，当它们执行完成后，变量将会被撤销。

☑ 访问修饰符不能用于局部变量。

☑ 局部变量只在声明它的方法、构造方法或者语句块中可见。

☑ 局部变量没有默认值，所以局部变量被声明后，必须经过初始化，才可以使用。

如果方法中的局部变量的名字和成员变量的名字相同，那么方法就会隐藏成员变量，在方法进行操作时采用局部变量。

【例 3.4】　定义学生类。

```
public class Student {
        private int age=0;          //成员变量
        public void studentAge()
{
                int age = 1;        //局部变量
                age = age + 7;
                System.out.println("学生的年龄是:"+age);
        }
}
```

### 3.2.5　this 关键字

如果方法中的局部变量的名字和成员变量的名字相同，那么方法就会隐藏成员变量，在方法进行操作时采用局部变量。如果想使用隐藏的成员变量值，那么就需要使用 this 关键字。

在 Java 语言中规定使用 this 关键字来代表本类对象的引用，this 关键字被隐式地用于引用对象的成员变量和方法。在局部变量或方法参数覆盖了成员变量时，如上述【例 3.4】代码中，如果想使用 Student 类中隐藏的成员变量 age 值，需要使用 this. age 来实现。尽管 this 可以调用成员变量和成员方法，但 Java 语言中最常规的调用方式还是使用“对象. 成员变量”或“对象. 成员方法”进行调用。

其实，this 除了可以调用成员变量或成员方法，还可以作为方法的返回值。

### 3.2.6　类的主方法

main( )是 Java 程序中的一个特殊的方法，被称为主方法，它是 Java application 应用程序的入口。为了能够运行应用程序，就必须在类中定义一个 main( )方法。包含有 main( )方法的类通常称为主类（即可以被运行的类）。main( )方法完整定义的语法格式如以下代码所示：

```
public static void main(String[] args){
        //方法体
}
```

主方法具有以下特性：

√ 主方法是静态的，所以如果要直接在主方法中调用其他方法，则该方法必须也是静态的。

√ 主方法没有返回值。

√ 主方法的形参为数组。其中 args[0]~args[n]分别代表程序的第 1 个参数到第 n+1 个参数，可以使用 args. length 获取参数的个数。

【例 3.5】　创建 MainDemo 主类，在主方法中编写以下代码。

```
public class MainDemo {
        public static void main(String[] args){
        // TODO Auto-generated method stub
        for (int i = 0; i < 3; i++){ // 根据参数个数做循环操作
```

```
            System.out.println(i); // 循环打印参数内容
                    }
            }
}
```

## 3.3 对象

对象是由类具体化出来的，所有的问题都通过对象来处理。对象可以操作类的属性和方法来解决相应的问题，所以了解对象的产生、操作和消亡是十分必要的。

### 3.3.1 对象的创建

对象可以认为是在一类事物中具体化出来的某一个特例，然后通过这个特例来处理这类事物出现的问题。在 Java 语言中通过 new 操作符来创建对象。前文在讲解构造方法时介绍过每具体化一个对象就会自动调用一次构造方法，实质上这个过程就是创建对象的过程。准确地说，可以在 Java 语言中使用 new 操作符调用构造方法创建对象，基本语法如下所示：

```
类名 对象名 = new 类构造方法();
```

【例 3.6】 自定义 Employee 类，在主类中实现两个雇员类对象的声明及创建。

```
/* Employee 类的定义省略* /
public static void main(String[] args){
        Employee e1=new Employee();
        e1.show();
        Employee e2=new Employee("Liu Yang",3500.00,"2019/1/15");
        e2.show();
            }
}
```

### 3.3.2 访问对象的属性和行为

用户使用 new 操作符创建一个对象后，可以使用“对象. 类成员”来获取对象的属性和行为。前文已经提到过，对象的属性和行为在类中是通过类成员变量和成员方法的形式来表示的，所以当对象获取类成员时也相应地获取了对象的属性和行为。

在上述【例 3.6】代码的主方法中实例化了两个对象 e1 和 e2，然后使用“.”操作符调用类的成员方法 show 方法。两个对象的创建方式不同是因为使用的构造函数不同。

### 3.3.3 对象的引用

在 Java 语言中尽管一切都可以看作对象，但真正的操作标识符实质上是一个引用，那么引用在 Java 中是如何体现的呢？来看下面的语法，语法如下：

```
类名对象 引用名称
```

例如，一个 Book 类的引用可以使用以下代码：

```
Book book;
```

通常一个引用不一定需要有一个对象相关联。引用与对象相关的语法如下：

```
Book book=new book();
```

引用只是存放一个对象的内存地址，并非存放一个对象。严格地说，引用和对象是不同的，但是可以将这种区别忽略。例如，可以简单地说 book 是 Book 类的一个对象，而事实上应该是 book 包含 Book 对象的一个引用。

### 3.3.4　对象的比较

在 Java 语言中有两种比较对象的方式，分别为“==”运算符与 equals()方法。

“==”符号只是单纯的比较对象引用的指针是否相等。例如：

```
Object myObject;
Object a,b;
```

其中 myObject 是引用变量，是指向具体堆内存中对象的指针。也就是说 Object a，b，若 a==b，则说明 a 和 b 指向同一个对象，若 a 和 b 指向不同的对象，即使这两个对象的值完全相同，这时候 a！= b。

所有类都会从 Object 类中继承 equals()方法，一般情况下 equals()方法判断对象（在堆内存中的实体）的值是否相等，如果相等则返回 true，不相等则返回 false。

## 3.4　继承

Java 继承是使用已存在的类的定义作为基础建立新类的技术，新类的定义可以增加新的数据或新的功能，也可以使用父类的功能，但不能选择性地继承父类。Java 不支持多重继承，单继承使 Java 的继承关系很简单，一个类只能有一个父类，易于管理程序，同时一个类可以实现多个接口，从而克服单继承的缺点。在面向对象程序设计中，继承是不可或缺的一部分。通过继承可以快速创建新的类，可以实现代码的重用，提高程序的可维护性，节省大量创建新类的时间，提高开发效率和开发质量。

### 3.4.1　定义子类

在 Java 语言中，一个类可以从其他的类派生出来，从而继承其他类的字段和方法。派生出来的类称为子类（subclass）、派生类（derived class）或孩子类（child class）。用来派生子类的类称为超类（super class）、基类（base class）或父类（parent class）。子类可以继承父类原有的属性和方法，也可以增加父类所不具备的属性和方法，或者直接重写父类中的某些方法。

在类声明中可以使用关键字 extends 来扩展类，它的位置是在类名之后父类之前。例如：

```
public class 父类类型(){
            定义成员变量;
            public 成员方法的返回值 成员方法名称 (){
                  成员方法中要实现的逻辑功能语句;
            }
        }
        public class 子类类型 extends 父类类型 {
}
```

这样就简单地完成了一个继承逻辑功能。当通过继承创建新类时，就会形成一种特殊的关系，子类和超类之间有了“is-a”（“是一个”）关系。例如，Animal是一个表示动物的类，动物有很多种类，如鸟、鱼、狗等，因此可以创建Animal的子类来表示特定的动物种类。

【例3.7】 定义Animal类，并派生出Bird、Fish和Dog类。

```
public class Animals {
        public float weight;
        public void eat(){}
}
class Bird extends Animals {
        public int numberOfWings = 2;
        public void fly(){}
}
class Fish extends Animals {
        public int numberOfFins = 2;
        public void swim(){}
}
class Dog extends Animals {
        public int numberOfLegs = 4;
        public void walk(){}
}
```

在继承中子类只能继承父类的以public、protected、无修饰的访问修饰符修饰的成员变量和成员方法，也就是说父类中被private修饰的成员变量和成员方法不能被子类继承。构造方法不能被继承。

所有的Java类都扩展自java.lang.Object类，在Java中Object是终极超类。

在Java中，一个类只能扩展一个类，这和C++中允许多重继承不同。但是在Java中通过使用接口，也可以实现多重继承这个概念，这在3.5小节中会介绍。

### 3.4.2 方法覆盖

扩展类时可以改变父类中方法的行为，这称为方法覆盖（override），当在子类中编写和父类中某方法具有相同名字的方法时，就会发生这种情况。这种子类包含与父类同名方法的现象也被称为方法重写。可以说子类重写了父类的方法，也可以说子类覆盖了父类的方法。

方法的重写要遵循“两同、两小、一大”的规则：“两同”即方法名相同、形参列表相同；“两小”指的是子类方法返回值类型应比父类方法返回值类型更小或相等，子类方法声明抛出的异常类应比父类方法声明抛出的异常类更小或相等；“一大”指的是子类方法的访问权限应比父类方法的访问权限更大或相等。尤其需要指出的是覆盖方法和被覆盖方法要么都是类方法要么都是实例方法，不能一个是类方法一个是实例方法。

当子类覆盖了父类方法后，子类的对象将无法访问父类中被覆盖的方法，但可以在子类方法中调用父类中被覆盖的方法。如果需要在子类方法中调用父类中被覆盖的方法，则可以使用super（被覆盖的是实例方法）或者父类类名（被覆盖的是类方法）作为调用者来调用父类中被覆盖的方法。

如果父类方法具有private访问权限，则该方法对其子类是隐藏的，因此子类无法访问该方法，也就是无法重写该方法。如果子类中定义了一个与父类 private 方法具有相同的方法名、相同的形参列表、相同的返回值类型的方法，依然不是重写，只是在子类中重新定义了一个新方法。

简而言之，方法覆盖时注意以下几点：

▲ 方法覆盖只可以重写父类中允许子类访问的方法（非 private 的方法）。

▲ Java 程序在继承体系中，子类可以根据各自的需求重新定义继承父类的成员方法，即子类可以改写父类方法所实现的功能。

▲ 子类重写的方法必须与父类中被重写的方法有相同的方法名称，且参数类型、参数个数一一对应。

▲ 子类中重写的方法访问权限修饰符不能比被重写的方法访问权限修饰符小。

▲ 子类中重写的方法不能抛出新的异常。

▲ 在子类要覆盖的方法上一行添加@ Override 语句来来提高代码的阅读性。当@ Override 下的方法不是覆盖父类方法时，编译器会报错。

**【例 3.8】** 先定义了一个 Bird 类，下面再定义一个 Ostrich 类，这个类扩展了 Bird 类，重写了 Bird 类的 fly( ) 方法。

```
//定义一个 Bird 类
public class Bird
{
        // Bird 类的 fly()方法
        public void fly()
        {
                System.out.println("我在天空里自由自在地飞翔...");
        }
}
//定义一个 Ostrich 类
public class Ostrich extends Bird
        {
        // 重写 Bird 类的 fly()方法
        public void fly()
        {System.out.println("我只能在地上奔跑...");}
        public void callOverridedMethod()
        {
        // 在子类方法中通过 super 来显式调用父类被覆盖的方法。
        super.fly();
        }
        public static void main(String[] args){
        {
        // 创建 Ostrich 对象
        Ostrich os = new Ostrich();
        // 执行 Ostrich 对象的 fly()方法,将输出"我只能在地上奔跑..."
        os.fly();
        }
        }
}
```

运行上面的程序，将看到执行 os. fly( )时执行的不再是 Bird 类的 fly( )方法，而是执行 Ostrich 类的 fly( )方法。

方法重写使得 Java 程序支持多态，而多态性是面向对象程序设计的特性之一。当相同方法被不同子类对象调用时，会产生不同的操作，以实现不同的逻辑功能。

## 3.4.3 继承层次

继承并不限于一个层次。派生就是可以被继承的意思，子类可以继承父类的方法以及变量。如 A 类派生出了 B 类，那么 B 类实例化的对象可以使用或者调用 A 类中的方法及变量。

一个公共超类派生出来的所有类的集合被称为继承层次，在继承层次中，从某个特定的类到其祖先的路径被称为该类的继承链。

如果定义一个类时没有调用 extends，则它的父类是 java. lang. Object，在 Java 中所有的类都直接或间接继承了 java. lang. Object 类。Object 类是比较特殊的类，它是所有类的父类，是 Java 类层中的最高层类。用户创建一个类时，除非已经指定要从其他类继承，否则它就是从 java. lang. Object 类继承而来的。Java 中的每个类都源于 java. lang. Object 类，如 String、Integer 等类都是继承于 Object 类。除此之外，自定义的类也都继承于 Object 类。

由于所有类都是 Object 子类，所以在定义类时可省略 extends Object 关键字，例如：

```
class Anything{
}
```

等价于

```
class Anything extends Object {
}
```

在类层次的顶点是 Object 类，Object 类提供了对所有类的高度概括。在类层次底部的类则提供更加特定的行为。

## 3.4.4 多态

多态性是面向对象程序设计的又一个特性。在编写面向过程语言程序时，主要工作是编写一个个函数或过程。这些函数或过程各自对应一定的功能，它们之间是绝对不能重名的，否则在编译程序时将出现重复定义错误。而面向对象程序设计语言则允许重名情况的发生，这是因为面向对象程序设计语言具有多态性。

所谓多态性，就是指一个程序中有多个同名的不同方法共存的情况。面向对象程序设计语言的多态性主要有两种情况：一种是通过重载在一个类中定义多个同名的不同方法体实现重载多态；另一种是通过子类对父类方法的覆盖实现覆盖多态。

Java 语言提供方法的重载技术用于支持重载多态性；提供方法的覆盖技术用于支持类覆盖多态性；提供的泛型技术用于支持 Java 的类型参数化。

### 1. 重载实现多态

Java 像其他面向对象语言一样支持多个方法使用同一个方法名，这就是方法的重载，前提是能够区分调用哪个方法。

例如，有如下三个 print( )方法：

```
Public void print(int i);
```

```
Public void print(float f);
Public void print(String s);
```

当调用 print( )方法时，系统根据实际参数的不同来确定所要调用的方法。也就是方法的重载必须是方法的形式参数类型不相同，或者形式参数个数不相同，而方法的返回值类型不同不能作为方法重载的条件。

**【例 3.9】**　使用方法重载实现两数求和。

```
public class Overload {
        public static int add(int x,int y){
                return x + y;
        }
        public static int add(double x,double y){
                return (int)(x + y);
        }
        public static void main(String[ ] args){
                System.out.println(add(1,2));
                System.out.println(add(1.9,2.5));
        }
}
```

在上述代码中，使用 add 方法重载的参数类型分别是 int 和 double，由于这两个方法的形参列表不一致，因此可以实现方法重载。

**2. 覆盖实现多态**

使用类的继承关系可以从既有的类派生出一个新的类，在既有特性的基础上增加新的特性，因此需要修改父类中既有的方法。如果子类中定义的方法所用的名字、返回值类型和参数表与父类中方法使用的完全一样，则子类方法覆盖父类中的方法。利用方法的覆盖，可以重新定义父类中的方法。

需要注意的是覆盖同名方法，子类方法不能比父类方法的访问权限更严格。例如，如果父类中 print( )方法的访问权限是 public，子类中的 print( )方法就不能是 private 访问权限，否则将出现编译错误。

若方法的形式参数类型不一致或者形式参数个数不相等，都不能实现方法的覆盖。

**【例 3.10】**　方法覆盖示例

```
public class Override {
    void display()
    {
    System.out.println("这是主类中的 display()方法的显示");
    }
        public static void main(String[ ] args){
            // TODO Auto-generated method stub
            Override e1=new Override();
            e1.display();
            userOverride e2 = new userOverride();
            e2.display();
```

```
        }

}
public class userOverride extends Override{
        void display()
        {
        System.out.println("这是子类中的display()方法的显示");
        super.display();
        }
}
```

在上述代码中，子类中的成员方法“void display()”就是对父类中的成员方法“void display()”的覆盖。

## 3.5 接口

接口是面向对象编程中的一个重要概念，在开发程序中有些不相关的类却有着相同的行为（方法），接口就是来定义这种行为的。接口只提供方法，不定义方法的具体实现。一个类只能继承自一个父类，但是接口却可以继承自多个接口。

### 3.5.1 接口的概念

可以把现实生活中的接线板比作接口，不管是计算机、电视机、微波炉还是电冰箱，只要通过接线板连接上电源就能打开使用。虽然对象不一样，但是这些对象具有相似的行为，以上例子中就可以认为接线板就是这些对象的接口。在 Java 中如果有两个类，分别有相似的方法，其中一个类调用另一个类的方法，动态地实现这个方法，那么它们一个作为抽象父类，一个作为子类。子类实现父类所定义的方法。

Java 是一种单继承的语言，一般情况下类可能已经有了一个超类，这里要做的是给它的父类加父类或者给它父类的父类加父类，直到移动到类等级结构的最顶端。这样对一个具体类的可插入性的设计就变成了对整个等级结构中所有类的修改，接口的出现解决了这个问题。

在一个等级结构中的任何一个类都可以实现一个接口，这个接口会影响到此类的所有子类，但不会影响到此类的任何超类。此类将不得不实现这个接口所规定的方法，而其子类可以从此类自动继承这些方法，当然也可以选择置换掉所有的方法或其中的某一些方法，这时这些子类具有了可插入性，并且可以用这个接口类型装载，传递实现了它的所有子类。

接口提供了关联及方法调用上的可插入性，软件系统的规模越大，生命周期越长。接口使得软件系统的灵活性、可扩展性、可插入性方面得到保证。在 Java 程序设计语言中，接口是一个引用类型，与类相似，所以可以在程序中定义并使用一个接口类型的变量。在接口中只能有常量、方法签名。

接口没有构造方法，不能被实例化，只能被类实现或被另外的接口继承，所以在接口中声明方法时不用编写方法体。接口中的方法签名后面没有花括号，以分号结尾。

接口继承和实现继承的规则不同，一个类只有一个直接父类，但可以实现多个接口。

Java 接口本身没有任何实现，因为 Java 接口不涉及表象，而只描述 public 行为，所以 Java 接口比 Java 抽象类更抽象化。Java 接口的方法只能是抽象的和公开的，Java 接口不能有构造方法，Java 接口可以有 public、static 和 final 属性。

### 3.5.2　接口的定义

定义接口使用 interface 关键字。接口定义的基本语法如下：

```
[修饰符] interface 接口名 extends 父接口 1,父接口 2 ...
{
零个到多个常量定义…
零个到多个抽象方法定义…
零个到多个内部类、接口、枚举定义…
零个到多个私有方法、默认方法或类方法定义…
}
```

对上面语法的详细说明如下：

√ 修饰符可以是 public 或者省略，如果省略了 public 访问控制符，则默认采用包权限访问控制符，即只有在相同包结构下才可以访问该接口。

√ 接口名与类名采用相同的命名规则，即如果仅从语法角度来看，接口名只要是合法的标识符即可；如果要遵守 Java 可读性规范，则接口名应由多个有意义的单词连缀而成，每个单词首字母大写，单词与单词之间无须任何分隔符。接口名通常能够使用形容词。

√ 一个接口可以有多个直接父接口，但接口只能继承接口，不能继承类。

由于接口定义的是一种规范，因此接口里不能包含构造器和初始化块定义。接口里可以包含成员变量（只能是静态常量）、方法（只能是抽象实例方法、类方法、默认方法或私有方法）、内部类（包括内部接口、枚举）定义。

【例 3.11】　接口示例，定义 Animal 接口。

```
interface Animal {
    public void eat();
    public void travel();
}
```

### 3.5.3　接口的使用

接口不能用于创建实例，但接口可以用于声明引用类型变量。当使用接口来声明引用类型变量时，这个引用类型变量必须引用到其实现类的对象。除此之外，接口的主要用途就是被实现类实现。一个类可以实现一个或多个接口，继承使用 extends 关键字，实现则使用 implements 关键字。类实现接口的语法格式如下：

```
[修饰符]  class 类名 extends 父类 implements 接口 1,接口 2…
{
类体部分
}
```

一个类实现了一个或多个接口之后，这个类必须完全实现这些接口里所定义的全部抽象方法（也就是重写这些抽象方法），否则该类将保留从父接口那里继承到的抽象方法，该类也必须定义成抽象类。

一个类实现某个接口时该类将会获得接口中定义的常量（成员变量）、方法等，因此可以把实现接口理解为一种特殊的继承，相当于实现类继承了一个彻底抽象的类（相当于除默认方法外，所有方法都是抽象方法的类）。

【例 3.12】 对接口 Animal 的实现示例代码如下：

```
public class MammalInt implements Animal {
       public void eat(){
             // TODO Auto-generated method stub
               System.out.println("Mammal eats");
       }
       public void travel(){
             // TODO Auto-generated method stub
             System.out.println("Mammal travels");
       }
         public int noOfLegs(){   return 0;}
       public static void main(String[ ] args){
             // TODO Auto-generated method stub
           MammalInt m = new MammalInt();
           m.eat();
           m.travel();
       }
}
```

### 3.5.4 接口与抽象类

接口和抽象类很像，它们都具有如下特征：

√ 接口和抽象类都不能被实例化，它们都位于继承树的顶端，用于被其他类实现和继承。

√ 接口和抽象类都可以包含抽象方法，实现接口或继承抽象类的普通子类都必须实现这些抽象方法。

与此同时，接口和抽象类也存在较大的差别，这种差别主要体现在二者的设计目的上，下面具体分析二者的差别。

接口作为系统与外界交互的窗口，体现的是一种规范。对于接口的实现者而言，接口规定了实现者必须向外提供哪些服务（以方法的形式来提供）；对于接口的调用者而言，接口规定了调用者可以调用哪些服务，以及如何调用这些服务（就是如何来调用方法）。当在一个程序中使用接口时，接口是多个模块间的耦合标准；当在多个应用程序之间使用接口时，接口是多个程序之间的通信标准。

从某种程度上来看，接口类似于整个系统的“总纲”，它制定了系统各模块应该遵循的标准，因此一个系统中的接口不应该经常改变。一旦接口被改变，对整个系统甚至其他系统的影响将是辐射式的，导致系统中大部分类都需要改写。

抽象类则不一样，抽象类作为系统中多个子类的共同父类，它所体现的是一种模板式设计。抽象类作为多个子类的抽象父类，可以被当成系统实现过程中的中间产品，这个中间产品已经实现了系统的部分功能（那些已经提供实现的方法），但这个产品依然不能当成最终产品，必须有更进一步的完善，这种完善可能有几种不同方式。

除此之外，接口和抽象类在用法上也存在如下差别。

√ 接口里只能包含抽象方法、静态方法、默认方法和私有方法，不能为普通方法提供方法实现；抽象类则完全可以包含普通方法。

√ 接口里只能定义静态常量，不能定义普通成员变量；抽象类里则既可以定义静态变量，也可以定义普通成员常量。

√ 接口里不包含构造器；抽象类里可以包含构造器，抽象类里的构造器并不是用于创建对象，而是让其子类调用这些构造器来完成属于抽象类的初始化操作。

√ 接口里不能包含初始化块；抽象类则完全可以包含初始化块。

√ 一个类最多只能有一个直接父类，包括抽象类；但一个类可以直接实现多个接口，通过实现多个接口可以弥补 Java 单继承的不足。

## 习　题

1. 定义一个父类车类，然后派生出拖拉机、货车和小轿车，为每个派生类提供适当的成员变量、方法用于描述其内部数据和行为特征。

2. 编写一个学生类，提供 name、age、gender、phone、address、email 成员变量，且为每个成员变量提供 setter、getter 方法。为学生类提供默认的构造器和带所有成员变量的构造器。为学生类提供方法，用于描绘吃、喝、玩、睡等行为。

3. 定义普通人、老师、班主任、学生、学校这些类，提供适当的成员变量、方法用于描述其内部数据和行为特征，并提供主类使之运行。要求有良好的封装性，将不同类放在不同的包下面，增加文档注释，生成 API 文档。

4. 定义交通工具、汽车、火车、飞机这些类，注意它们的继承关系，为这些类提供超过 3 个不同的构造器，并通过初始化块提取构造器中的通用代码。

# 第4章 Java多线程技术

Java语言提供了非常优秀的多线程支持，程序可以通过简单的方式来启动多线程。本章将介绍Java多线程编程的相关技术，包括创建线程、启动线程、控制线程以及多线程的同步操作，并介绍如何利用Java内置的线程池来提高多线程性能。

## 4.1 线程概述

在Java程序设计语言中，并发程序主要集中于线程。线程是程序中一个单一的顺序控制流程，能独立执行，可以充分利用和发挥处理机与外围设备并行工作的能力。

### 4.1.1 线程和进程

进程（Process）是加载到内存中并可执行的程序，是程序的一次动态执行过程，是一个执行中的程序的实例。一个进程经历了代码加载、执行到结束的完整过程，这个过程也是进程本身从产生、发展到消亡的过程。作为程序中的一段程序，进程可以多次加载到系统的不同内存区域分别执行，形成不同的进程。每个进程都有独立的代码和数据空间，进程切换时资源的开销比较大。

几乎所有的操作系统都支持同时运行多个任务，一个任务通常就是一个程序，每个运行中的程序就是一个进程。在操作系统中有相当数量的与进程状态有关的信息需要耗费内存和花费时间，执行上下文转换也需要花费时间。处理器在上下文转换过程中执行工作，但这些都是“无用”的工作。如果减少上下文转换过程中需要保存或者恢复的信息数量，那么执行转换所需的时间也会减少，这就需要线程的开发。

线程（Thread）也被称为轻量级进程（Light Weight Process，LWP）。它是一个程序的单一顺序执行流，与线程有关的状态信息的数量远远少于进程状态信息的数量，所以可以迅速地保存和恢复线程的状态。这样就减少了上下文转换所需要的时间，也就提高了系统的效率。为了减少与进程有关的信息，线程必须经常共享资源。例如，一个Java程序中的所有线程使用相同的内存空间和系统资源集。

线程是比进程更小的执行单位。当一个程序运行时内部可能包含了多个顺序执行流，每个顺序执行流就是一个线程。线程也有产生、发展到消亡的过程。一个进程的执行过程中可以产生多个线程，形成多个执行过程，称为多线程。

多线程扩展了多进程的概念，使得同一个进程可以同时并发处理多个任务。当进程被初始化后，主线程就被创建了。对于绝大多数的应用程序来说，通常仅要求有一个主线程，但也可以在该进程内创建多条顺序执行流，这些顺序执行流就是线程，每个线程是互相独立的。

线程与进程的区别可以归纳为以下几点：

√ 地址空间和其他资源（如打开文件）：进程间相互独立，同一进程的各线程间共享。一个进程内的线程在其他进程不可见。

√ 通信：进程间通信（Inter-Process Communication，IPC）是考虑一个进程如何把信息传递给另一个进程且保证两个或更多的进程在关键活动中不会出现交叉。线程间通信可以直接读/写进程数据段（如全局变量）来进行通信，需要进程同步和互斥手段的辅助，以保证数据的一致性。

√ 调度和切换：线程上下文切换比进程上下文切换要快得多。

√ 在多线程 OS 中，进程不是一个可执行的实体。

### 4.1.2　多线程的优势

多线程是在同一应用程序中有多个顺序流同时执行，多个线程共享系统资源。由于线程的划分尺度要小于进程，使得多线程程序的并发性高。进程在执行过程中拥有独立的内存单元，而多个线程共享内存，从而极大地提高了程序的运行效率。

当操作系统创建一个进程时，必须为该进程分配独立的内存空间，并分配大量的相关资源；创建一个线程则简单得多，因此使用多线程来实现并发比使用多进程实现并发的性能要高得多。

总结起来使用多线程编程具有如下几个优点：

▲ 进程之间不能共享内存，但线程之间可以共享内存，且非常容易。

▲ 系统创建进程时需要为该进程重新分配系统资源，但创建线程则代价小得多，因此使用多线程来实现多任务并发比多进程的效率高。

▲ Java 语言内置了多线程功能支持，而不是单纯地作为底层操作系统的调度方式，从而简化了 Java 的多线程编程。

在实际应用中多线程是非常有用的：一个浏览器必须能同时下载多个图片；一个 Web 服务器必须能同时响应多个用户请求；图形用户界面（GUI）应用也需要启动单独的线程从主机环境收集用户界面事件……总之，多线程在实际编程中的应用是非常广泛的。

## 4.2　线程的创建和启动

Java 使用 Thread 类代表线程，所有的线程对象都必须是 Thread 类或其子类的实例。每个线程的作用是完成一定的任务，实际上就是执行一段程序流。Java 使用线程执行体来代表这段程序流。

### 4.2.1　继承 Thread 类创建线程类

通过继承 Thread 类来创建并启动多线程的步骤如下：

1）定义 Thread 类的子类，并重写该类的 run( )方法，该 run( )方法的方法体就代表了线程需要完成的任务，因此把 run( )方法称为线程执行体。

2）创建 Thread 子类的实例，即创建了线程对象。

3）调用线程对象的 start( )方法来启动该线程。

【例 4.1】　通过继承 Thread 类来创建 TestThread 线程并启动多线程。

```
/* TestThread.java* /
public class TestThread extends Thread{// 继承了 Thread 类之后,才具备争抢资源的能力
```

```
    // 这个线程要执行的任务要放在 run 方法
    // 但是这个方法,必须是重写 Thread 类中的 run 方法,线程的逻辑要写在 run 方法中
    public void run(){
        for (int i = 1; i < 11; i++){
            System.out.println(this.getName()+i);}
    }
}
}
/* Test.java 创建线程对象,并启动线程* /
public class Test {
        public static void main(String[] args){
            // TODO Auto-generated method stub
            TestThread td = new TestThread();// 具体的线程对象
        // td.run(); // run 方法不能直接被调用,调用了就会被当作一个普通的方法
        // 要使线程起作用,必须要启动线程
        td.start();
        for (int i = 1; i < 11; i++){
            System.out.println("main----"+i);}
        }
}
```

上面程序中的 TestThread 类继承了 Thread 类，并实现了 run( )方法。

### 4.2.2 实现 Runnable 接口创建线程类

Java 程序只允许单一继承，一个子类只能有一个父类，所以在 Java 中如果一个类继承了某一个类，同时又想采用多线程技术，就不能通过继承 Thread 类的方法产生线程。这时需要用 Runnable 接口来创建线程，具体格式如下：

```
class 类名 implements Runnable//实现 Runnable 接口
{
//属性
//方法
    修饰符 run(){//重写 Thread 类里的 run()方法
        //以线程处理的程序;
    }
}
```

使用 Runnable 接口来创建并启动多线程的步骤如下：

1）定义 Runnable 接口的实现类并重写该接口的 run( )方法，该 run( )方法的方法体同样是该线程的线程执行体。

2）创建 Runnable 实现类的实例并以此实例作为 Thread 的 target 来创建 Thread 对象，该 Thread 对象才是真正的线程对象。

3）调用线程对象的 start( )方法来启动该线程。

下面程序示范了通过实现 Runnable 接口来创建并启动多线程。

```
// 通过实现 Runnable 接口来创建线程类
public class TestThreadr implements Runnable{
        public void run(){
                for(int i = 0; i < 5; ++i){
                      System.out.println("TestThread 在运行");
                }
          }
}
}
public class Testr {
        public static void main(String[] args){
                // TODO Auto-generated method stub
                TestThreadr t = new TestThreadr();//实例化一个 TestThread 类的对象
                new Thread(t).start();
                //通过 TestThread 类实例化一个 Thread 类的对象,之后调用 start()方法启动多
线程
                for(int i = 0; i < 5; ++i){
                    System.out.println("main 线程在运行");
                }
        }
}
```

### 4.2.3　使用 Callable 和 Future 创建线程

从 Java 5 开始 Java 提供了 Callable 接口，这个接口是 Runnable 接口的增强版。Callable 接口提供了一个 call()方法作为线程执行体，call()方法比 run()方法功能更强大。

call()方法的特点有：①call()方法可以有返回值；②call()方法可以声明抛出异常。

同时 Java 5 提供了 Future 接口来代表 Callable 接口里的 call()方法的返回值，并为 Future 接口提供了一个 FutureTask 实现类，该实现类实现了 Future 接口，并实现了 Runnable 接口，这样可以作为 Thread 的 target。在 Future 接口里定义了以下公共方法来控制它关联的 Callable 任务。

√ boolean cancel (boolean mayInterruptIfRunning)：试图取消该 Future 里关联的 Callable 任务。

√ V get()：返回 Callable 任务里 call()方法的返回值。调用该方法将导致程序阻塞，必须等到子线程结束后才会得到返回值。

√ V get (long timeout, TimeUnit unit)：返回 Callable 任务里 call()方法的返回值。该方法让程序最多阻塞 timeout 和 unit 指定的时间，如果经过指定时间后 Callable 任务依然没有返回值，将会抛出 TimeoutException 异常。

√ boolean isCancelled()：如果 Callable 任务在正常完成前被取消，则返回 true。

√ boolean isDone()：如果 Callable 任务已完成，则返回 true。

创建并启动有返回值的线程的步骤如下：

1）创建 Callable 接口的实现类并实现 call()方法，call()方法将作为线程执行体，且该 call()方法有返回值，再创建 Callable 实现类的实例。从 Java 8 开始，可以直接使用 Lambda 表达式创建 Callable 对象。

2）使用 FutureTask 类来包装 Callable 对象，FutureTask 对象封装了 Callable 对象的 call()方

法的返回值。

3）使用 FutureTask 对象作为 Thread 对象的 target 创建并启动新线程。

4）调用 FutureTask 对象的 get()方法来获得子线程执行结束后的返回值。

下面程序通过实现 Callable 接口来实现线程类，并启动该线程。

```
public class ThirdThread {
    public static void main(String[] args) {
    //创建 Callable 对象
    //先使用 Lambda 表达式创建 Callable<Integer>对象,
    //并使用 FutureTask 来包装 Callable 对象
FutureTask<Integer> task=new FutureTask<Integer>((Callable<Integer>)()->{
        int i=0;
        for(;i<100;i++){
System.out.println(Thread.currentThread().getName()+"===="+i);
        }
        //call()方法可以有返回值
        return i;
    });
    for(int i=0;i<100;i++){
  System.out.println(Thread.currentThread().getName()+"===="+i);
        if(i==20){
            Thread t1=new Thread(task,"有返回值的线程");
            t1.start();
        }
        }
        try {
          System.out.println("子线程的返回值:"+task.get());
        } catch (Exception e){
          e.printStackTrace();
        }
          }
}
```

上面程序使用 Lambda 表达式直接创建了 Callable 对象，这样就无需先创建 Callable 实现类再创建 Callable 对象了。实现 Callable 接口与实现 Runnable 接口并没有太大的差别，只是 Callable 的 call()方法允许声明抛出异常，而且允许带返回值。程序中的粗体字代码是以 Callable 对象来启动线程的关键代码。程序先使用 Lambda 表达式创建了一个 Callable 对象，然后将该实例包装成一个 FutureTask 对象。

## 4.3 线程的生命周期

当线程被创建并启动以后，它既不是一启动就进入了执行状态，也不是一直处于执行状态，在线程生命周期中它要经过新建(New)、就绪(Runnable)、运行(Running)、阻塞(Blocked) 和死亡(Dead)五个状态。

### 4.3.1　新建和就绪状态

**1. 新建（New）状态**

当程序使用 new 关键字创建了一个线程之后，该线程就处于新建状态，此时它和其他 Java 对象一样，由 Java 虚拟机为其分配内存并初始化成员变量的值。但该线程还未被调度，此时的线程对象没有表现出任何线程的动态特征，程序也不会执行线程的线程执行体。

此时线程对象可通过 start()方法调度，或者使用 stop()方法杀死。当线程对象调用了 start()方法之后，该线程处于就绪（Runnable）状态，Java 虚拟机会为其创建方法调用栈和程序计数器，处于这个状态中的线程并没有开始运行，只是表示该线程可以运行了。至于该线程何时开始运行，取决于 JVM 里线程调度器的调度。

**2. 就绪（Runnable）状态**

就绪状态表示线程正等待处理器资源，随时可被调用执行。处于就绪状态的线程事实上已被调度，也就是说它们已经被放到某一队列等待执行。处于就绪状态的线程何时可真正执行，取决于线程优先级以及队列的当前状况。线程的优先级如果相同，将遵循“先来先服务”的调度原则。

线程依据自身优先级进入等待队列的相应位置。某些系统线程具有最高优先级，这些最高优先级线程一旦进入就绪状态将抢占当前执行线程的处理器资源，当前线程只能重新在等待队列寻找自己的位置。这些具有最高优先级的线程执行完自己的任务之后将睡眠一段时间，等待被某一事件唤醒，一旦被唤醒这些线程就又开始抢占处理器资源。这些最高优先级线程通常用来执行一些关键性任务，如屏幕显示。

低优先级线程需等待更长的时间才能有机会运行。系统本身无法中止高优先级线程的执行，因此如果程序中用到了优先级较高的线程对象，那么最好不时地让这些线程放弃对处理器资源的控制权，以使其他线程能够有机会运行。

### 4.3.2　运行和阻塞状态

**1. 运行（Running）状态**

运行状态表明线程正在运行，已经拥有了对处理器的控制权，其代码目前正在运行。这个线程将一直运行直到运行完毕，除非运行过程的控制权被优先级更高的线程抢占。对于采用抢占式策略的系统而言，系统会给每个可执行的线程一个小时间段来处理任务。当该时间段用完后，系统就会剥夺该线程所占用的资源，让其他线程获得执行的机会。在选择下一个线程时，系统会考虑线程的优先级。

综合起来，线程将在如下三种情形释放对处理器的控制权：

1）主动或被动地释放对处理器资源的控制权，这时该线程必须再次进入等待队列，等待其他优先级高或相等的线程执行完毕。

2）睡眠一段确定的时间，不进入等待队列。这段确定的时间段到期之后，重新开始运行。

3）等待某一事件唤醒自己。

**2. 阻塞（Blocked）状态**

一个线程如果处于阻塞状态，那么这个线程暂时将无法进入就绪队列。处于阻塞状态的线程通常必须由某些事件唤醒，至于是何种事件，则取决于阻塞发生的原因。处于睡眠中的线程必须被阻塞一段固定的时间。被挂起或处于消息等待状态的线程则必须由外来事件唤醒。

当发生如下情况时，线程将会进入阻塞状态。

▲ 线程调用 sleep()方法主动放弃所占用的处理器资源。

▲ 线程调用了一个阻塞式 I/O 方法，在该方法返回之前，该线程被阻塞。

▲ 线程试图获得一个同步监视器，但该同步监视器正被其他线程所持有。关于同步监视器的知识后面将有更深入的介绍。

▲ 线程在等待某个通知（notify）。

▲ 程序调用了线程的 suspend( )方法将该线程挂起。但这个方法容易导致死锁，所以应该尽量避免使用该方法。

当前正在执行的线程被阻塞之后，其他线程就可以获得执行的机会。被阻塞的线程会在合适的时候重新进入就绪状态，注意是就绪状态而不是运行状态。也就是说被阻塞线程的阻塞解除后，必须重新等待线程调度器再次调度它。

针对上面的几种情况，当发生如下特定的情况时可以解除上面的阻塞，让该线程重新进入就绪状态。

▲ 调用 sleep( )方法的线程经过了指定时间。

▲ 线程调用的阻塞式 I/O 方法已经返回。

▲ 线程成功地获得了试图取得的同步监视器。

▲ 线程正在等待某个通知时，其他线程发出了一个通知。

▲ 处于挂起状态的线程被调用了 resume( )恢复方法。

图 4-1 所示为线程状态转换图。

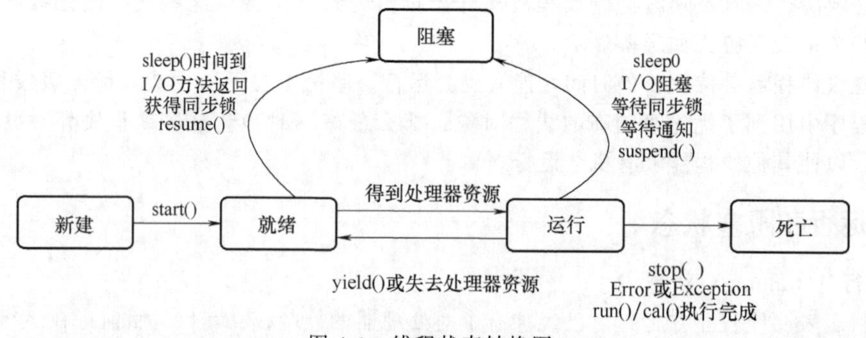


图 4-1　线程状态转换图

从图 4-1 中可以看出，线程从阻塞状态只能进入就绪状态，无法直接进入运行状态。而就绪和运行状态之间的转换通常不受程序控制，而是由系统线程调度所决定。当处于就绪状态的线程获得处理器资源时，该线程进入运行状态；当处于运行状态的线程失去处理器资源时，该线程进入就绪状态。但有一个方法例外，调用 yield( )方法可以让运行状态的线程转入就绪状态。

### 4.3.3　线程死亡

Dead 表示线程已经退出运行状态，并且不再进入就绪队列。其中原因可能是线程已经执行完毕（正常结束），也可能是该线程被另一线程强行中断。

线程会以如下三种方式结束，结束后就处于死亡状态。

▲ run( )或 call( )方法执行完成，线程正常结束。

▲ 线程抛出一个未捕获的 Exception 或 Error。

▲ 直接调用线程的 stop( )方法来结束该线程，该方法容易导致死锁，通常不推荐使用。

需要注意的是当主线程结束时其他线程不受任何影响，并不会随之结束。一旦子线程启动起来后，就拥有和主线程相同的地位，不会受主线程的影响。

为了测试某个线程是否已经死亡，可以调用线程对象的 isAlive( )方法，当线程处于就绪、运行、阻塞三种状态时，该方法将返回 true；当线程处于新建、死亡两种状态时，该方法将返回 false。

## 4.4　线程通信

当线程在系统内运行时，线程的调度具有一定的透明性，程序通常无法准确控制线程的轮换执行，但 Java 也提供了一些机制来保证线程协调运行。

### 4.4.1　传统的线程通信

由于同一进程的多个线程共享同一个存储空间，在带来方便的同时也带来了访问冲突这个严重的问题。Java 语言提供了专门机制以解决这种冲突，有效地避免了同一个数据对象被多个线程同时访问。所以需要提出一套机制，这套机制就是 synchronized 关键字。

使用 synchronized 来表示与对象的互锁关系。

- synchronized 可以放在对象的前面表示访问该对象时只能有一个同步。
- synchronized 可以放在方法名的前面表示该方法同步。
- synchronized 可以放在类名的前面表示该类所有的方法都同步。

图 4-2 所示为锁定机制。

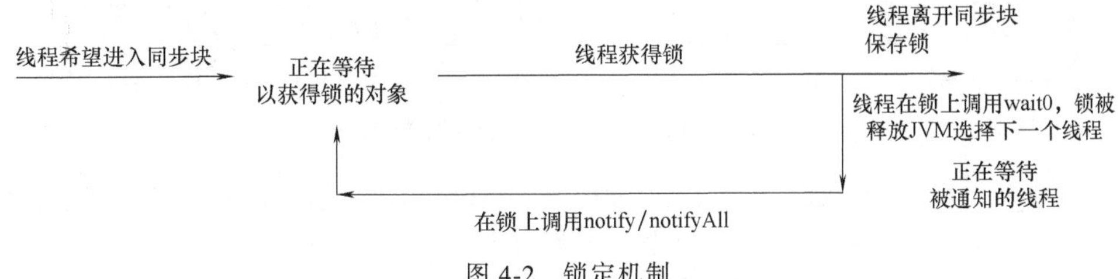


图 4-2　锁定机制

在 Java 线程通信中，等待通知机制是最传统的方式，就是在一个线程进行了规定操作后就进入等待状态（wait），等待其他线程执行完它们的指定代码后，再将之前等待的线程唤醒（notify）。等待通知机制中 Object 类提供了 wait( )、notify( )和 notifyAll( )三个方法实现线程通信，它们不属于 Thread 类。所有的类都从 Object 继承而来，因此所有的类都拥有这些共有方法可供使用。而且由于它们都被声明为 final，因此在子类中不能覆写任何一个方法。

▲ wait( )：让当前的线程进入等待阻塞状态，直到其他线程调用此对象的 notify( )方法或 notifyAll( )方法才唤醒。在调用 wait( )之前，线程必须要获得该对象的对象级别锁，即只能在同步方法或同步块中调用 wait( )方法。进入 wait( )方法后，当前线程释放锁。在从 wait( )返回前，线程与其他线程竞争重新获得锁。如果调用 wait( )时没有持有适当的锁，则抛出 IllegalMonitorStateException。

▲ notify( )：唤醒在此同步监视器上等待的单个线程。如果所有线程都在此同步监视器上等待，则会选择唤醒其中一个线程，选择是任意性的。只有当前线程放弃对该同步监视器的锁定后（使用 wait( )方法），才可以执行被唤醒的线程。

▲ notifyAll( )：唤醒在此同步监视器上等待的所有线程。只有当前线程放弃对该同步监视器的锁定后，才可以执行被唤醒的线程。

注意：wait( )和 notify( )必须配合使用 synchronized 同步关键字，wait( )方法需要释放锁，而

notify()方法不需要。

wait()、notify()和 notifyAll()这三个方法必须由同步监视器对象来调用，并且它们的同步监视器（锁对象）必须一致。可以分为以下两种情况：

▲ 对于使用 synchronized 修饰的同步方法，因为该类的默认实例（this）就是同步监视器，所以可以在同步方法中直接调用这三个方法。

▲ 对于使用 synchronized 修饰的同步代码块，同步监视器是 synchronized 后括号里的对象，所以必须使用该对象调用这三个方法。

在线程通信中生产者-消费者模型是最经典的问题之一，因此下面的示例就都用生产者与消费者来举例，它就像 Java 语言中的 Hello World 一样经典。

生产者-消费者模型为：生产者 Producer 不停地生产资源，将其放在仓库（缓冲池）中，也就是下面代码中的 Resource，仓库最大容量为 10，然后消费者不停地从仓库（缓冲池）中取出资源。当仓库（缓冲池）装满时，生产者线程就需要停止自己的生产操作，使自己处于等待阻塞状态，并且放弃锁，让其他线程执行。因为如果生产者不释放锁的话，那么消费线程就无法消费仓库中的资源，这样仓库资源就不会减少，生产者就会一直无限等待下去。因此当仓库已满时，生产者必须停止并且释放锁，这样消费者线程才能够执行，等待消费者线程消费资源，然后再通知生产者线程生产资源。同样地当仓库为空时，消费者也必须等待，等待生产者通知它仓库中有资源了。这种互相通信的过程就是线程间的通信（协作），如图 4-3 所示。

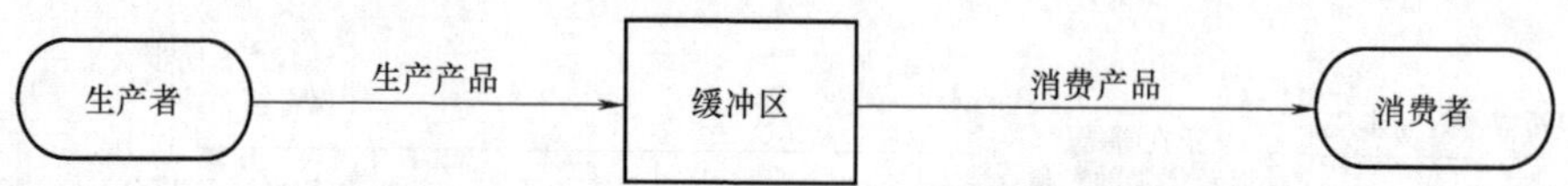


图 4-3　线程通信中的生产者-消费者模型

在该模型中，生产者仅仅在仓库未满时候生产，仓库满则停止生产。消费者仅仅在仓库有产品时才能消费，仓库空则等待。当消费者发现仓库没产品可消费时候会通知生产者生产。生产者在生产出可消费产品时候，应该通知等待的消费者去消费。其示例代码如下：

```
package com.thr;
public class ProducerConsumerWaitNotify {
public static void main(String[] args){
        Resource resource = new Resource();
        //创建 3 个生产者线程
        Thread t1 = new Thread(new Producer(resource),"生产线程 1");
        Thread t2 = new Thread(new Producer(resource),"生产线程 2");
        Thread t3 = new Thread(new Producer(resource),"生产线程 3");
        //创建 2 个消费者线程
        Thread t4 = new Thread(new Consumer(resource),"消费线程 1");
        Thread t5 = new Thread(new Consumer(resource),"消费线程 2");
        //生产者线程启动
        t1.start();
        t2.start();
        t3.start();
        //消费者线程启动
        t4.start();
```

```
        t5.start();
        }
}
}
/* 共享资源(仓库)* /
public class Resource{
    //当前资源数量
    private int num = 0;
    //最大资源数量
    private int size = 10;
    //生产资源
    public synchronized void add(){
        if (num < size){
            num++;
            System.out.println("生产者--" + Thread.currentThread().getName()+
                                "--生产一件资源,当前资源池有" + num + "个");
            notifyAll();
        }else{
            try {
                wait();
                System.out.println("生产者--"+Thread.currentThread().getName()+"进入
等待状态,等待通知");
            } catch (InterruptedException e){
                e.printStackTrace();
            }
        }
        }
        //消费资源
        public synchronized void remove(){
            if (num > 0){
                num--;
                System.out.println("消费者--" + Thread.currentThread().getName()+
                          "--消耗一件资源," + "当前线程池有" + num + "个");
                notifyAll();
            }else{
                try {
                    wait();
                    System.out.println("消费者--" + Thread.currentThread().getName()+
"进入等待状态,等待通知");
                } catch (InterruptedException e){
                  e.printStackTrace();
              }
          }
     }
```

```
}
/* 生产者线程* /
public class Producer implements Runnable {
        //共享资源对象
        private Resource resource;

        public Producer(Resource resource){
            this.resource = resource;
        }

        public void run(){
            while (true){
                try {
                    Thread.sleep(1000);
                } catch (InterruptedException e){
                    e.printStackTrace();
                }

                resource.add();
            }
        }
}
/* 消费者线程* /
public class Consumer implements Runnable {
            //共享资源对象
    private Resource resource;

    public Consumer(Resource resource){
        this.resource = resource;
    }
    public void run(){
        while (true){
            try {
                Thread.sleep(1000);
            } catch (InterruptedException e){
                e.printStackTrace();
            }

            resource.remove();
        }
    }
}
```

## 4.4.2 使用 Condition 控制线程通信

Condition 是在 Java 1.5 中才出现的，它是一个接口，其内部基本的方法有 await()、signal()

和 signalAll( )方法。它的作用就是用来代替传统的 Object 类中的 wait( )、notify( )方法实现线程间的通信。相比使用 Object 的 wait( )、notify( )方法，使用 Condition 的 await( )、signal( )方法来实现线程间协作更加安全和高效，因此通常来说比较推荐使用 Condition。但是需要注意的是 Condition 依赖于 Lock 接口，它必须在 Lock 实例中使用，否则会抛出 IllegalMonitorStateException。也就是说调用 Condition 的 await( )和 signal( )方法，必须在 lock. lock( )和 lock. unlock( )之间才可以使用。

▲ Condition 中的 await( )对应 Object 的 wait( )，令当前线程等待，直到其他线程调用该 Condition 的 signal( )方法或 signalAll( )方法来唤醒该线程。await( )方法有很多变体，如 long awaitNanos（long nanosTimeout）、void awaitUninterruptibly( )、awaitUntil（Date deadline）等，可以完成更丰富的等待操作。

▲ Condition 中的 signal( )对应 Object 的 notify( )，唤醒在此 Lock 对象上等待的单个线程。如果所有线程都在该 Lock 对象上等待，则会选择唤醒其中一个线程，选择是任意性的。只有当前线程放弃对该 Lock 对象的锁定后（使用 await( )方法），才可以执行被唤醒的线程。

▲ Condition 中的 signalAll( )对应 Object 的 notifyAll( )，唤醒在此 Lock 对象上等待的所有线程。只有当前线程放弃对该 Lock 对象的锁定后，才可以执行被唤醒的线程。

Condition 对象的生成代码如下：

```
Lock lock = new ReentrantLock();
Condition condition = lock.newCondition();
```

下面程序使用 Condition 对象来控制线程的协调运行。

```
import java.util.concurrent.locks.Condition;
import java.util.concurrent.locks.Lock;
import java.util.concurrent.locks.ReentrantLock;
public class ProducerConsumerCondition {
    public static void main(String[] args){
        //创建 ReentrantLock 和 Condition 对象
        Lock lock = new ReentrantLock();
        Condition producerCondition  = lock.newCondition();
        Condition consumerCondition  = lock.newCondition();
        Resource resource = new 
Resource(lock,producerCondition,consumerCondition);
        //创建 3 个生产者线程
        Thread t1 = new Thread(new Producer(resource),"生产线程 1");
        Thread t2 = new Thread(new Producer(resource),"生产线程 2");
        Thread t3 = new Thread(new Producer(resource),"生产线程 3");
        //创建 2 个消费者线程
        Thread t4 = new Thread(new Consumer(resource),"消费线程 1");
        Thread t5 = new Thread(new Consumer(resource),"消费线程 2");
        //生产者线程启动
        t1.start();
        t2.start();
        t3.start();
```

```
        //消费者线程启动
        t4.start();
        t5.start();
    }
}
/* 共享资源(仓库)* /
class Resource{
    //当前资源数量
    private int num = 0;
    //最大资源数量
    private int size = 10;
    //定义lock和condition
    private Lock lock;
    private Condition producerCondition;
    private Condition consumerCondition;
    //初始化
    public Resource(Lock lock,Condition producerCondition,Condition consumerCondi-
tion){
        this.lock = lock;
        this.producerCondition = producerCondition;
        this.consumerCondition = consumerCondition;
    }
    //生产资源
    public void add(){
        lock.lock();//获取锁
        try {
            if (num < size){
                num++;
                System.out.println("生产者--" + Thread.currentThread().getName() +
                        "--生产一件资源,当前资源池有" + num + "个");

                //唤醒等待的消费者
                consumerCondition.signalAll();
                //notifyAll();
            }else{
                //让生产者线程等待
                producerCondition.await();
                //wait();
                System.out.println("生产者--"+Thread.currentThread().getName()+"进入
等待状态,等待通知");
            }
        } catch (InterruptedException e){
            e.printStackTrace();
        }finally {
```

```
            lock.unlock();//释放锁
        }
    }
    //消费资源
    public void remove(){
        lock.lock();//获取锁
        try {
            if (num > 0){
                num--;
                System.out.println("消费者--" + Thread.currentThread().getName() +
                        "--消耗一件资源," + "当前线程池有" + num + "个");

                //唤醒等待的生产者
                producerCondition.signalAll();
                //notifyAll();
            }else{
                //让消费者线程等待
                consumerCondition.await();
                //wait();
                System.out.println("消费者--" + Thread.currentThread().getName() + "进
入等待状态,等待通知");
            }
        } catch (InterruptedException e){
            e.printStackTrace();
        }finally {
            lock.unlock();//释放锁
        }
    }
}
/* 生产者线程* /
class Producer implements Runnable{
    //共享资源对象
    private Resource resource;

    public Producer(Resource resource){
        this.resource = resource;
    }
    @ Override
    public void run(){
        while (true){
            try {
                Thread.sleep(1000);
            } catch (InterruptedException e){
                e.printStackTrace();
```

```
            }
            resource.add();
        }
    }
}
/* 消费者线程* /
class Consumer implements Runnable{
    //共享资源对象
    private Resource resource;
    public Consumer(Resource resource){
        this.resource = resource;
    }
    @ Override
    public void run(){
        while (true){
            try {
                Thread.sleep(1000);
            } catch (InterruptedException e){
                e.printStackTrace();
            }
            resource.remove();
        }
    }
}
```

程序运行实现的效果跟上面 wait( )和 notify( )方法是一样的。

### 4.4.3 使用阻塞队列（BlockingQueue）控制线程通信

BlockingQueue 也是在 Java 1.5 中才出现的一个接口，它继承了 Queue 接口。BlockingQueue 的底层实际上是使用 Lock 和 Condition 来实现的，BlockingQueue 已经调用好了 lock( )、unlock( )、await( )和 signal( )方法，只需选择合适的方法即可，所以使用 BlockingQueue 可以很轻松地实现线程通信。

BlockingQueue 具有这样的特征，如果该队列已满，当生产者线程试图向 BlockingQueue 中放入元素时，则线程被阻塞；如果队列已空，消费者线程试图从 BlockingQueue 中取出元素时，则该线程阻塞。

BlockingQueue 提供如下两个支持阻塞的方法：

1）put(E e)：尝试把元素放入 BlockingQueue 的尾部，如果该队列的元素已满，则阻塞该线程。

2）take( )：尝试从 BlockingQueue 的头部取出元素，如果该队列的元素已空，则阻塞该线程。

BlockingQueue 既然继承了 Queue 接口，也可以使用 Queue 接口中的方法，这些方法归纳起来可以分为如下三组：

1）在队列尾部插入元素。包括 add(E e)、offer(E e)、put(E e) 方法，当该队列已满时，这三个方法分别会抛出异常、返回 false、阻塞队列。

2）在队列头部删除并返回删除的元素。包括 remove( )、poll( )、和 take( )方法，当该队列已空时，这三个方法分别会抛出异常、返回 false、阻塞队列。

3）在队列头部取出但不删除元素。包括 element( )和 peek( )方法，当队列已空时，这两个方法分别抛出异常、返回 false。

BlockingQueue 最终会有四种状况，抛出异常、返回特殊值（常常是 true/false）、阻塞线程、超时，BlockingQueue 包含的方法之间的对应关系见表 4-1。

**表 4-1　BlockingQueue 包含的方法之间的对应关系**

| | 抛出异常 | 返回特殊值 | 阻塞线程 | 指定超时时长 |
|---|---|---|---|---|
| 队尾插入元素 | add(e) | offce(e) | put(e) | offce(e,time,unit) |
| 队头删除元素 | remove() | poll() | take() | poll(time,unit) |
| 获取、不删除元素 | element() | peek() | 无 | 无 |

BlockingQueue 是个接口，它有如下五个实现类：

1）ArrayBlockingQueue（数组阻塞队列）：基于数组实现的有界 BlockingQueue 队列，按 FIFO（先进先出）原则对元素进行排序，创建其对象必须明确大小。

2）LinkedBlockingQueue（链表阻塞队列）：基于链表实现的 BlockingQueue 队列，按 FIFO（先进先出）原则对元素进行排序，创建其对象如果没有明确大小，默认值是 Integer. MAX_VALUE。

3）PriorityBlockingQueue（优先级阻塞队列）：它并不是按 FIFO（先进先出）原则对元素进行排序，该队列调用 remove( )、poll( )、take( )等方法提取出元素时是根据对象（实现 Comparable 接口）的本身大小来自然排序或者 Comparator 来进行定制排序的。

4）SynchronousQueue（同步阻塞队列）：它是一个特殊的 BlockingQueue，其内部只能够容纳单个元素。如果队列中已经有一个元素的话，尝试向该队列插入一个新元素的线程将会阻塞，直到另一个线程将该元素从队列中抽走。同样如果该队列为空，试图向队列中抽取一个元素的线程将会阻塞，直到另一个线程向该队列插入了一条新的元素。

5）DelayQueue（延迟阻塞队列）：它也是一个特殊的 BlockingQueue，底层基于 PriorityBlockingQueue 实现，不过 DelayQueue 要求集合元素都实现 Delay 接口（该接口里只有一个 long getDelay( )方法），DelayQueue 根据集合元素的 getDalay( )方法的返回值进行排序。

```
package com.thr;
import java.util.concurrent.BlockingQueue;
import java.util.concurrent.LinkedBlockingQueue;
/* BlockingQueue 线程通信举例* /
public class ProducerConsumerBlockingQueue {
    public static void main(String[ ] args){
        Resource resource = new Resource();
        //创建 3 个生产者线程
        Thread t1 = new Thread(new Producer(resource),"生产线程 1");
        Thread t2 = new Thread(new Producer(resource),"生产线程 2");
        Thread t3 = new Thread(new Producer(resource),"生产线程 3");
        //创建 2 个消费者线程
        Thread t4 = new Thread(new Consumer(resource),"消费线程 1");
```

```
        Thread t5 = new Thread(new Consumer(resource),"消费线程 2");
        //生产者线程启动
        t1.start();
        t2.start();
        t3.start();
        //消费者线程启动
        t4.start();
        t5.start();
    }
}
/* 共享资源(仓库)* /
class Resource{
    //定义一个链表队列,最大容量为 10
    private BlockingQueue<Integer> blockingQueue = new LinkedBlockingQueue(10);
    //生产资源
    public void add(){
        try {
            blockingQueue.put(1);
            System.out.println("生产者--" + Thread.currentThread().getName()+
                    "--生产一件资源,当前资源池有" + blockingQueue.size()+ "个");
        } catch (Exception e){
            e.printStackTrace();
        }

    }
    //消费资源
    public void remove(){

        try {
            blockingQueue.take();
            System.out.println("消费者--" + Thread.currentThread().getName()+
                        "--消耗一件资源," + "当前线程池有" + blockingQueue.size() + "
个");
            } catch (Exception e){
                e.printStackTrace();
            }

    }
}
/* 生产者线程* /
class Producer implements Runnable{
    //共享资源对象
    private Resource resource;
    public Producer(Resource resource){
```

```
        this.resource = resource;
    }
    @Override
    public void run(){
        while (true){
            try {
                Thread.sleep(1000);
            } catch (InterruptedException e){
                e.printStackTrace();
            }
            resource.add();
        }
    }
}
/* 消费者线程 */
class Consumer implements Runnable{
    //共享资源对象
    private Resource resource;
    public Consumer(Resource resource){
        this.resource = resource;
    }
    @Override
    public void run(){
        while (true){
            try {
                Thread.sleep(1000);
            } catch (InterruptedException e){
                e.printStackTrace();
            }
            resource.remove();
        }
    }
}
```

程序运行实现的效果跟传统线程通信是一样的。

## 习　题

1. 什么是线程？什么是进程？什么是线程的生命周期？

2. 将本章 4.4.1 节的程序运行出结果。

3. 尝试定义一个继承 Thread 类的类并覆盖 run()方法，在 run()方法中每隔 100 毫秒打印一句话。

4. 写两个线程，其中一个线程打印 1～52，另一个线程打印 A～Z，打印顺序应为 12A34B56C…5152Z。该习题需要利用多线程通信的知识。

5. 尝试开发一个窗体，在窗体中设计一个进度条，利用线程使进度条每次递增滚动。

# 第 5 章 Android 开发基础

## 5.1 Android 技术简介

Android 系统已经成为全球应用最广泛的手机操作系统，很多手机厂商早已通过 Android 系统取得巨大成功。搭载 Android 系统的智能手机越来越不像“手机”，而更像一台小型计算机，功能强大。相比计算机，智能手机可以随身携带、实时开机，更加便利。手机软件作为智能手机的核心，在未来 IT 行业中必将具有举足轻重的地位。从趋势来看，对 Android 软件开发人才的需求会越来越大。

本章将简要介绍 Android 平台的历史和现状，重点向读者讲解如何搭建和使用 Android 应用开发环境，安装 Android SDK 和 Android 开发工具，如何使用 Android 提供的 ADB、Monitor、AAPT 等工具，掌握这些工具是开发 Android 应用的基础技能。

### 5.1.1 Android 发展简介

Android 是由 Andy Rubin 于 2003 年创立的，其最初的目标是创建一个数字相机的操作系统，但由于相机市场规模不够大，加之智能手机需求快速增长，Android 成为一款面向智能手机的操作系统。2005 年，Android 被 Google 公司收购。

2007 年，Google 与多家硬件制造商、软件开发商及电信运营商成立开放手持设备联盟来共同研发 Android，于同年 11 月发布了 Android 的源代码，开源加速了 Android 普及，制造商推出多款搭载 Android 系统的智能手机，其后更是拓展到平板计算机、智能电视、可穿戴设备及车载智能终端等领域。

自 2008 年开始，Google 逐步改进了 Android 系统，增加了新功能并修复了前期版本的错误。Android 每年发布一个主要版本，都以甜品或含糖小食品的字母顺序来命名：纸杯蛋糕（Cupcake）、甜甜圈（Donut）、松饼（Eclair）、冻酸奶（Froyo）、姜饼（Gingerbread）、蜂巢（Honeycomb）、冰激凌三明治（Ice Cream Sandwich）、糖豆（Jelly Bean）、奇巧巧克力（KitKat）、棒棒糖（Lollipop）、棉花糖（Marshmallow）、牛轧糖（Nougat）、奥利奥（Oreo）、馅饼（Pie），如图 5-1 所示。2019 年 8 月

图 5-1 Android 历年发布的主要版本

以后，Google 宣布从 Android Q 开始不再以甜品命名，而直接称之为 Android 10。目前，Android 11 正式版已于 2020 年 9 月发布。

## 5.1.2　Android 平台架构及特性

Android 是基于 Linux 内核的操作系统，采用软件堆叠方式构建，由操作系统内核、硬件抽象层、Android 运行时和库、Java 框架和应用软件五层构成，这种分层结构使得各层之间相互分离，每个层次分工明确，保证了层与层之间的低耦合和层内的高内聚特性。从图 5-2 可以看出，Android 系统主要由六个部分组成，下面就各部分进行简要介绍。

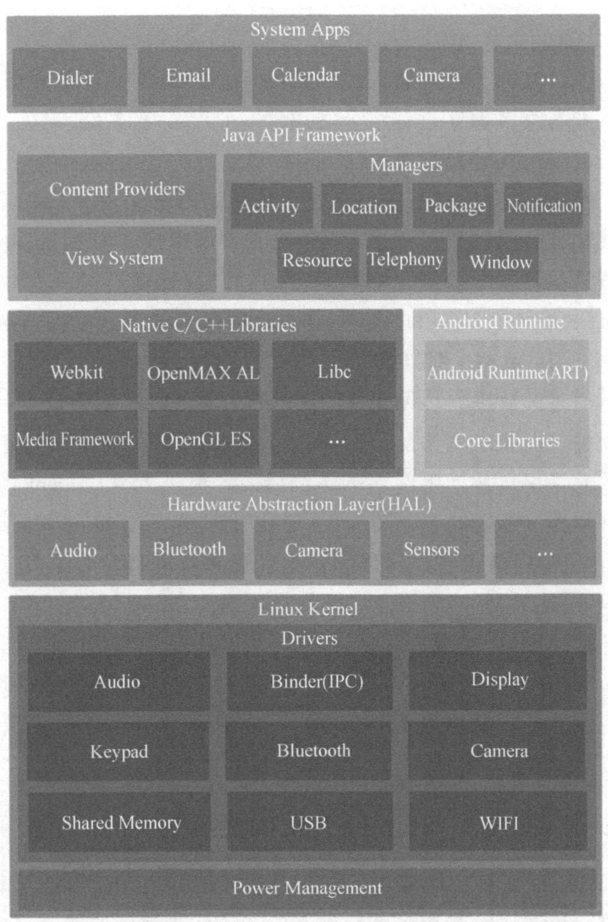


图 5-2　Android 系统体系结构

### 1. Linux 内核层

Android 本质上是一套 Linux 系统，Linux 内核提供了诸如内存管理、进程管理、网络堆栈、驱动模型和安全等核心系统服务。该层作为硬件和软件之间的抽象层，隐藏具体硬件的差异而为上层提供统一服务。

### 2. 硬件抽象层（HAL）

硬件抽象层提供对 Linux 内核驱动的封装，可以向上提供驱动蓝牙、音频、摄像头、传感器等设备的编程接口，向下隐藏底层的实现细节。

Android 系统对硬件的支持分为两层：内核驱动层和硬件抽象层。处于底层的内核驱动层处于 Linux 内核中，它只提供简单的硬件访问逻辑，其代码完全开源；而处于高层的硬件抽象层负责参数和访问流程控制，该代码的实现由各厂家完成，不开源，只向上提供统一的 API 接口。

### 3. 原生 C/C++库

Android 提供一套可被不同组件使用的 C/C++库，但一般应用开发者不能直接调用该库，而是通过上层的 API 来调用。

下面简单介绍一些原生 C/C++库。

- Webkit：Web 浏览器引擎，支持 Android 浏览器，开发者可以将其封装为显示网页的控件 WebView，嵌入到自己的应用程序中。
- OpenMAX（开放媒体加速层）：一个不需要授权、跨平台的软件抽象层，以 C 语言实现接口，用来处理多媒体，目标是创造一个统一的接口，加速大量多媒体资料的处理。

- Libc 库：是 Linux 系统下的标准 ANSI C 系统库，并且为嵌入式 Linux 设备做了适当调整。
- Media Framework（媒体框架）：所有 Android 平台的音频、视频采集以及播放等操作都通过该框架实现，基于 Packet Video 的 Open Core，支持常见的 AAC、MPEG4、H. 264、MP3、JPG、PNG 等多媒体格式。
- SGL：一个向量图形引擎，能在低端设备上呈现高品质 2D 图形。
- OpenGL ES：是 OpenGL 三维图形 API 的子集，针对手机等嵌入式设备而设计，可以实现硬件 3D 和软件 3D 加速。
- SQLite：针对嵌入式设备的一款轻量级关系型数据库，功能强大，处理速度快，占用资源低，能与很多程序语言结合使用。

#### 4. Android 运行时

Android 运行时由核心库和虚拟机两部分组成，核心库提供 Java 语言核心库所能使用的绝大多数功能，虚拟机用于运行 Android 应用程序。早期 Android 虚拟机使用 Dalvik，它依赖于 Linux 内核来提供基本功能，APP 运行的时候进行动态编译并执行，速度较慢。从 Android 5. 0 开始虚拟机采用 ART，在用户安装 APP 时进行预编译，以提升 APP 运行效率。

#### 5. Java API 框架层

通过开放平台，Android 开发者可以利用设备的硬件优势访问位置信息、运行后台服务、设置闹钟、向状态栏添加通知等，创建功能丰富的应用程序。应用程序框架层旨在简化组件的重用，允许用户替换组件。本层包括内容提供者（Content Provider）、显示框架（View System）、活动管理器（Activity Manager）、定位管理器（Location Manager）、通知管理器（Notification Manager）、包管理器（Packet Manager）、资源管理器（Resource Manager）、电话语音管理器（Telephony Manager）等。

#### 6. 系统 APP 层

Android 系统提供核心应用程序，例如，电话拨号、邮件、日历、相机、浏览器、联系人和其他设置。所有应用程序都是以 Java 编写，此书后面开发的 Android 应用程序都将在这一层进行。

### 5. 1. 3 使用 Gradle 自动化构建项目

Gradle 是新一代构建工具，专注于构建自动化和对多语言开发的支持。如果要在任何平台上构建、测试、发布和部署软件，Gradle 是非常好的选择。它可以支持从编译、打包代码到发布网站的整个开发生命周期。Gradle 旨在支持跨多种语言和平台（包括 Java、Scala、Android、C/C++和 Groovy）的构建自动化，并且与开发工具（如 Eclipse、IntelliJ 和 Jenkins）的持续集成服务器紧密集成。

Gradle 可在所有主流操作系统上运行，只要 JDK8 版本或更高版本即可运行。可以运行 java-version 命令以查看，会列出以下内容：

```
❯ java-version
java version "1.8.0_151"
Java(TM) SE Runtime Environment (build 1.8.0_151-b12)
Java HotSpot(TM) 64-Bit Server VM (build 25.151-b12, mixed mode)
```

Gradle 附带了自己的 Groovy 库，因此不需要安装 Groovy。Gradle 将忽略任何现有的 Groovy 安装。Gradle 使用在路径中找到的任何 JDK，也可以手动将 JAVA_HOME 环境变量设置为指向所需

JDK 的安装目录。

## 5.2　Android 开发环境搭建

Android 作为优秀的移动设备操作系统，主要用于智能手机、平板计算机，现已拓展到智能电视、车载智能终端、个人可穿戴设备及智能家居领域。早期的移动操作系统群雄并现，Symbian、BlackBerry、Windows Mobile、IOS、Android 各领风骚。随着 Android 和 IOS 两大系统的生态链愈发壮大，双雄并立的局面已经稳定下来。根据 2019 年底最新的移动系统调研报告，Google 的 Android 和 Apple 的 IOS 在操作系统的全球市场份额占比高达 98%，其中 Android 的市场份额达到 87%。

早期开发者要编写移动应用，主要使用 Eclipse 和基于 Eclipse 的 ADT。Eclipse 是为 Java 工程师提供的开发平台，而并非专门用于 Android。2015 年年底，Google 宣布停止支持 Eclipse ADT 等集成开发环境，转而重点打造自家的 Android Studio。

Android Studio 是由 Google 公司推出的基于 IntelliJ IDEA 的 Android 应用开发环境，与基于 Eclipse 的 ADT 不同，它是全新的开发环境，拥有强大的功能和更高的性能。

### 5.2.1　安装 Android Studio

既然 Android Studio 是一款主流开发工具，接下来向大家展示如何一步步在自己的计算机上安装 Android Studio。

#### 1. 开发机的配置要求

Android Studio 是一款大型软件，对开发者的计算机配置有一定要求，下面是开发机的基本配置：

1）CPU 要求 1.5GHz 以上，越快越好。

2）内存最低 4GB，推荐 8GB，越大越好。

3）硬盘要求系统盘剩余空间 10GB 以上，越大越好。

4）要求带网卡、摄像头，USB 与麦克风能正常使用。

5）操作系统如果是 Windows，至少为 Windows7，不支持 Windows XP。

#### 2. 安装依赖软件

Android Studio 需要依赖 JDK、SDK 以及 NDK 三种开发工具，才能正常地进行开发工作。

（1）JDK

因为 Android 应用程序的开发是基于 Java，那么 Java 语言编译器（Java Development Kit，JDK）则必不可少。开发机上首先要安装 JDK。下载地址为 https://www.oracle.com/java/technologies/javase-downloads.html。不同的 Android 版本对 JDK 有相应要求，建议安装 JDK 1.8 及以上版本。JDK 有针对不同操作系统的安装包，可根据需要选择下载。

安装 JDK 后，如果要在 Windows 控制台使用 Java 命令进行编译，运行 Java 程序，需要配置环境变量，配置方法如下：

1）在 Windows 开始菜单中选择“控制面板”，选择“系统和安全”，选择“系统”，再选择“高级系统设置”，单击“环境变量”按钮。

2）通过“系统变量”下的“新建”按钮设置如下系统变量。变量名为 JAVA_HOME，变量值为 C:\Java\jdk1.8.0_281（JDK 安装路径）；变量名 CLASSPATH，变量值为 .;%JAVA_HOME%\lib\tools.jar;%JAVA_HOME%\lib\dt.jar;%JAVA_HOME%\bin；变量名为 PATH，变量

值为%JAVA_HOME%\bin;%JAVA_HOME%\jre\bin；单击“确定”按钮，完成环境变量的设置。（注意变量值中出现的标点符号均为英文符号）

3）验证JDK是否安装成功。在开始菜单，选择“运行”，输入cmd，在命令行窗口中输入“java-version”，如果能正常显示JDK版本信息，则安装成功，否则返回上一步，检查环境变量是否设置正确。

（2）SDK

软件开发工具包（Software Development Kit，SDK）是Android应用的编译器，为应用开发提供常用的工具集合。SDK可以单独安装，也可以随Android Studio一起安装，推荐通过Android Studio安装SDK，避免环境变量和兼容性问题。新版的Android Studio安装包为了减小容量，缩短下载和安装时间，一般未将Android SDK放入其中，需要后续按需求手动下载安装。

（3）NDK

原生开发工具包（Native Development Kit，NDK）是C/C++代码的编译器。该工具包主要用于JNI接口，先把C/C++代码编译成so库，随后Java代码通过JNI接口调用so库。安装好NDK后，也要添加系统环境变量NDK_ROOT，变量值为NDK的安装目录，然后在系统变量Path末尾添加;%NDK_ROOT%。

### 3. 安装Android Studio

Android Studio是Google公司为Android开发提供的官方IDE，简称AS。2016年底，谷歌开发者中文网站上线，国内用户可以直接在该网站下载使用Android Studio。按以下步骤下载和安装。

1）登录https://developer.android.google.cn/studio/页面，点选“Download Android Studio”按钮，勾选“我已阅读并同意上述条款及条件”，单击“下载Android Studio适用平台：Windows”将其保存至本地文件夹。一般情况下网站会推荐最新的稳定版供用户使用，如果想使用以前的版本，可在页面中寻找“download archives”进行下载。

2）双击运行该exe程序，单击“下一步”按钮，此处询问用户要安装的组件，Android Studio已经默认勾选，Android Virtual Device是用于APP开发调试的模拟器，推荐勾选安装。当然，在后续调试中既可以选择AS自带的模拟器，也可以使用第三方模拟器，还可以使用Android手机直接调试，本书将在后面介绍这三种方式。

3）单击“下一步”按钮，设置Android Studio安装路径，开始安装。

4）安装完成后，进入启动配置阶段，此处会询问是否导入Android Studio设置，如果是首次使用Android Studio用户，可以直接选择“Do not import settings”，如果以前使用过AS并且定制了IDE常用设置，则选择第一项。

5）单击“ok”按钮，进入AS启动欢迎页面。

6）这里有“标准”和“定制”两种选择。如果选择“标准”，安装向导将会以默认参数完成安装。推荐选择“Custom”按钮，用户可以看到在安装过程中IDE都做了哪些配置，也更适合开发者个人的使用习惯。

7）要在Android Studio和其他外部进程之间共享相同的Gradle守护进程，需要创建一个JAVAHOME环境变量，其中要包含一个有效的JDK位置，可以从下面的下拉列表框选择默认的JDK路径。

8）单击“下一步”按钮，对话框会提示用户选择AS的UI风格（Light的浅色风格和Darcula的深色风格），建议选择Light风格，单击“下一步”按钮。

9）接下来进行SDK组件安装，包括从网络下载Android SDK、AVD等。Android Studio默认下载最新版的 Android SDK。建议勾选 “Performance” 和 “Android Virtual Device” 选项，其中 Performance 针对 Intel 的处理器优化了 Android 模拟器的性能，使其启动和响应速度加快；Android Virtual Device 用于下载原生的模拟器设备。然后单击 “下一步” 按钮。

10）模拟器的设置是根据开发者计算机的内存而定，内存越充裕，模拟器启动越快，APP 开发调试的响应也越快。这里可以根据实际情况，选择推荐值即可。

11）随后进入确认页面，可以查看前面几步所做的配置选择，如果需要返回修改，单击 “Previous” 按钮，如果不再更改，单击 “Finish” 按钮，开始下载相应的 SDK 组件。

12）网络条件较好时，可以看到 AS 依赖的各种组件和 SDK 包被下载，完成解压安装过程。

### 5.2.2　下载和安装 Android SDK

Android Studio 安装包通常推荐安装的是最新版 Android SDK。比如前面 Android Studio 默认下载的是对应最新 Android 11 系统的 Android SDK30 版本。在实际的应用开发过程中，需要针对市面上占有率最多的 Android 设备对应的 Android 系统版本，这就需要重新下载和安装其他版本的 Android SDK。

单击 Android Studio 右下角齿轮图标，选择 “SDK Manager”，即可打开 SDK 管理界面。

从图 5-3 可以看到，Android Studio 默认下载了 Android API 30，它代表 Android 11.0。在该界面中勾选想要下载的 Android SDK，然后单击 “Apply” 按钮，Android Studio 弹出接受协议对话框，勾选 “Accept” 选钮，Android Studio 开始下载所选的 SDK。

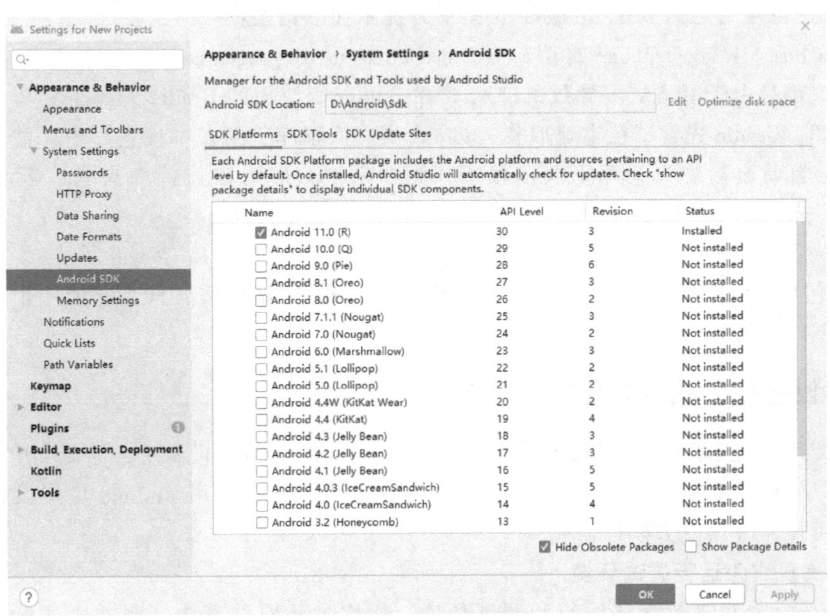


图 5-3　SDK 管理界面

下载完成后，在 SDK 管理界面的列表右边看到勾选图标，列表右边的 “Status” 从 “Not installed” 变成 “Installed”。

### 5.2.3　在安装过程中常见的错误

按照上述步骤安装好 Android Studio，新建 Android 项目时可能还会遇到各种错误，对初学者而言这些问题可能使他们手足无措。接下来将对这些常见的错误进行说明。

#### 1. 找不到 Android SDK 的错误

新建 Android 项目之后，在 Android SDK 下方提示如下错误：

Error：Failed to find target with hash string 'android-21 'in D：\Android\SDK

上面错误提示信息中的“D：\Android\SDK”表示 Android SDK 的安装目录。

提示该错误的原因是 Android Studio 默认只下载最新版的 Android SDK，如果开发者在创建 Android 项目时使用了其他版本的 SDK，Android Studio 就会报出这个错误，提示找不到 android-21 SDK（Android 5.0）。

解决方法：打开图 5-3 所示的对话框，下载该 Android 项目所使用的 SDK。

#### 2. 找不到编译工具的错误

下载此 Android 项目所使用的 SDK 之后，在 Android SDK 下方提示如下错误：

failed to find build tools revision 21

提示该错误的原因是 Android Studio 默认只下载最新版的 Android 项目编译工具，但编译时 Android Studio 需要为不同版本的 Android 使用不同的项目编译工具，所以会报错，提示找不到 android-21 项目编译工具。

解决方法 1：单击解决链接，让 Android Studio 自动下载对应版本的 Android 编译工具。

解决方法 2：如果网络访问受限，可以通过国内镜像下载所缺失版本的 Android 编译工具，并将其解压到 build-tools 目录下。

#### 3. 网络受限的错误

新建 Android 项目之后，在 Android SDK 下方提示如下错误：

Unknown host 'd1. google. com' 或者 Failed to connect to 'dl. google. com'

这些错误都是由于网络受限导致的。Android Studio 所使用的 Gradle 构建工具可以自动管理项目的依赖库。Gradle 先尝试在本地加载 Android 项目依赖库，当在本地仓库中无法找到依赖库时，Gradle 会自动连接中央仓库下载依赖库，而如果 Gradle 无法连接中央仓库就会报出这个错误。

解决方法：使用国内的 Android 更新镜像或者尝试使用 VPN 连接 Google 网站。

说明：绝大多数的安装错误都是因为无法连接 Google 网站所致，只要保证一个稳定可靠的网络访问，基本都可以解决上述错误。

### 5.2.4 安装运行、调试环境

开发者使用 Android Studio 开发的应用程序必须运行在 Android 设备上，为便于应用程序运行和调试，可以使用以下三种方法：①使用 Android 设备真机；②使用 Android 虚拟设备（AVD）；③使用逍遥模拟器（第三方模拟器）。

#### 1. 使用真机作为运行调试环境

使用 Android 真机进行程序运行和调试环境，相比另外两种方法，调试速度更快，效果更好。这里以小米手机为例进行说明，其他 Android 手机的设置方法大同小异。

第一步：用 USB 线连接 Android 手机与计算机。

第二步：计算机会自动为手机安装必要驱动程序，如果提示安装错误或无法在计算机中查看到手机，请登录各手机官网下载对应型号的手机驱动。此时手机会提示 USB 用于哪种模式，因为要进行程序调试，需要通过 USB 线传输 APK 安装包，所以需要选择“传输文件”。

第三步：打开手机调试模式。一般情况下，Android 手机出厂时是默认隐藏开发者选项的，需要在桌面找到“设置”，点击进入“我的设备”选项，再点击进入“全部参数”页面，连续点击 MIUI 版本号 7 次，直到手机屏幕提示已经处于开发者模式即可停止。此时返回“设置”，在“更多设置”中可以看到“开发者选项”，如图 5-4 所示。按照图 5-5 选择打开“USB 调试”和“USB 安装”选项即可完成设置。如果开发者还有其他调试需求，可以打开“开发者选项”的其他开关。

图 5-4　开启“开发者选项”　　　　图 5-5　开启“USB 调试”

### 2. 使用 AVD 作为运行测试环境

如果 Android 开发者手边没有 Android 手机，那么可以利用 Android Studio 提供的 Android Virtual Device（AVD）在计算机上运行一个“虚拟”Android 手机，以此来运行并测试自己编写的应用程序。这种方法的优点是便捷，可以借助 Android SDK 和 AVD 管理器，快速使用多种不同型号和尺寸的手机；缺点是高度依赖计算机性能，虚拟手机启动及响应速度慢于真机。AVD 比较适合新上手用户，具体步骤如下：

第一步：单击 Android Studio 右下角“Configure”，选择“AVD Manager”，启动 AVD 管理器。

第二步：新建 AVD。单击左下方的“Create Virtual Device”按钮，在弹出对话框左侧栏列出了 AVD 类型（电视、手机、手表、平板计算机、车载 Android 设备）可供选择，中间列出了模拟器外观尺寸、屏幕大小等信息，选中其中一款，单击“Next”按钮。

第三步：进入系统镜像选择界面，在“推荐”选项卡中，列出了从 Android 5.0 到 Android 11 可供选择，可根据开发项目所需选择合适的系统版本，版本名称后有“Download”链接的，说明此版本还未下载，要进行下载后才能使用。因为计算机的 CPU 大多都为 x86 架构，所以选择 x86 类型镜像是合适的。

第四步：在选择系统镜像后，单击“Next”按钮，进入 AVD 确认页面，填写 AVD 名称，可以在此确认页面查看手机型号、尺寸、Android 版本号，初始方向（竖屏或横屏）等信息。单击“Show Advanced Settings”按钮，可以打开高级设置，对手机内存、虚拟SD卡、摄像头等进行设置。

第五步：创建AVD设备完成后，该管理器将会列出所有可用AVD设备。如果开发者想删除某个AVD设备，只需选择指定的AVD设备，然后单击右边的下拉按钮，在弹出的下拉菜单中选择“Delete”即可。

AVD设备创建成功之后，接下来就可以使用模拟器来运行该AVD设备了。选择需要运行的AVD设备，单击右边的“启动”（绿色三角箭头按钮）按钮即可。

如果启动AVD设备失败，提示“The emulator process for AVD was killed”，可能是HAXM没有安装，需要返回“Appearance & Behavior”→“System Settings”→“Android SDK”→“SDK Tools”，查看“Intel x86 Emulator Accelerator（HAXM installer)”是否是installed状态，如果未安装，执行安装并重启Android Studio再试。

也有可能是AVD的安装目录含有中文或其他非法符号，可以创建一个由普通字符构成的、用于保存AVD的目录，在计算机的环境变量中，新建一个系统变量，名为ANDROID_SDK_HOME，值为刚建立好的AVD目录，再进行尝试。

虚拟手机的操作与Android真机是不同的，在操作虚拟手机时需要花点时间适应一下。开机后进入待机界面，在此界面下方空白处按住鼠标左键不放，向上拖动，即可进入主界面。Android系统默认提供的所有可用的程序，以后开发Android程序都可以在这里找到。用户可以根据自己的喜好设置中文操作界面、中文输入法。但有些计算机运行设置中文界面的模拟器后，启动非常慢，如果遇到这种情况，请还原到英文界面。

### 3. 使用逍遥安卓模拟器作为运行调试环境

Android自带的模拟器与Android Studio结合较好，也很适合新手快速上手，但其主要不足在于启动速度过慢，如果开发机性能一般，等待的时间会比较长。使用第三方国产安卓模拟器逍遥安卓，能很好地解决这种不足，运行调试速度基本可与真机媲美。具体安装步骤如下：

第一步：登录逍遥安卓模拟器官网https：//www.xyaz.cn/，下载安装文件，选择个人版即可。

第二步：双击运行下载文件，打开安装界面，选择模拟器安装目录，单击“快速安装”按钮，显示安装过程。安装结束后，桌面会出现“逍遥安卓”图标，双击该图标打开模拟器，启动完成后，界面切换到模拟器的仿手机主页，如图5-6所示。逍遥安卓模拟器默认横屏显示，若想切换到竖屏显示，单击模拟器主界面右侧一列“…更多”图标，找到旋转，即可进行横竖屏切换，右侧有全屏、按键、安装、多开、音量控制、定位、共享、设置（齿轮图标）等图标。

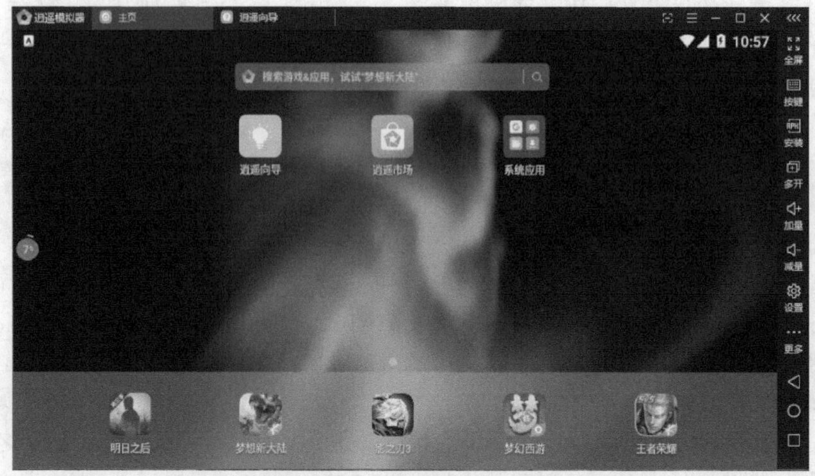


图5-6　逍遥模拟器横屏桌面

单击齿轮图标打开设置窗口，可设置 CPU 个数、内存大小、分辨率、手机品牌、手机型号、IMEI 串号等信息，设置完毕后，单击窗口下方的“确认”按钮，新设置在下次启动模拟器后生效。逍遥安卓模拟器主界面右下角还有一列，自上而下依次表示后退键、桌面键、任务键。

这三种方式都可以构建 Android 应用程序的运行调试环境，如果开发者的计算机性能和网络性能一般、手边正好有 Android 手机，采用真机调试是较好的选择；若没有 Android 手机，采用第三方模拟器调试也是很好地选择；如果计算机性能和网络性能都很好，也可以尝试原生的 AVD 模拟器。有了初步的认识，接下来就以一个最简单的 HelloWorld 应用为例，剖析 Android 项目的构成，为后续开发更复杂的应用奠定基础。

## 5.3　创建并运行第一个 Android 应用

成功安装 Android Studio 和运行调试环境后，就可以在模拟器上使用自带应用程序了。Android 应用程序开发是建立在应用程序框架之上，也就是面向应用程序框架的 API 编程，与常规的 Java 程序开发类似，只是增添了一些 Android API。

### 5.3.1　创建新项目

使用集成开发环境 Android Studio 开发 Android 应用非常便捷，它可以自动地完成许多工作，使开发者更专注于应用本身的业务逻辑设计和用户界面设计。通常开发 Android 应用分为三个步骤：第一步创建一个 Android 项目或 Android 模块；第二步利用 XML 布局文件定义应用程序用户界面；第三步编写 Java 代码实现业务逻辑。

接下来以 HelloWorld 应用为例来介绍，具体步骤如下：

如果第一次打开 Android Studio，直接单击“Create New Project”链接。如果以前创建过项目，可以在菜单栏选择“File”→“New”→“New Project”，弹出项目创建窗口。

项目创建向导会提示选择项目模板，这里可以创建适用于手机平板、Android 手表、Android 电视、车载 Android 设备、Android 物联网设备的应用程序。当然最开始接触最多的还是应用于手机平板的应用程序。初始界面风格采用默认的“Empty Activity”，单击“Next”按钮。

在项目创建向导确认页面，如图 5-7 所示，要输入项目名，下面会自动生成项目的包名，选

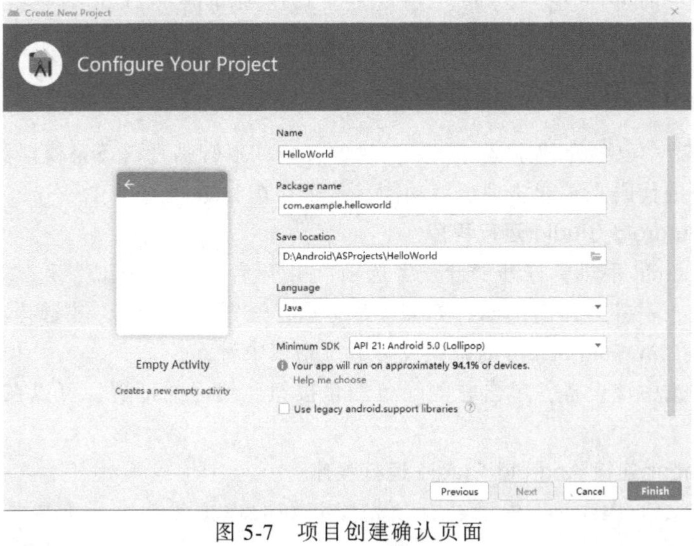

图 5-7　项目创建确认页面

择保存项目的目录，注意这里必须是标准 ASCII 字符，不能包含汉字。开发语言可以选择 Java 或 Kotlin，这里选择 Java 作为开发语言，下面的 Minimum SDK 表示开发的应用程序期望运行在什么 Android 设备上，也就是 APP 运行需要的最低 SDK 版本，下方的说明给出了该版本支持的设备所占市场份额。为使 APP 能在更多设备上运行，可以选择较低版本，这里选择 API 21（Android 5.0）以满足大多数设备运行。单击“Finish”按钮，Android Studio 开始创建项目，因为要利用 Gradle 工具构建并下载一些依赖包，所以需要耐心等待一段时间。

项目创建完毕后，Android Studio 会打开 activity_main. xml 和 MainActivity. java 两个文件，编辑器右侧主区域展示了 MainActivity. java 源码，编辑器左上方以“Project”形式展现项目目录结构，左下方展现代码内部方法结构。

项目布局文件 activity_main. xml 用来呈现与用户交互的外观界面。编辑器中间区域是标准的 XML 格式代码，定义了页面包含的各种控件元素及其排列方式。编辑器右侧区域是设计展示界面，可以直观看到效果。可以很方便地在上方“Code”“Split”“Design”选项卡切换，查看效果。可以单击左侧列“Palette”按钮，以可视化方式将控件拖放到设计区，完成各种布局。

### 5. 3. 2 编译项目/模块

Android Studio 是基于 JetBrains IntelliJ IDEA，为 Android 开发特殊定制的开发环境。在创建项目时需要搞清楚两个概念：Project 和 Module。在 Android Studio 中 Project 是最顶级的结构单元，它是由一个或多个 Module 组成。当项目是单 Module 项目时，这个单独的 Module 实际就是一个 Project；而项目是多 Module 项目时，多个模块处于同一个 Project 之中，模块彼此之间可能具有相互依赖关系。如果多个模块没有依赖关系，也可以作为单独的一个个“小项目”运行。

正常情况下如果代码没有错误，Android Studio 会自动完成编译，开发者直接运行项目即可。也可以手动重新编译，主要有以下三种方式：

第一种：菜单栏 Build 选择“Make Project”，表示编译整个 Project 下的所有 Module，一般用在自上次编译后 Project 下有更新的文件，会进行增量编译，不生成 APK。

第二种：菜单栏 Build 选择“Make Module”，表示编译指定的 Module，一般用在自上次编译后特定 Module 下有更新文件，会进行增量编译，不生成 APK。

第三种：菜单栏 Build 选择“Clean Project”，然后再 Build 选择“Rebuild Project”，先执行清理操作，删除之前编译的编译文件和可执行文件，然后重新编译形成新的编译文件，不生成 APK。

### 5. 3. 3 在真机和模拟器上运行程序

前面 5. 2. 4 小节中已经介绍了运行调试环境的安装，不管是真机还是模拟器，主要作用就是来检验开发者编写的代码是否能实现预期功能，是否存在 bug。

#### 1. 真机连接 Android Studio 运行程序

如前所述，Android 手机要打开“开发者选项”并开启“USB 调试”和“USB 安装”，用数据线连接计算机后，手机会弹出提示，如图 5-8 所示，选择“确定”，并选择“传输文件”，就可以如图 5-9 所示在 Android Studio 的调试设备下拉列表中看到。

在下拉列表中选中该设备，单击右侧绿色三角按钮，编译并部署，可以在手机看到 APP 被安装并运行。

#### 2. AVD Manager 连接 Android Studio 运行程序

如前所述，在 AVD Manager 中已经有预先安装好的虚拟手机，只需要选择其中一个，如

允许 USB 调试吗?

这台计算机的 RSA 密钥指纹如下:
AC:E9:8F:03:9E:FB:E4:08:43:CC:DD:A
6:46:95:15:CA

一律允许使用这台计算机进行调试

取消　确定

图 5-8　手机连接计算机提示

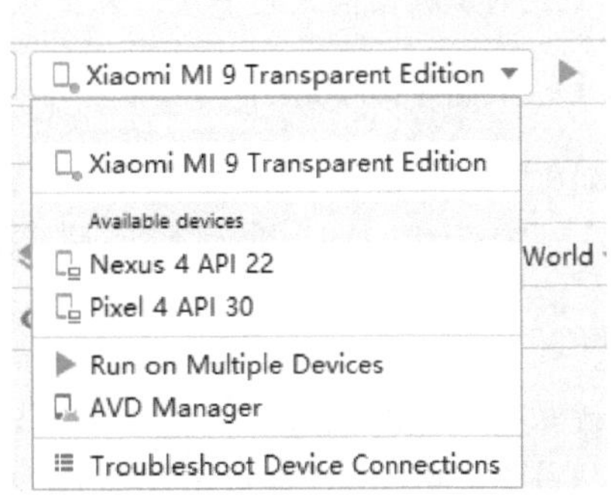


图 5-9　真机连接 AS 成功

“Nexus 4 API 22”，然后单击右侧的绿色三角按钮，编译并部署，就可以在虚拟手机上看到同样运行成功的情况。

**3. 逍遥安卓模拟器连接 Android Studio 运行程序**

逍遥安卓模拟器作为第三方模拟器，也可以非常方便地用于运行调试。先打开 Android Studio 的项目，再启动逍遥安卓模拟器，正常情况下模拟器会自动连接，如图 5-10 所示，此时显示为华为手机。单击右侧的绿色三角按钮，编译并部署，就可以看到跟先前一样运行成功的情况，如图 5-11 所示。

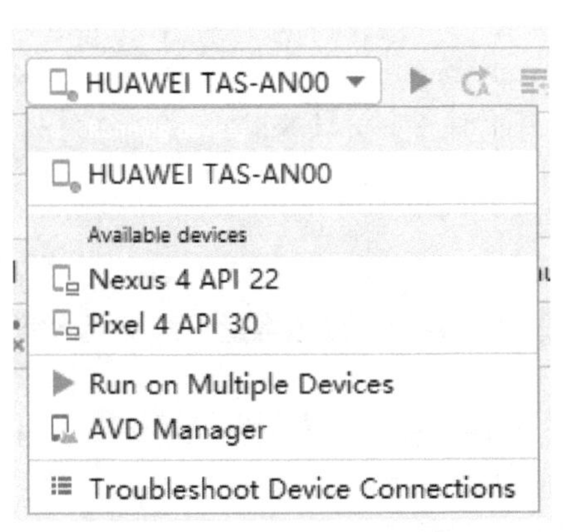


图 5-10　模拟器连接 AS 成功

图 5-11　APP 正常运行

如果出现逍遥安卓模拟器连接不上 Android Studio 的情况，可以打开命令行，进入到逍遥模拟器安装目录下，执行命令 adb. exe connect 127. 0. 0. 1 21503 即可。

## 5. 4　Android 项目的工程结构

使用 Android Studio 开发 Android 应用简单快捷，开发者主要关注两件事：使用 activity_main. xml 文件定义用户界面；编写 Java 代码实现业务逻辑。接下来研究一下项目的工程结构，每个 APP 的工程结构大同小异，只要掌握基本结构，后续开发会更有效率。

### 5.4.1 工程目录说明

如前所述，通过 Android Studio 构建的项目，分为两个层次：顶层是通过菜单 “File”→“New”→“New Project” 创建新项目，指定了新的工作空间（或目录）；第二层是通过菜单 “File”→“New”→“New Module” 创建新模块，这里的新模块指独立的 APP 工程，项目的全部内容都在该目录下，如图 5-12 所示。项目结构方式的呈现可以通过左上角进行切换，常用的有 “Android”、“Project”、“Package” 等，因为 “Android” 视图呈现的项目结构更简洁，这里以此为例进行说明。

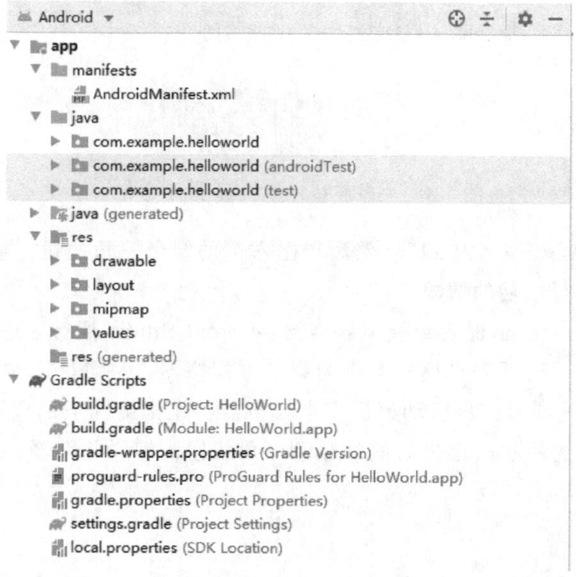


图 5-12　HelloWorld 项目结构图

从结构图可以看出，工程包括两个目录：一个是 app，另一个是 Gradle Scripts。在 app 下包含 4 个子目录，功能介绍如下：

1）manifests 子目录，其下只有一个 AndroidManifest. xml 清单文件，是本应用必须的全局配置文件。

2）java 子目录，下面有 3 个 com. example. helloworld 包，第一个包存放 APP 的 java 源码，后面两个是存放结构测试和单元测试的 java 代码。

3）java 子目录，存放代码构建配置文件。

4）res 子目录，存放本 APP 所使用的资源文件，其下有 4 个子目录：

◆ drawable 目录存放图形描述文件和用户图片。

◆ layout 目录存放 APP 页面布局文件。

◆ mipmap 目录存放 APP 启动图标。

◆ values 目录一些常量定义文件，如字符串常量、像素常量、颜色常量、样式风格等。

Gradle Scripts 下是工程编译配置文件，主要有以下几个：

1）build. gradle 文件，这里有项目级和模块级两个文件，用于描述 APP 工程编译规则。

2）gradle-wrapper. properties 文件，用于指定使用的 Gradle 版本号。

3）proguard-rules. pro 文件，用于描述 java 文件代码混淆规则。

4）gradle. properties 文件，用于配置编译工程的命令行参数。

5）settings. gradle 文件，用于指定哪些模块进行编译。初始只有一个模块，后续项目中有多个模块要一起编译时，在此添加。

6）local. properties 文件，在工程编译时自动生成，用于描述开发者本机的环境配置，如 SDK、NDK 路径等，一般不用改动。

### 5.4.2 编译配置文件 build. gradle

编译配置文件 build. gradle 有两个，分别对应项目级和模块级，项目级一般无需改动，开发者可以查看模块级 build. gradle，了解在模块编译时默认配置、构建类型、库依赖等信息。为便于阅读，下面的文件增加了适当注释。

```
plugins {
    id 'com.android.application'
}


android {
    //指定编译用 SDK 版本号  30 表示使用 Android 11 编译
    compileSdkVersion 30
    //指定编译工具版本号  头两位数字必须与 compileSdkVersion 一致,具体版本号可在 SDK 安装目
录的"sdk\build-tools"找到
    buildToolsVersion "30.0.3"

    defaultConfig {
        //指定 APP 包名,系统自动生成,无需修改
        applicationId "com.example.helloworld"
        //指定 APP 运行的最小 SDK 版本号,21 表示至少在 Android 5.0 以上运行
        minSdkVersion 21
        //指定目标设备的 SDK 版本号,表示希望在 Android 11 上运行
        targetSdkVersion 30
        //指定 APP 的应用版本号
        versionCode 1
        //指定 APP 的应用版本名称
        versionName "1.0"
        //指定 AndroidJUnitRunner 为 Gradle 默认测试环境
        testInstrumentationRunner
"androidx.test.runner.AndroidJUnitRunner"
    }
  buildTypes {
        release {
            //指定是否开启代码混淆功能,true 表示开启混淆,false 表示无需混淆
            minifyEnabled false
            //指定代码混淆规则文件的文件名
             proguardFiles getDefaultProguardFile('proguard-android-optimize.txt'),'
proguard-rules.pro'
        }
    }
    compileOptions {
        sourceCompatibility JavaVersion.VERSION_1_8
        targetCompatibility JavaVersion.VERSION_1_8
    }
}
//指定 APP 编译的依赖信息
```

```
dependencies {
    //AndroidX 作为 Android 9 发布后新的支持库,提供同等功能,完全取代 android.support.v7
    //或 android.support.v4,与各 Android 版本向后兼容
    implementation 'androidx.appcompat:appcompat:1.2.0'
    implementation 'com.google.android.material:material:1.3.0'
    implementation 'androidx.constraintlayout:constraintlayout:2.0.4'
    //指定单元测试编译使用的 junit 版本号
    testImplementation 'junit:junit:4.+
    androidTestImplementation 'androidx.test.ext:junit:1.1.2'
    androidTestImplementation 'androidx.test.espresso:espresso-core:3.3.0'
}
```

### 5.4.3 App 运行配置 AndroidManifest.xml

AndroidManifest.xml 清单文件是每个 Android 项目必需的，它说明了该应用的名称、使用图标、包含组件等情况，也可以声明调用 Android 系统功能的权限。下面是一份简单的清单文件。

```
<? xml version="1.0" encoding="utf-8"? >
<! -- 指定该 Android 应用的包名,该包名可唯一地标识该应用 -->
<manifest xmlns:android="http://schemas.android.com/apk/res/android"
    package="com.example.helloworld">
    <! -- 指定 Android 应用图标、标签、圆图标、主题等 -->
    <application
        android:allowBackup="true"
        android:icon="@ mipmap/ic_launcher"
        android:label="@ string/app_name"
        android:roundIcon="@ mipmap/ic_launcher_round"
        android:supportsRtl="true"
        android:theme="@ style/Theme.HelloWorld">
        <! -- 定义 Activity 组件,该 Activity 的类是 MainActivity-->
        <activity android:name=".MainActivity">
            <intent-filter>
                <! --指定该 Activity 是程序入口 -->
                <action android:name="android.intent.action.MAIN" />
                <! --指定加载应用时运行该 Activity -->
                <category
android:name="android.intent.category.LAUNCHER" />
            </intent-filter>
        </activity>
    </application>

</manifest>
```

节点 application 用于指定本应用程序的自身属性，具体如下：

◆ android：allowBackup：用于指定是否允许备份，开发时设为 true，发布后设为 false。

◆ android:icon：用于指定应用程序在屏幕上显示的图标。

◆ android:label：用于指定应用程序在屏幕上显示的名称。

◆ android:roundIcon：用于指定应用程序在屏幕上显示的圆图标。

◆ android:supportsRtl：设置为 true 表示支持阿拉伯语等从右向左文字排列顺序。

◆ android:theme：用于指定该应用程序的显示主题。

应用程序有几个要显示的页面，在节点 application 下就建立几个对应的 activity 节点。同样的，服务节点 service、广播接收器 BroadcastReceiver、内容提供器 ContentProvider 等都可以在节点 application 下创建。

### 5.4.4 在代码中操纵控件

在 Android Studio 创建的第一个 HelloWorld 项目中，最为重要的是布局文件 activity_main. xml 和代码文件 MainActivity. java。下面先看布局文件 activity_main. xml 的内容。

```
<?xml version="1.0" encoding="utf-8"?>
<androidx.constraintlayout.widget.ConstraintLayout xmlns:android="http://schemas.android.com/apk/res/android"
    xmlns:app="http://schemas.android.com/apk/res-auto"
    xmlns:tools="http://schemas.android.com/tools"
    android:layout_width="match_parent"
    android:layout_height="match_parent"
    tools:context=".MainActivity">

<TextView
        android:layout_width="wrap_content"
        android:layout_height="wrap_content"
        android:text="Hello World!"
        app:layout_constraintBottom_toBottomOf="parent"
        app:layout_constraintLeft_toLeftOf="parent"
        app:layout_constraintRight_toRightOf="parent"
        app:layout_constraintTop_toTopOf="parent" />

</androidx.constraintlayout.widget.ConstraintLayout>
```

可以看到文件中有两个节点，分别是 ConstraintLayout 和 TextView。节点 TextView 定义了文本框的宽度和高度，其后的 android:text 属性的值"Hello World!"就是先前运行看到的文字。这里简单修改文字内容，保存代码再次运行后，就可以看到修改后的内容，如图 5-13 所示。

接下来看看代码文件 MainActivity. java 做了哪些操作。代码如下：

```
package com.example.helloworld;

import androidx.appcompat.app.AppCompatActivity;

import android.graphics.Color;
import android.os.Bundle;
```

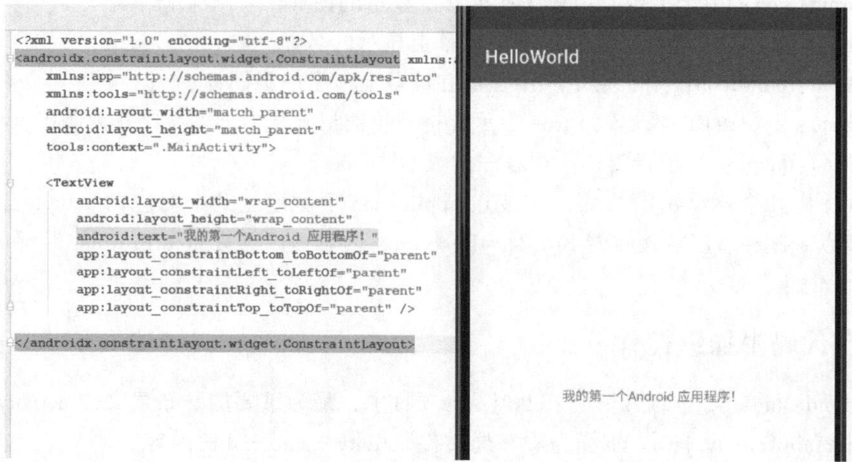


图 5-13　修改文本内容

```
import android.widget.TextView;

public class MainActivity extends AppCompatActivity {

    @ Override
    protected void onCreate(Bundle savedInstanceState) {
        super.onCreate(savedInstanceState);
        setContentView(R.layout.activity_main);


    }
}
```

可以看到 MainActivity.java 代码非常简洁，只有一个 MainActivity 类，该类下面有一个 onCreate 函数，该函数创建了一个实例，并引用了 activity_main，向 APP 界面填充该布局内容。现在可以在布局编辑器里以可视化方式修改代码。可以拖动中间的一个 “TextView” 控件放入右侧设计视图。同时，左侧的代码区域也添加了对应的文本框控件代码，并分配了默认的控件 ID，文本框的大小及具体放置位置均可以按设计拖动，代码也随之自动改变。如图 5-14 所示。

此时查看文本控件的 ID 是 “textView3”，回到 MainActivity.java，在 setContentView 方法下添加如下几行代码：

```
package com.example.helloworld;

import androidx.appcompat.app.AppCompatActivity;

import android.graphics.Color;
import android.os.Bundle;
import android.widget.TextView;

public class MainActivity extends AppCompatActivity {
```

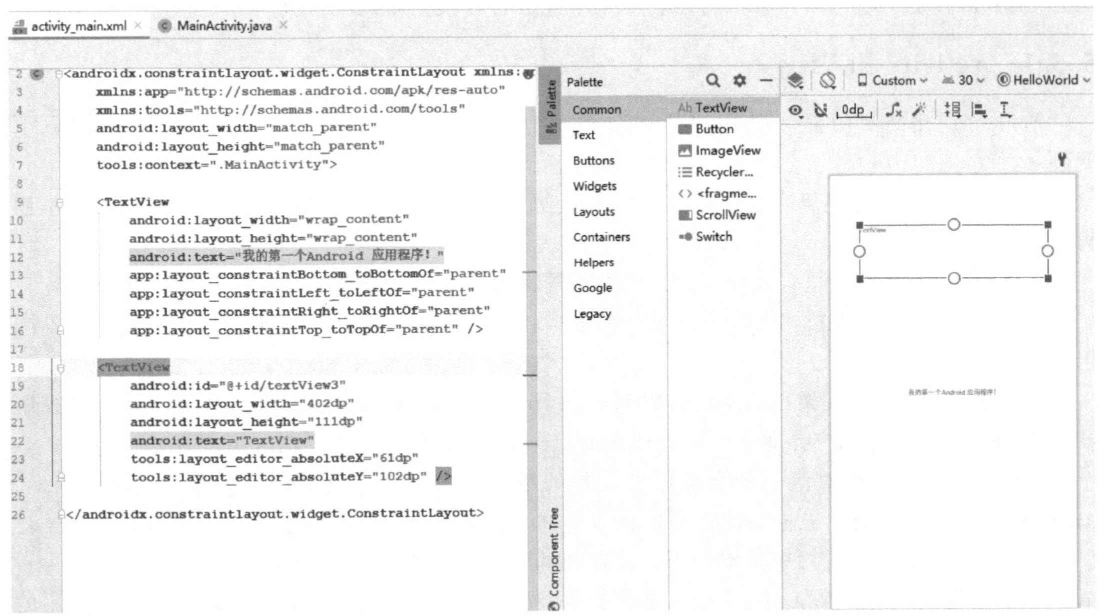


图 5-14　修改 activity_main. xml 布局文件

```
@ Override
protected void onCreate(Bundle savedInstanceState) {
    super.onCreate(savedInstanceState);
    //指明当前页面使用 res/layout/activity_main.xml 布局文件
    setContentView(R.layout.activity_main);
    //获取名为 textView3 的 TextView 文本控件
    TextView textView3 =findViewById(R.id.textView3);
    //设置 TextView 控件中的文字内容
    textView3.setText("朝梦想的方向,做最好的自己");
    //设置 TextView 控件文字颜色
    textView3.setTextColor(Color.RED);
    //设置 TextView 控件文字大小
    textView3.setTextSize(30);

  }
}
```

保存文件后再次运行，可以看到新建了文本框，里面的文字也按预先设定的颜色和字号显示出来。

## 5.5　Android 基本组件

Android 应用的作用是通过用户界面在系统与用户之间进行信息交换。Android 应用通常由一个或多个基本组件构成，最为常见的组件是 Activity。事实上 Android 应用还可能包括 Service、

BroadcastReceiver、ContentProvider 等组件。本节先进行初步介绍。

### 5.5.1 Activity 和 View

Android 应用的“门面”是用户界面（User Interface）。在设计用户界面时需要面对以下问题：

1）UI 设计与程序逻辑完全分离。这样不仅便于软件并行开发，也利于后期 UI 修改时不用再更改其逻辑代码。

2）在较小屏幕空间里，设计符合人机交互逻辑的 UI，避免出现稀疏或拥挤的情况。

3）根据不同型号手机的尺寸、分辨率和纵横比，自动调节控件位置及大小，避免屏幕不同引起的显示错误。

Android 的 UI 设计框架，采用经典的 MVC（Model View Controler）模型处理用户输入的控制器（Controler），显示用户界面和图像的视图（View），保存代码和数据的模型（Model）。

任何一个外部动作对应一个系统可以处理的事件，当有动作发生，产生事件，进入队列，Android UI 设计框架按“先进先出”原则获取事件，并将事件分配给对应的事件处理函数。

Activity 是 Android 应用中负责与用户实现交互的组件，所有的 Activity 都是从 Android 的 Activity 基类继承而来，一个 Android 应用通常由多个 Activity 构成，其中的某个 Activity 是该应用的“主 Activity”，也就是这个应用启动后的第一个界面。随后的各个 Activity 可以触发其他 Activity 以转向其他功能。每当一个新的 Activity 启动后，原先的 Activity 将处于停止状态，Android 系统会将其压入一个 Activity 栈结构，该结构采用“后进先出”机制，当前的 Activity 完成功能后，用户单击“返回”键，则当前 Activity 从栈中退出并销毁，之前的 Activity 变为当前 Activity，恢复活动状态。

### 5.5.2 Service

Service 是 Android 的另一单独组件，与 Activity 不同之处在于 Service 没有用户界面，通常在后台运行，具有较长的生命周期。

Service 组件也继承自 Android 的 Service 基类。一旦 Service 组件运行后，它将拥有自己独立的生命周期。Service 组件一般用于为其他组件提供后台服务或监控其他组件的运行状态。

例如，车载导航应用程序正常情况下会根据车辆行驶的状况，实时接收导航卫星的信息，以此确定车辆的具体位置，并语音实时播报行车提示。而此时，如果正好有电话呼叫进入，则导航程序进入后台运行，语音播报暂停，但它并没有退出程序，当通话结束后继续为驾驶员进行导航。这就是用 Service 保证用户界面后台运行时依然能接收消息。

### 5.5.3 BroadcastReceiver

BroadcastReceiver 是用来接收并响应广播消息的组件，相当于 Android 系统的一个全局事件监听器，来自 Android 应用中其他组件的事件是其监听对象。与 Service 一样，该组件也没有界面，它可以通过启动 Activity 或 Notification 通知用户接收消息（Notification 可以通过多种方式提醒用户，包括闪烁呼吸灯、发出声音、发出振动，或在状态栏放置一个图标等）。

广播消息既可以来自于系统，比如电池电量不足、未接来电、收到短信，也可以来自于应用程序。例如，当新闻类应用有最新的新闻消息到来等待用户查看时，可以使用 BroadcastReceiver 来完成。

一个应用程序可以设置多个广播接收者，所有的广播接收者都要继承自 android. content. BroadcastReceiver 类来实现。开发者实现了该类后，可以使用 Content. registReceiver( )方法进行注册，或者在 AndroidManifest. xml 文件中使用<receiver. . . />元素来注册。

### 5. 5. 4　ContentProvider

对众多的 Android 应用而言，它们各自独立运行。但通常情况下，这些应用之间可能需要进行实时数据交换。例如，一款旅行交通应用程序需要从手机上读取所有日历活动，以便为用户提供贴心的出行提醒，这就需要在多个应用程序之间进行数据交换。ContentProvider 是 Android 系统提供的一种标准化数据共享机制，应用程序可以通过它访问其他应用程序的私有数据，这些数据可能是文件系统的文件，亦或是 SQLlite 中的数据库。

ContentProvider 提供一套完整的读取和存储数据统一接口，使得其他程序能够保存和读取 ContentProvider 提供的各种数据。由于其实现了数据的封装，外界无需知道数据存储细节，只需要通过标准接口进行增删改查操作，就可以在程序间实现数据共享。

通常情况下，ContentProvider 与 ContentResolver 配合使用，一个程序使用 ContentProvider 暴露其数据，另一个程序通过 ContentResolver 访问该数据。

### 5. 5. 5　Intent 和 IntentFilter

Intent 并不是 Android 应用的组件，它是一个将要执行的动作的抽象描述，一般是作为参数来使用。当 Android 运行需要连接不同组件时，通常需要借助 Intent 来实现。例如，调用 startActivity( )来启动一个 activity，或者由 broadcastIntent( )来传递给所有感兴趣的 BroadcastReceiver，再或者由 startService( )/bindService( )来启动一个后台的 service。

以上面的介绍可以看出，Activity、Service、BroadcastReceiver 三种组件之间的通信都以 intent 为纽带，只是不同组件使用 Intent 的机制有所不同。

Intent 封装了当前组件需要启动或触发目标组件的信息，可以分为显式 Intent 和隐式 Intent。显式 Intent 明确指定了要启动或触发的组件的类名，系统可以直接找到目标组件，启动或触发它；而隐式 Intent 仅指定启动或触发组件需要满足什么条件。Android 系统利用 IntentFilter 对隐式 Intent 进行解析，判断其条件，再到系统中寻找匹配的目标组件。如果找到符合条件的组件，则启动或触发它。

## 习　　题

1. 列举搭建 Android 开发环境需要的软件。
2. Android 操作系统体系架构包括哪几个层次？各层有何特点？
3. Android 应用的目录结构包含哪些目录？各目录有何作用？
4. 简述 AndroidManifest. xml 及 R. java 文件的作用。
5. 常用 Android 系统权限有哪些？如何进行调用？
6. 简述模拟器对 Android 应用程序开发的作用。
7. 简述创建一个 AVD 设备的过程。
8. 举例说明使用 ADB 管理软件的方法。

# 第6章 Android应用界面设计

Android应用开发的一项重要内容就是用户界面的开发，友好的图形用户界面（Graphics User Interface，GUI）能吸引更多的用户。Android提供了丰富的图形开发组件和页面传递机制用于设计出优秀的图形界面。本章主要介绍Android用户界面设计的基础知识，包括Activity生命周期的基本概念，Activity跳转和消息传递的原理以及布局管理器和UI组件的使用方法。

## 6.1 Activity

### 6.1.1 Activity的生命周期

如前面章节所述，一个Activity对应着一个Android应用程序窗口。Android应用程序窗口的创建、运行，停止与销毁则是通过Activity生命周期进行严格管理的。在整个生命周期中，Activity分为以下四种状态。

1）Active/Running态：运行状态，即可见状态。Activity在该状态下说明其对应的窗口拥有输入焦点，且正在执行与用户的交互，除非系统内存已经到了无法维持自身运行的地步，否则不会终止该Activity。

2）Paused态：处于Paused态时，Activity所对应的窗口会失去焦点，但仍可见。需要说明的是，该状态下的Activity只是失去了与用户交互的能力，而它所有的状态信息及成员变量还存在。

3）Stopped态：当一个窗口被另一个窗口完全覆盖时，被覆盖窗口对应的Activity就会进入Stopped态。跟Paused状态一样，被覆盖窗口对应的Activity此时仍保持着所有的状态信息及成员变量。

4）Killed态：当Activity被系统回收掉时，Activity就处于Killed状态。

在整个生命周期里，Activity会在以上四种形态之间进行切换，这种切换的发生依赖于用户程序的动作。图6-1所示为Activity在生命周期中形态切换的时机和条件，具体过程如下：

1）启动Activity后，系统会依次调用onCreate()方法、onStart()方法以及onResume()方法，之后Activity进入运行状态。其中onCreate()方法是生命周期中第一个被调用的方法。在创建Activity时一般都需要重写该方法，然后在该方法中做一些初始化的操作。例如，在该方法中调用setContentView()方法设置界面布局的资源，初始化所需要的组件信息等。onStart()方法表示启动，是Activity生命周期中第二个被调用的方法，在界面即将对用户可见前被调用，此时用户还不能与界面进行交互。onResume()方法表示继续、重新开始，执行该方法后，Activity对于用

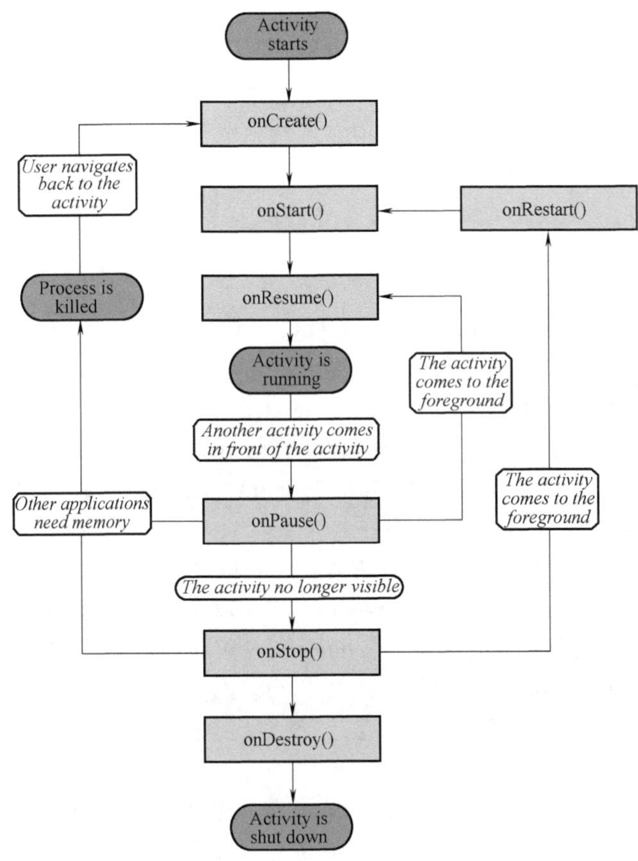


图 6-1　Activity 的生命周期

户来说已可见并且能与之交互。此外，当 Activity 由被覆盖状态回到前台时，系统也会调用 onResume( )方法，当前 Activity 会转入到前台，位于 Activity 栈的栈顶，再次进入运行状态。

2）当 Activity 要跳到另一个 Activity 或应用正常退出时都会调用 onPause( )方法。onPause( )方法表示暂停，执行该方法后 Activity 仍在前台可见。通常在 onPause( )方法中会释放一些资源和保存一些轻量级的存储数据，但不能太耗时，因为在跳转 Activity 时只有当一个 Activity 执行完了 onPause( )方法后另一个 Activity 才会启动，而且 Android 中指定如果 onPause( )方法在 500ms 即 0.5s 内没有执行完毕的话就会强制关闭 Activity。执行完 onPause( )方法后会调用 onStop( )方法，进入停滞状态。此时 Activity 已不可见，但是 Activity 对象还在内存中，没有被销毁。这个阶段的主要工作也是做一些资源的回收工作。

3）用户后退回到之前的 Activity，系统会在执行 onPause( )方法后调用 onRestart( )方法，然后调用 onStart( )方法，最后调用 onResume( )方法，再次进入运行状态。

4）当 Activity 处于被覆盖状态或者后台不可见状态，即处于第 2 步和第 4 步的状态时，系统内存如果发生了不足，会杀死当前的进程而后退回到当前的 Activity 再次调用 onCreate( )方法、onStart( )方法、onResume( )方法，进入运行状态。

5）用户要退出当前的 Activity 则系统会先调用 onPause( )方法，然后调用 onStop( )方法，最后调用 onDestory( )方法，结束当前的 Activity。onDestory( )方法是结束时调用的最后一个方法，在这里一般会进行资源的释放，内存的清理。

在上述几种情形中，onCreate( )方法只在 Activity 创建时调用一次，而 onStop( )方法在 Activity

切换、返回桌面以及再回到应用程序的过程中都会被调用。调用 onStart( )方法时 Activity 还不能与用户进行交互，主要用于初始化操作。调用 onResume( )方法时 Activity 在屏幕上可见，可以与用户进行交互。调用 onPause( )方法和 onStop( )方法时，Activity 对象依然存在于内存中，通过 Activity 切换等动作，Activity 可再次与用户进行交互，两者的区别在于 onPause( )方法执行时 Activity 部分或全部可见，onStop( )方法执行时 Activity 全部不可见。

## 6.1.2 Intent 简介

### 1. Intent 传递消息的机制

如前面章节所述，Intent 是组件之间交互的桥梁。Activity、Service 和 BroadcastReceiver 三种组件进行消息传递时都要使用 Intent。Intent 封装了一个程序想要启动另一个程序的意图，三种组件使用 Intent 发送的机制有所不同：

1）Activity 组件：通过传递一个 Intent 对象至 startActivity( )或 startActivityForResult( )方法来启动一个 Activity 组件。这两个方法的区别在于 startActivityForResult( )方法能回调，并从子 activity 中得到返回结果。

2）Service 组件：通过传递一个 Intent 对象至 startService( )方法来启动一个 Service，传递一个 Intent 对象至 bindService( )方法来绑定一个 Service，以获取一个正在运行的目标服务的连接。

3）BroadcastReceiver 组件：通过传递一个 Intent 对象至 sendBroadcast( )，sendOrderedBroadcast( )或 sendStickyBroadcast( )方法来启动并发送一个广播。而所有对此广播感兴趣的接收者通过调用 onReceive( )方法获取 Intent 对象传递的消息。

### 2. Intent 的组成

一个 Intent 对象就是一个信息包，它由 Component（组件）、Action（动作）、Data（数据）、Category（类别）、Extra（扩展信息）、Flag（标志位）六部分组成。每个部分的具体作用如下：

1）Component：用于指定 Intent 目标组件的类名，是一个可选项。指定了 Component 值，Intent 就会明确要启动哪一个组件，这种 Intent 也被称为显式的 Intent。若没有指定 Component 值，Android 系统会根据 Intent Filter 的过滤条件选择符合条件的组件进行启动，这种 Intent 也被称为隐式的 Intent。

2）Action：用于指定 Intent 的执行动作。实际上，Action 就是一个描述 Intent 所触发动作名称的字符串。表 6-1 列举了几个较常使用的 Action 常量及其对应的字符串。

表 6-1 Action 常量及对应的字符串

| 字符串名称 | 目标组件 | 作用 |
|---|---|---|
| ACTION_CALL | Activity | 初始化一个电话呼叫 |
| ACTION_EDIT | Activity | 显示用户要编辑的数据 |
| ACTION_VIEW | Activity | 打开能够显示 Data 中封装的数据的应用程序 |
| ACTION_MAIN | Activity | 将该 Activity 作为程序的入口,不接收任何数据也不返回任何数据 |
| ACTION_SYNC | Activity | 在设备上同步服务器上的数据 |
| ACTION_HEDSET_PLUG | BroadcastReceiver | 耳机插入设备,或者从设备中拔出 |
| ACTION_SCREEN_ON | BroadcastReceiver | 屏幕已经点亮 |
| ACTION_TIMEZONE_CHANGED | BroadcastReceiver | 时区设置改变 |

3）Data：用于保存 Intent 中的数据，由 URI 和类型（MIME）组成。统一资源标识符（Uniform Resource Identifier，URI）是一个用于标识某一资源名称的字符串。格式为“协议：//主机名：端口号/路径”，例如，用于打电话的 Intent 数据会封装为“tel：//”格式的 URI，而浏览网页中的 Intent 数据会封装为“. http：//”格式的 URI。MIME 是数据的类型，如 video/mp4、video/avi 等。

4）Category：用于 Activity 类别的说明，也是一个字符串。Android 系统预定义了很多 Category 常量用于 Intent 类别的描述，见表 6-2。

**表 6-2　Category 常量及对应的字符串**

| 字符串名称 | 作用 |
| --- | --- |
| CATEGORY_GADGET | 设置目标 Activity 是可以嵌入的 |
| CATEGORY_HOME | 设置目标 Activity 为 Home Activity |
| CATEGORY_LAUNCHER | 设置目标 Activity 为在当前应用程序启动器最先被执行的 Activity |
| CATEGORY_ BROWSABLE | 设置目标 Activity 使用浏览器启动，即只能用来浏览网页 |

5）Extra：用于完成组件之间的数据传递。Intent 通过 putXX( )方法设置数据，被调用的组件通过 getXX( )方法读取 Extra 的数据。对于大数据量的传递可以通过创建 Bundle 对象，再通过 putExtras( )和 getExtras( )方法发送和读取 Extra 信息。

6）Flag：用于指示 Android 系统如何启动一个活动或启动之后如何对待这个活动的标识符，可通过调用 setFlags( )进行设置。

### 6.1.3　Activity 的页面跳转与数据传递

如前所述，一个 Android 应用程序往往包含多个 Activity，Activity 间的数据传递是通过 Intent 进行的，数据的封装和读取方式有两种：Intent 和 Bundle。将数据封装在 Bundle 中进行传输要比封装在 Intent 中进行传输操作起来更灵活、更方便。因此，在传递数据量较大时应选用 Bundle 方式进行。下面介绍使用 Intent 和 Bundle 两种封装和读取数据的方法：

（1）Intent 方式

直接调用 putExtra( )方法进行数据的封装。如下为在 Intent 中封装数据“feng88724”的代码示例：

```
Intent intent = new Intent();
intent.setClass(MainActivity.this, SecondActivity.class);
/* 将字符封装在 Intent 中* /
intent.putExtra("Name", "feng88724");
startActivity(intent);
```

读取数据时可直接调用 getStringExtra( )、getIntExtra( )等方法进行，如下为从 Intent 中读取数据的代码示例：

```
Intent intent = getIntent();
/* 字符型使用 getStringExtra()方法获取数据* /
String nameString = intent.getStringExtra("name");
```

（2）Bundle 方式

使用 Bundle 发送数据时，先将数据封装到 Bundle 中，再借助 Intent 的 putExtras( )方法发送 bundle 对象完成数据的发送，代码实例如下：

```
Intent intent = new Intent(MainActivity.this, SecondActivity.class);
/* 通过 bundle 对象存储需要传递的数据 * /
Bundle bundle = new Bundle();
/* 字符、字符串、布尔、字节数组、浮点数等等,都可以传* /
bundle.putString("Name", "feng88724");
bundle.putBoolean("Ismale", true);
/* 把 bundle 对象 assign 给 Intent* /
intent.putExtras(bundle);
startActivity(intent);
```

从 Bundle 获取数据时，先借助 Intent 的 getExtras( )方法获取一个 bundle 对象，再从 bundle 对象中读取具体的数据，代码示例如下：

```
/* 获取 Intent 中的 bundle 对象* /
     Bundle bundle = this.getIntent().getExtras();
/* 获取 Bundle 中的数据,注意类型和 key* /
     String name = bundle.getString("Name");
     boolean ismale = bundle.getBoolean("Ismale");
```

以下为采用 Intent 方式实现的 Activity 页面跳转与数据传递实例。点击第一个页面中的“第一种无返回”按钮可实现无返回值的 Activity 页面跳转；点击第一个页面中的“第二有返回”按钮，会跳转至第二个 Activity 页面。再点击第二个页面中的按钮会返回至第一个页面，并显示第二个 Activity 文件中定义的字符串" hdbvcjhdjvnd"。程序清单如下。

1）在第一个页面的布局文件 activity_main. xml 中定义了两个按钮和一个文本框：

```
<? xml version="1.0" encoding="utf-8"? >
<LinearLayout
   xmlns:android="http://schemas.android.com/apk/res/android"
   xmlns:tools="http://schemas.android.com/tools"
   android:id="@ +id/activity_main"
   android:orientation="vertical"
   android:layout_width="match_parent"
   android:layout_height="match_parent"
   tools:context="com.example.prace3.MainActivity">
<! --添加第一个按钮-->
<Button
   android:id="@ +id/btn1"    //设置按钮的 id
   android:text="第一种无返回" //设置按钮的显示文字
   android:layout_width="match_parent"
   android:layout_height="wrap_content" />
<! --添加第二个按钮-->
<Button
   android:id="@ +id/btn2"    //设置按钮的 id
   android:text="第二种有返回"  //设置按钮的显示文字
```

```
    android:layout_width="match_parent"
    android:layout_height="wrap_content" />
<! --添加文本框-->
<TextView
    android:id="@ +id/text"
    android:text="把第二页面返回数据展示"  //设置文本框初始化显示的文字
    android:layout_width="wrap_content"
    android:layout_height="wrap_content" />
</LinearLayout>
```

2）在第二个页面的 XML 布局文件 activity_second. xml 中定义了一个按钮：

```
<? xml version="1.0" encoding="utf-8"? >
<LinearLayout
    xmlns:android="http://schemas.android.com/apk/res/android"
    android:layout_width="match_parent"
    android:layout_height="match_parent">
<! --添加按钮-->
<Button
    android:id="@ +id/btn"
    android:text="第二页的按钮"
    android:layout_width="match_parent"
    android:layout_height="wrap_content" />
</LinearLayout>
```

3）修改 AndroidManifest. xml 配置文件，注册两个页面：

```
<? xml version="1.0" encoding="utf-8"? >
<manifest
xmlns:android="http://schemas.android.com/apk/res/android"
package="com.example.prace3">
    <application
      android:allowBackup="true"
      android:icon="@ mipmap/ic_launcher"
      android:label="@ string/app_name"
      android:supportsRtl="true"
      android:theme="@ style/AppTheme">
<! --添加第一个页面的启动 -->
    <activity android:name=".MainActivity">
      <intent-filter>
        <action android:name="android.intent.action.MAIN" />
      <category android:name="android.intent.category.LAUNCHER" />
    </intent-filter>
  </activity>
<! -- 添加第二个页面的启动 -->
  <activity
```

```
      android:name=".SecondActivity"
      android:label="@string/app_name"
      android:theme="@style/AppTheme">
    </activity>
  </application>
</manifest>
```

4）编写第一个页面的 java 文件 MainActivity.java，在 onCreate( )函数中初始化控件，添加第一个按钮 btn1 的监听事件。在 btn1 的监听事件中实例化一个 Intent 对象，设置要跳转的目标 Activity 为 SecondActivity，再通过 startActivity( )方法启动 SecondActivity；添加第二个按钮 btn2 的监听事件，在 btn2 监听事件中设置跳转以及有返回值的 Intent 传输。

与 btn1 不同，btn2 的监听事件中需要使用 StartActivityForResult（Intent intent，int requestCode）方法启动目标 Activity，并将获得结果显示在文本框 tv 中。为了接收并处理目标 SecondActivity 返回的结果，MainActivity 还需要重写结果处理函数 onActivityResult（int requestCode，int resultCode，Intent data）。requestCode 参数用来标识不同的请求事件，对于同一个请求事件，StartActivityForResult( )和 onActivityResult( )方法中的 requestCode 参数值相同。resultCode 参数用来区分不同的返回结果（正常请求、异常请求），onActivityResult( )方法中的 resultCode 参数值要与目标 SecondActivity 的 setResult( )函数的 resultCode 参数值相同。MainActivity.java 的核心代码如下：

```
import android.app.Activity;
import android.content.Intent;
import android.os.Bundle;
import android.view.View;
import android.widget.Button;
import android.widget.TextView;
public class MainActivity extends Activity {
      private Button btn1;  //声明第一个按钮
      private Button btn2;  //声明第二个按钮
      private TextView tv;  //声明文本框
  @Override
    protected void onCreate(Bundle savedInstanceState){
      super.onCreate(savedInstanceState);
      setContentView(R.layout.activity_main);          //初始化控件
      btn1 = findViewById(R.id.btn1);  //根据 id 获取第一个按钮
      btn2 = findViewById(R.id.btn2);  //根据 id 获取第二个按钮
      tv = findViewById(R.id.text);     //根据 id 获取文本框
      btn1.setOnClickListener(new View.OnClickListener() {
        //为按钮 btn1 增加监听事件
  @Override
    public void onClick(View v) {
    //设置 Intent 将要启动的 Activity //
Intent intent = new
  Intent(MainActivity.this,SecondActivity.class);
```

```
  startActivity(intent);  //无返回的跳转至第二个页面
      }
  });
  btn2.setOnClickListener(new View.OnClickListener() {
  //为按钮 btn2 增加监听事件
  @ Override
    public void onClick(View v) {
    //设置 intent 将要启动的 Activity //
    Intent intent = new Intent(MainActivity.this,SecondActivity.class);
    /*  第一个参数 Intent 对象，第二个参数 requestCode 值为 1,有返回的跳转至第二个页面  * /
    startActivityForResult(intent,1);
      }
    });
  }
    @ Override
    /*  重写 onActivityResult 函数,对返回结果进行处理,当 requestCode 为 1, resultCode 为
2 时获取从第二个页面返回的 data 值  * /
    protected void onActivityResult(int requestCode, int
    resultCode, Intent data) {
    super.onActivityResult(requestCode, resultCode, data);
        if (requestCode == 1 && resultCode == 2){
        //获取第二个 面的返回值
        String content = data.getStringExtra("data");
        tv.setText(content);
    }
  }
}
```

5）编写第二个页面的 java 文件 SecondActivity.java，在 onCreate( )函数中初始化控件，添加按钮 btn 的监听事件，在监听事件中实例化一个 Intent 对象 data，将" hdbvcjhdjvnd" 字符串封装在 data 中传递到第一个页面中，具体代码如下：

```
import android.app.Activity;
import android.content.Intent;
import android.os.Bundle;
import android.view.View;
import android.widget.Button;
public class SecondActivity extends Activity {
    private Button btn;  //声名按钮
    private String content = "hdbvcjhdjvnd";  //初始化 content
    @ Override
      protected void onCreate(Bundle savedInstanceState) {
        super.onCreate(savedInstanceState);
        setContentView(R.layout.activity_second); //跳转至第一个页面
        btn = findViewById(R.id.btn);  //根据 id 获取按钮
```

```
        btn.setOnClickListener(new View.OnClickListener() {
        //为按钮 btn 增加监听事件
      @ Override
      public void onClick(View v) {
        Intent data = new Intent();  //实例化一个 Intent 对象
        //将 content 变量对应的字符串封装在 data 中
        data.putExtra("data",content);
        setResult(2,data);    //设置 resultCode 值为 2
        finish();//关闭页面
          }
      });
    }
}
```

运行以上程序，可以看到图 6-2 所示的结果。单击页面中的“第一种无返回”按钮会跳转至图 6-3 所示的界面，在图 6-3 的界面中单击按钮又返回到图 6-2 的界面；而在图 6-2 的界面中单击“第二种有返回”按钮也会跳转至图 6-3 中，再单击其中的按钮则会跳转至图 6-4 所示的界面。在该界面中，文本框的文字更新为“hdbvcjhdjvnd”。

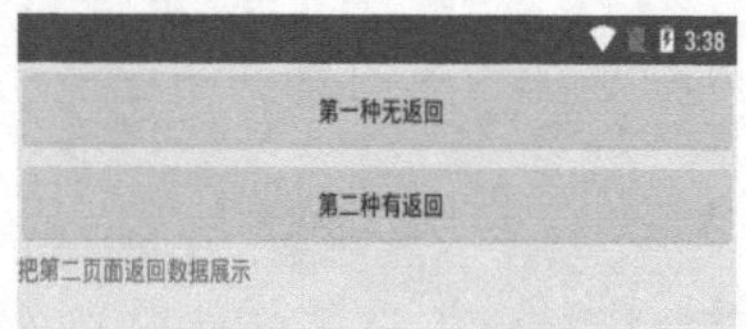


图 6-2　初始化主界面

图 6-3　第二个界面

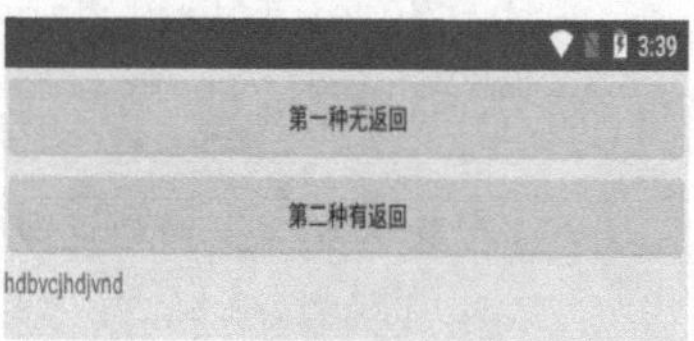


图 6-4　有返回值的主界面

## 6.2　Android UI 界面的设计

UI 用户界面的设计与开发是 Android 应用开发的一项重要内容。Android 系统提供了大量的、功能丰富的 UI 组件和页面布局管理器，目的皆在开发出友好、美观、便于操作的用户界面。页面布局好比是建筑的框架，而组件相当于砖瓦。将 UI 组件按照布局要求依次摆放在布局中有助于设计出优秀的图形用户界面。

### 6.2.1　View 类和 ViewGroup 类

用于 Android 界面开发的类主要有 View、ViewGroup 类及其子类。其中，View 类是所有 UI 组件的基类，而 ViewGroup 类是 View 类的子类。图 6-5 所示为 View 类和 ViewGroup 类的层次结构图。

ViewGroup 是一个抽象类，它是 LinearLayout，TableLayout、FrameLayout、RelativeLayout 等布局类的父类，可包含一系列的 View 并确定它们的布局方式。此外，ViewGroup 容器还可以再次包含 ViewGroup，即容器的相互嵌套。

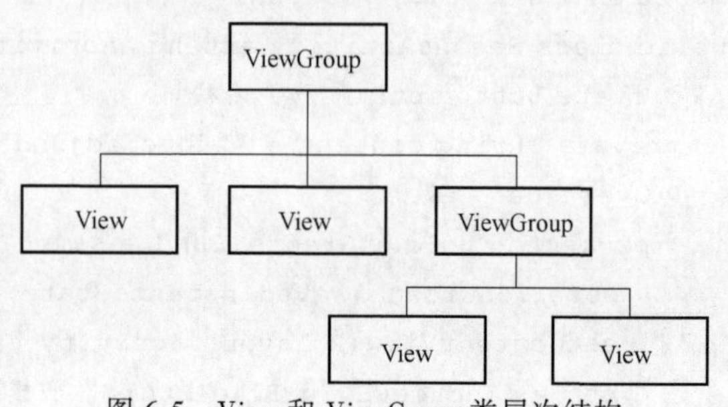


图 6-5　View 和 ViewGroup 类层次结构

### 6.2.2 UI 界面的控制

在 UI 界面的开发过程中，Android 系统提供了三种 UI 组件呈现的方式，即控制 UI 界面的方式：一是在 XML 布局文件中通过 XML 属性进行控制；二是在 Java 代码中通过调用方法进行控制；三是采用两者混合的方式进行控制。这里推荐使用第一种控制方式，这种方式遵循程序 MVC 模式开发的原则，能将 UI 界面的代码从逻辑控制的 java 代码中分离出来，使得程序的结构更加清楚。三种控制方式的具体内容如下：

**1. 使用 XML 布局文件控制 UI 界面**

使用 XML 布局文件实现界面的控制分为以下两步：

1）在 Android 中创建 XML 布局文件。布局文件必须存放在 res\layout 目录下，文件扩展名为 xml。创建后，R. java 会自动收录该布局文件资源。

2）在 Activity 中使用 Java 代码显示 XML 布局文件的内容。具体方法是在 Activity 的 onCreate() 函数中使用 setContentView（R. layout. <资源文件名称>）设置要显示的界面。如果布局文件中添加了多个 UI 组件，在 Java 代码中使用 findViewById（（R. id. < android：id 属性值>）来指定要访问的组件。其中“android：id 属性值”用于标识组件，具有唯一性。一旦程序获得了指定的 UI 组件之后，就可以为组件绑定各种行为的监听事件。

下面是一个使用 XML 布局文件控制 UI 界面的 XML 和 Java 代码示例。

1）XML 布局文件 activity_main. xml 采用相对布局，页面包含 TextView 和 button 两种组件，组件定义代码如下：

```
<TextView
    android:layout_width="wrap_content"
    android:layout_height="wrap_content"
    android:text="单击按钮试试"  //定义文本框中显示的文字
    android:id="@ +id/show"    //定义文本框的 id 属性值
    android:layout_alignParentBottom="true"
    android:layout_alignParentStart="true"/>
<Button
    android:layout_width="wrap_content"
    android:layout_height="wrap_content"
    android:text="点击我"    //定义按钮的上显示的文字
    android:id="@ +id/bn"    //定义按钮的 id 属性值
    android:layout_alignParentBottom="true"
    android:layout_alignParentStart="true"/>
```

2）Activity 的 java 文件 MainActivity. java，核心代码如下所示：

```
public class MainActivity extends AppCompatActivity {
    @ Override
    protected void onCreate(Bundle savedInstanceState) {
        super.onCreate(savedInstanceState);
        // 显示 Activity_main.xml 中定义的界面
    setContentView(R.layout.activity_main);
        //定位文本框组件
```

```
        final TextView show = (TextView) findViewById(R.id.show);
        Button bn = (Button)findViewById(R.id.bn); //定位按钮组件
    bn.setOnClickListener(new View.OnClickListener() {
        //添加点击事件监听
        @ Override
        //定义点击事件监听的具体行为是更改文本框的内容* //
        public void onClick(View v) {
            show.setText("Hello Android,"+new java.util.Date());
        }
    });
  }
}
```

运行以上代码，可以看到图 6-6 所示的用户主界面。点击其中的按钮，文本框内容会更新为“Hello Android，+当前的时间”，如图 6-7 所示。

图 6-6　使用 XML 控制的 UI 界面

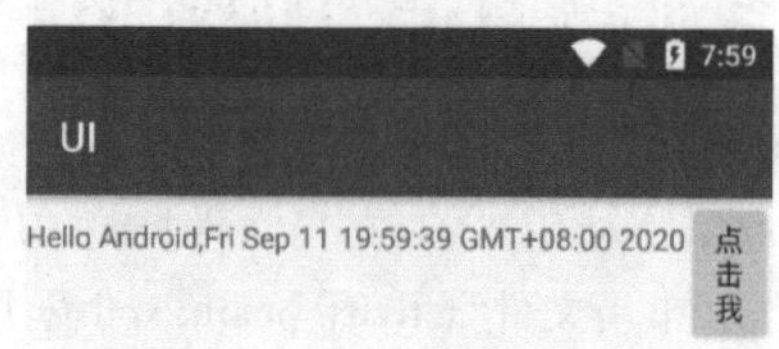


图 6-7　更新后的主界面

### 2. 使用代码控制 UI 界面

Android 系统允许开发者在 Java 代码中控制 UI 界面。所有的 UI 布局和组件通过 new 关键字创建，然后将 UI 组件添加到布局管理器中完成用户界面的设计。具体过程分为以下三个步骤：

1）在 Java 代码中创建布局管理器，可以是任何一个布局类型，如帧布局、表格布局、线性布局等，并设置布局管理器的属性，如背景图片、对齐方式和高宽等。

2）在 Java 代码中创建具体的组件，可以是 TextView 、ImageView、EditText 等任何 Andriod 组件，并设置组件的属性，如字体大小、显示文本和 id 等。

3）在 Java 代码中将创建的组件添加到布局管理器中。

采用 Java 代码控制 UI 界面的核心代码示例如下：

```
public class MainActivity extends AppCompatActivity {
    public TextView text1;
    @ Override
    protected void onCreate(Bundle savedInstanceState) {
        super.onCreate(savedInstanceState);
        // 创建帧布局管理器
        FrameLayout frameLayout = new FrameLayout(this);
        frameLayout.setBackgroundResource(R.mipmap.bg); //设置背景
        // 设置在 Activity 中显示 frameLayout 视图
        setContentView(frameLayout);
        text1 = new TextView(this);//创建一个 TextView
    text1.setText("开始游戏"); //设置 TextView 的显示文字
```

```
  //设置 TextView 文字的大小,单位为 SP(缩放像素)//
    text1.setTextSize(TypedValue.COMPLEX_UNIT_SP, 18);
    // 设置 TextView 文字的颜色
    text1.setTextColor(Color.rgb(17, 85, 114));
    //创建保存布局参数的对象//
    FrameLayout.LayoutParams params = new
    FrameLayout.LayoutParams(
        ViewGroup.LayoutParams.WRAP_CONTENT,
        ViewGroup.LayoutParams.WRAP_CONTENT);
        params.gravity = Gravity.CENTER; //设置居中显示
        text1.setLayoutParams(params); //设置 TextView 的布局参数
        text1.setOnClickListener(new OnClickListener() {
        // 为 text1 添加单击事件监听器
        @ Override
        public void onClick(View v) {
        // 设置对话框的标题//
    new AlertDialog.Builder(MainActivity.this).setTitle("系统提示")
        .setMessage("游戏有风险,进入需谨慎,真的要进入吗?")
        // 设置对话框的显示内容
        .setPositiveButton("确定",
        new DialogInterface.OnClickListener(){// 为确定按钮添加单击事件
        @ Override
        public void onClick(DialogInterface dialog, int which){
            Log.i("桌面台球", "进入游戏");  // 输出消息日志
          }
        }).setNegativeButton("退出",
        new DialogInterface.OnClickListener() {
        // 为取消按钮添加单击事件
          @ Override
          public void onClick(DialogInterface dialog, int which){
            Log.i("桌面台球", "退出游戏");  // 输出消息日志
            finish();  // 结束游戏
          }
              }).show();      // 显示对话框
        }
    });
    frameLayout.addView(text1);    // 将 text1 添加到布局管理器中
  }
}
```

以上程序运行结果如图 6-8、图 6-9 所示。

**3. 使用 XML 布局文件和 Java 代码混合控制 UI 界面**

完全通过 XML 布局文件控制 UI 界面，实现比较方便，而灵活性较差。完全使用 Java 代码控制 UI 界面，虽然比较灵活，但代码比较繁琐且不利于解耦。鉴于此，可混合利用 XML 布局文件

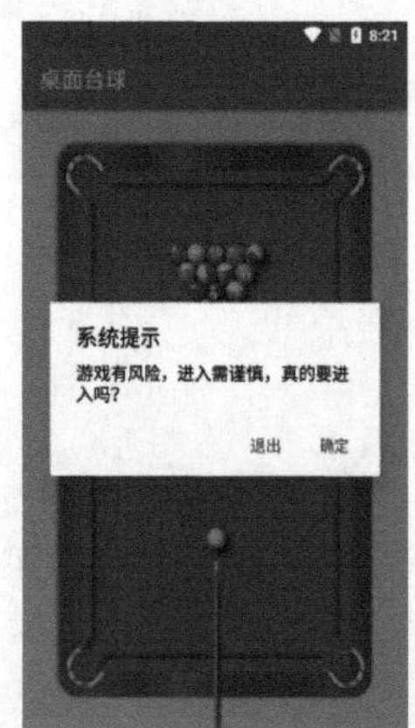

图 6-8　使用 Java 代码控制的 UI 界面

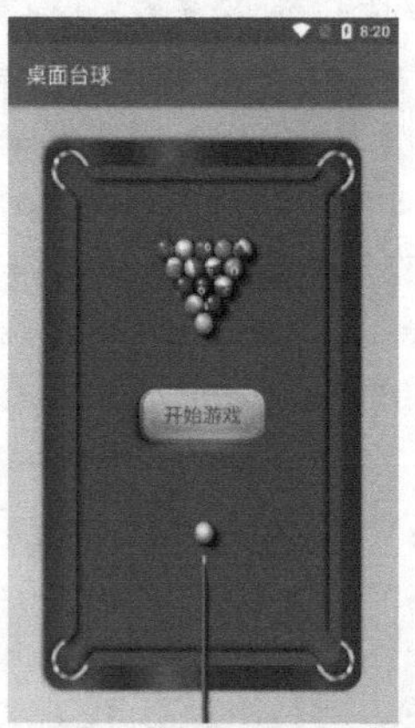

图 6-9　开始游戏界面

和 Java 代码控制 UI 界面的设计方式，将变化小、行为比较固定的布局管理器交给 XML 布局定义，而把变化较多、行为控制较为复杂的组件交给 Java 代码管理。具体过程分为以下两个步骤：

1）使用 XML 布局文件，创建一个布局管理器。

2）在 Activity 中获取 XML 布局文件中创建的布局管理器，并创建 UI 组件，然后将其添加到布局管理器当中。

使用混合方式控制 UI 界面的 XML 和 Java 代码示例如下所示。该实例在 XML 布局文件中定义了一个 GridLayout 布局管理器。而在 Java 代码中获取了该布局管理器，创建了图像组件，并将图像组件加入到了 GridLayout 布局管理器。

1）XML 布局文件 activity_main. xml，代码如下：

```
<? xml version="1.0" encoding="utf-8"? >
<GridLayout xmlns:android="http://schemas.android.com/apk/res/android"
    xmlns:tools="http://schemas.android.com/tools"
    android:id="@ +id/layout"
    android:layout_width="match_parent"
    android:layout_height="match_parent"
    android:paddingBottom="@ dimen/activity_vertical_margin"
    android:paddingLeft="@ dimen/activity_horizontal_margin"
    android:paddingRight="@ dimen/activity_horizontal_margin"
    android:paddingTop="@ dimen/activity_vertical_margin"
    android:orientation="horizontal"
    android:rowCount="3"
    android:columnCount="4"
    tools:context="MainActivity">
</GridLayout>
```

2）Activity 的 java 文件 MainActivity. java，核心代码如下：

```
public class MainActivity extends AppCompatActivity
{
    //声明一个保存 ImageView 组件的数组
    private  ImageView[] img=new ImageView[12];
```

```
    //声明并初始化一个保存访问图片的数组
    private int[] imagePath=new int[]
    {
        R.mipmap.img01,R.mipmap.img02,R.mipmap.img03,
        R.mipmap.img04, R.mipmap.img05,R.mipmap.img06,
        R.mipmap.img07,R.mipmap.img08, R.mipmap.img09,
        R.mipmap.img10,R.mipmap.img11,R.mipmap.img12
    };       @ Override
    protected void onCreate(Bundle savedInstanceState)
    {
        super.onCreate(savedInstanceState);
        setContentView(R.layout.activity_main);
        GridLayout layout=(GridLayout)findViewById(R.id.layout);
              for(int i=0;i<imagePath.length;i++)
    {
            //创建一个 ImageView 组件
            img[i]=new ImageView(MainActivity.this);
            //为 ImageView 组件指定要显示的图片
            img[i].setImageResource(imagePath[i]);
            //设置 ImageView 组件的内边距
            img[i].setPadding(2, 2,2, 2);
            ViewGroup.LayoutParams params=new
            //设置图片的宽度和高度
            ViewGroup.LayoutParams(116,68);
            //为 ImageView 组件设置布局参数
            img[i].setLayoutParams(params);
            //将 ImageView 组件添加到布局管理器中
            layout.addView(img[i]);             }
    }
}
```

运行程序，得到图 6-10 所示的用户主界面。

图 6-10　使用混合方式控制的 UI 界面

## 6.2.3　布局管理器

为了更好地管理界面中的组件，Android 系统引入了布局管理器的概念。通过布局管理器，开发者可以很好地控制组件的位置和大小等，达到优化界面设计的目的。AndroidStudio4.0 之前，常用的布局管理器有线性布局（LinearLayout）、相对布局（RelativeLayout）、表格布局（TableLayout）、帧布局（FrameLayout）等。AndroidStudio4.0 之后，又新增了 GridLayout 网格布局管理器，下面主要介绍上述五种布局管理器的 XML 标签及相关属性。

### 1. 线性布局管理器

线性布局就是将所有组件按照垂直或水平方向依次排列的布局方式，如图 6-11 所示。Linear

Layout 的属性“ android：orientation”用于设置组件排列的方向，值为 vertical 时按垂直方向排列，值为 horizontal 时按水平方向排列。线性布局在排列组件时不会自动换行或换列。因此一旦组件的排列超过屏幕显示的宽度和高度，后面的组件将都被隐藏。

表 6-3 列举了 LinearLayout 的常用 XML 属性。

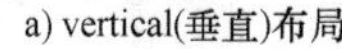

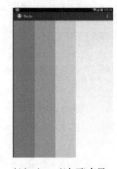

a) vertical(垂直)布局

b) horizontal(水平)布局

图 6-11　线性布局排列方式

**表 6-3　LinearLayout 的常用 XML 属性**

| 属性名 | 功能及参数说明 |
|---|---|
| android:orientation | 设置布局排列的方式，有水平（值为 horizontal）和垂直（值 vertical）两种 |
| android:id | 设置控件指定的 id |
| android:text | 设置控件显示的文字 |
| android:textsize | 设置控件当中显示文字的大小 |
| android:gravity | 设置组件所包含的子元素的对齐方式。属性有：top、bottom、left、right、center_vertical、fill_vertical、center_horizontal、fill_horizontal、center、fill、clip_vertical、clip_horizontal，也可以同时指定多种对齐方式的组合 |
| android:layout_gravity | 控制组件在父容器里的对齐方式 |
| android:layout_weight | 指定组件在布局中所占的空间比例 |
| android:layout_width | 布局的宽度。值为 wrap_content 表示宽度为所包裹控件的大小，值为 fill_parent 和 match_parent 两个参数时表示匹配父控件，占满全部的布局。也可以通过具体的数值进行设定 |
| android:layout_height | 布局的高度，参数同上 |
| android:background | 为组件设置一个背景图片，或者直接用颜色覆盖。值为背景图片所在的访问路径或背景颜色的 RGB 值设置背景图片 |

在 XML 布局文件中，使用<LinearLayout>标签可添加线性布局，具体代码如下：

```
<? xml version="1.0" encoding="utf-8"? >
<! --添加线性布局管理器-->
<LinearLayout xmlns:android="http://schemas.android.com/apk/res/android"
   android:layout_width="fill_parent"
   android:layout_height="fill_parent"
   android:orientation="vertical" >//定义线性布局是竖直方向的
   <TextView
      android:id="@ +id/first"//定义第一个 TextView 的 id
      android:layout_width="fill_parent"
      android:layout_height="wrap_content"
      android:text="这是第一个 TextView!"
      android:textSize="10pt"
      android:background="#aa0000"
```

```
        android:paddingLeft="80dip"
        android:paddingRight="60dip"
        android:paddingTop="100dip"
        android:paddingBottom="1dip"
        android:singleLine="true"
        android:layout_weight="2"/>
    <TextView
        android:id="@ +id/second"//定义第二个 TextView 的 id
        android:layout_width="fill_parent"
        android:layout_height="wrap_content"
        android:text="这是第二个 TextView!"
        android:background="#00aa00"
        android:gravity="right"
        android:paddingLeft="10dip"
        android:paddingRight="60dip"
        android:paddingTop="100dip"
        android:paddingBottom="1dip"
        android:singleLine="true"
        android:layout_weight="1"
        android:textSize="15pt"/>
</LinearLayout>
```

以上代码的运行效果如图 6-12 所示。

图 6-12　垂直线性布局

线性布局是较常使用的一种布局方式，它的强大之处在于可以嵌套，从而实现复杂的布局效果。以下为在一个垂直线性布局嵌套两个子线性布局的代码示例，其中第一个子线性布局中 4 个 TextView 组件呈水平方向排列，第二个子线性布局中 4 个 TextView 组件呈垂直方向排列。

```
<? xml version="1.0" encoding="utf-8"? >
<! --添加线性布局管理器-->
< LinearLayout    xmlns: android = " http://schemas. android. com/apk/res/android "
<! --定义一个竖直方向的线性布局-->
    android:orientation="vertical"//
    android:layout_width="fill_parent"
    android:layout_height="fill_parent">
    <! —添加第一个子线性布局管理器-->
    <LinearLayout
      <! —定义嵌套的第一个线性布局为水平线性布局-->
        android:orientation="horizontal"
  android:layout_width="fill_parent"
        android:layout_height="fill_parent"
        android:layout_weight="1">
        <TextView
```

```
        android:text="red"
        android:gravity="center_horizontal"
        android:background="#aa0000"
        android:layout_width="wrap_content"
        android:layout_height="fill_parent"
        android:layout_weight="1"/>
    <TextView
        android:text="green"
        ……(类似 text 为 red 的 Textview 的定义,此处省略相同代码部分)/>
    <TextView
        android:text="blue"
        ……(类似 text 为 red 的 Textview 的定义,此处省略相同代码部分)/>
    <TextView
        android:text="yellow"
      ……(类似 text 为 red 的 Textview 的定义,此处省略相同代码部分)/>
  </LinearLayout>
  <! --添加第二个子线性布局管理器-->
  <LinearLayout
  <! --定义嵌套的第二个线性布局为竖直线性布局-->
    android:orientation="vertical"
    android:layout_width="fill_parent"
    android:layout_height="fill_parent"
    android:layout_weight="1">
    <TextView
        android:text="row one"
        android:textSize="15pt"
        android:layout_width="fill_parent"
        android:layout_height="wrap_content"
        android:layout_weight="1"/>
    <TextView
        android:text="row two"
      ……(类似 text 为 row one 的 Textview 的定义,此处省略相同代码部分)/>
    <TextView
        android:text="row three"
      ……(类似 text 为 row one 的 Textview 的定义,此处省略相同代码部分)/>
    <TextView
        android:text="row four"
      ……(类似 text 为 row one 的 Textview 的定义,此处省略相同代码部分)/>
  </LinearLayout>
</LinearLayout>
```

以上代码的运行效果如图 6-13 所示。

**2. 相对布局管理器**

相对布局是一种灵活性较高的布局方式，容器内组件的位置总是相对兄弟控件或者父容器来决定。出于设计性能的考虑，组件要按照之间的依赖关系先后进行排列。如若组件 B 的位置是由组件 A 决定的，则需要先定义组件 A 的位置，然后通过各自组件的 id 以及 layout_XX 属性来指定组件 B 的位置。因此，相对布局具有良好的手机屏幕通用性与屏幕翻转变化性。

在进行相对布局时要用到许多属性，有些属性值为布尔型，有些属性值为其他控件的 id，还有些属性值是控件的像素，相对布局常用的 XML 属性见表 6-4。

在 XML 布局文件中，使用< RelativeLayout >标签可添加相对布局，代码示例如下所示。在该代码中先定义了一个 id 为“myTextView”的文本框组件，之后将 EditText 编辑框组件放置在 TextView 的下面。再将 id 为“myButton1”的“cancle”按钮放置在 EditText 的下面和“myButton2”按钮的左边。最后将 id 为“myButton2”的“ok”按钮放置在 EditText 的下面和“myButton1”按钮的右边，并使“ok”按钮的右边缘与父容器的右边缘对齐，与“cancle”按钮距离 15 个像素点。

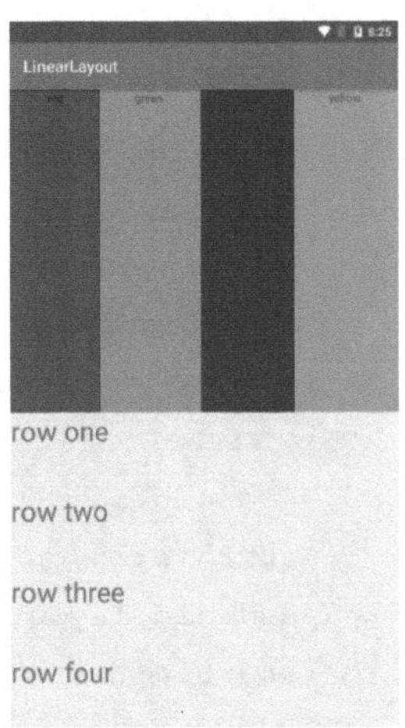


图 6-13　线性布局嵌套线效果

表 6-4　RelativeLayout 的常用 XML 属性

| 属性名 | 取值 | 说明 |
|---|---|---|
| android:layout_above | id | 将该控件的底部置于给定 Id 的控件之上 |
| android:layout_below | id | 将该控件的顶部置于给定 Id 的控件之下 |
| android:layout_toLeftOf | id | 将该控件的右边缘和给定 Id 的控件的左边缘对齐 |
| android:layout_toRightOf | id | 将该控件的左边缘和给定 Id 的控件的右边缘对齐 |
| android:layout_alignBottom | id | 将该控件的底部边缘与给定 Id 控件的底部边缘对齐 |
| android:layout_alignLeft | id | 将该控件的左边缘与给定 Id 控件的左边缘对齐 |
| android:layout_alignRight | id | 将该控件的右边缘与给定 Id 控件的右边缘对齐 |
| android:layout_alignTop | id | 将给定控件的顶部边缘与给定 Id 控件的顶部对齐 |
| android:alignParentBottom | ture/fasle | 为 true 则将该控件的底部和父控件的底部对齐 |
| android:layout_alignParentLeft | ture /fasle | 为 true 则将该控件的左边与父控件的左边对齐 |
| android:layout_alignParentRight | ture /fasle | 为 true 则将该控件的右边与父控件的右边对齐 |
| android:layout_alignParentTop | ture /fasle | 为 true 则将空间的顶部与父控件的顶部对齐 |
| android:layout_centerHorizontal | ture /fasle | 为 true 则该控件将被置于水平方向的中央 |
| android:layout_centerInParent | ture /fasle | 为 true 则该控件将被置于父控件水平方向和竖直方向的中央 |
| android:layout_centerVertical | ture /fasle | 为 true 则该控件将被置于竖直方向的中央 |
| android:layout_marginLef | 像素值 | 控件边缘相对于父控件的左边距 |
| android:layout_marginRight | 像素值 | 控件边缘相对于父控件的右边距 |
| android:layout_marginTop | 像素值 | 控件边缘相对于父控件的上边距 |
| android:layout_marginBottom | 像素值 | 控件边缘相对于父控件的下边距 |
| android: paddingLef | 像素值 | 控件内部与控件边缘的左边距 |
| android: paddingRight | 像素值 | 控件内部与控件边缘的右边距 |
| android: layout_marginTop | 像素值 | 控件内部与控件边缘的上边距 |
| android: paddingBottom | 像素值 | 控件内部与控件边缘的下边距 |

```
<? xml version="1.0" encoding="utf-8"? >
<! --添加相对布局管理器-->
<RelativeLayout xmlns:android="http://schemas.android.com/apk/res/android"
   android:layout_width="fill_parent"
   android:layout_height="fill_parent"
   android:padding="10px"
   android:orientation="vertical" >
   <TextView
      android:id="@ +id/myTextView"  //定义 TextView 控件的 id
      android:layout_width="fill_parent"
      android:layout_height="wrap_content"
      android:text="Type_here" />
   <EditText
      android:id="@ +id/myEditText"  //定义 EditText 控件的 id
      android:layout_width="fill_parent"
      android:layout_height="wrap_content"
      android:layout_below="@ +id/myTextView"/> //定义 EditText 控件的位置在 Text-
View 的下面
   <Button
      android:id="@ +id/myButton1" // 定义 cancle 按钮控件的 id
      android:layout_width="80dip"
      android:layout_height="wrap_content"
      android:text="cancle"
      android:layout_below="@ +id/myEditText" // 定义 cancle 按钮位于 EditText 控件的
下面
      android:layout_toLeftOf="@ +id/myButton2"/>// 定义 cancle 按钮位于 ok 按钮的左面
   <Button
      android:id="@ +id/myButton2"
      android:layout_width="80dip"
      android:layout_height="wrap_content"
      android:text="ok"
      android:layout_marginLeft="15dip"//定义 ok 按钮的左边距
      android:layout_below="@ +id/myEditText"  // 定义 ok 按钮位于 EditText 控件的下面
      android:layout_alignParentRight="true"// 定义 ok 按钮的右边与父控件的右边对齐
      android:layout_alignTop="@ +id/myButton1"/> //定义 ok 按钮位于 cancle 按钮的右面
</RelativeLayout>
```

以上代码的运行结果如图 6-14 所示。

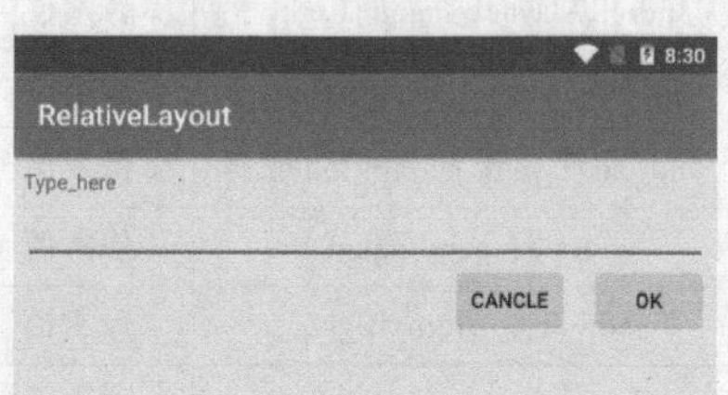

图 6-14 相对布局效果图

### 3. 表格布局管理器

表格布局使用表格的形式排列组件。一个 TableLayout 可包含多个 TableRow，每个 TableRow 为一行，每行可放置多个组件，每个组件占据表格的一列。TableRow 的 android：orientation 属性值恒为 horizontal，即它包含的控件都是横向排列。TableRow 的每一列拥有以下三种属性：

1）Shrinkable：表示列的宽度可以进行收缩，以保证表格能适应父容器的宽度。

2）Strechable：表示列的宽度可以进行拉伸，以保证组件能完全填满表格的空余空间。

3）Collapsed：表示列会被隐藏。

TableLayout 是 LinearLayout 的子类，除了继承 LinearLayout 所有的 XML 属性外，它还具有其他的属性，见表 6-5。

表 6-5　TableLayout 特有的 XML 属性

| 属性名称 | 功能描述 |
|---|---|
| android:collapseColumns | 设置要被隐藏的列的列号，列号从 0 开始，之间使用逗号隔开 |
| android:shrinkColumns | 设置允许被收缩的列的列号，列号从 0 开始，之间使用逗号隔开 |
| android:stretchColumns | 设置允许被拉伸的列的列号，列号从 0 开始，之间使用逗号隔开 |

在 XML 布局文件中，使用< TableLayout >标签可添加表格布局，具体代码示例如下所示。该代码创建了一个两行的表格，第一行由三列组成，第二行由两列组成，每一行的第二列允许被拉伸。

```
<? xml version="1.0" encoding="utf-8"? >
<! --添加表格布局管理器-->
<TableLayout xmlns:android="http://schemas.android.com/apk/res/android"
    android:layout_width="fill_parent"
    android:layout_height="fill_parent"
    android:stretchColumns="1">//定义表格的第 2 列允许被拉伸
    <TableRow >//定义表格的第一行
        <TextView
            android:text="1-1"
            android:textSize="10pt"
            android:background="#aa0000" />
        <TextView
            android:textSize="10pt"
            android:text="1-2"
            android:background="#00aa00"/>
        <TextView
            android:textSize="10pt"
            android:text="1-3"
            android:background="#aa0000"/>
    </TableRow>
    <TableRow >//定义表格的第二行
        <TextView
            android:textSize="10pt"
            android:text="2-1"
            android:background="#0000aa"/>
        <TextView
            android:textSize="10pt"
            android:text="2-2"
```

```
        android:background="#aa0000"/>
    </TableRow>
</TableLayout>
```

以上代码的运行结果如图 6-15 所示。

表格布局管理器和线性布局管理器之间也可以进行嵌套，如图 6-16 所示，就是在一个线性布局管理器中嵌套了两个线性布局管理器。第一个子线性布局管理器中放置了“张三”“李四”和“王五”三个 TextView 组件，采用水平布局方式。在第二个子线性布局管理的标签<LinearLayout> </LinearLayout>中通过嵌入<TableLayout></TableLayout>标签嵌套了一个表格布局管理器，该表格布局管理器由两行三列组成，分别并放置了 1-1、1-2、1-3、2-1、2-2、2-3 六个 TextView 组件。

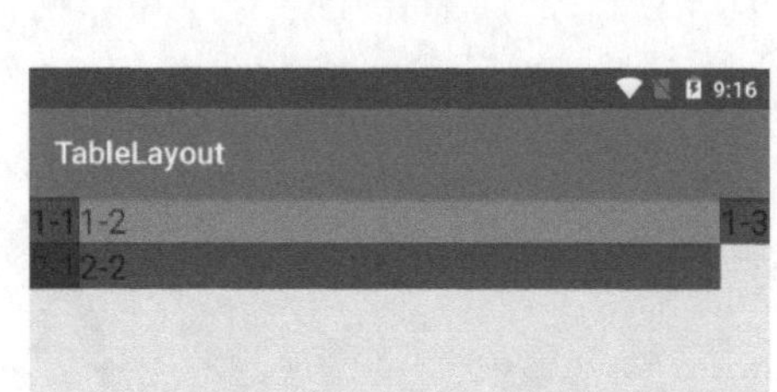


图 6-15　表格布局效果图

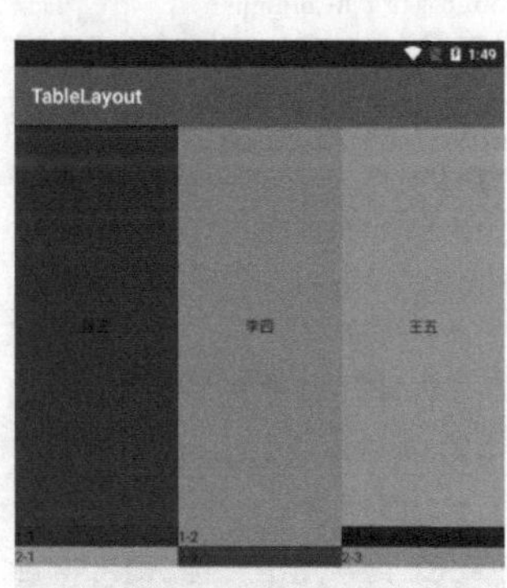


图 6-16　布局管理器的嵌套

#### 4. 帧布局管理器

帧布局管理器是较简单的一种布局管理器，在该布局管理器中，所有组件都被叠加放置在屏幕的左上角。每个组件占一帧，并根据 gravity 属性执行自动对齐。第一个添加的组件显示在最底层，最后一个添加的组件放在最顶层，上一层的组件会覆盖下一层的组件。这种显示方式非常类似堆栈，栈顶的元素显示在最顶层，而栈底的元素显示在最底层。

FrameLayout 继承自 ViewGroup 类，除了继承父类的属性外，它还具有一些其他的 XML 属性，见表 6-6。

表 6-6　FrameLayout 特有的 XML 属性

| 属性名 | 功能描述 |
| --- | --- |
| android:foreground | 设置该帧布局容器前景图像 |
| android:foregroundGravity | 定义绘制前景图像的 gravity 属性 |

在 XML 布局文件中，使用<FrameLayout>标签可添加帧布局，代码示例如下所示。在该实例中，定义了红、黄、蓝三个 TextView，它们重叠放置。

```
<? xml version="1.0" encoding="utf-8"? >
<! --添加帧布局管理器-->
<FrameLayout xmlns:android="http://schemas.android.com/apk/res/android"
    android:layout_width="match_parent"
    android:layout_height="match_parent" >
```

```
    <TextView
        android:layout_width="wrap_content"
        android:layout_height="wrap_content"
        android:layout_gravity="center"
        android:height="280dp"
        android:width="280dp"
        android:background="#eeff00"/>
    <TextView
        android:layout_width="wrap_content"
        android:layout_height="wrap_content"
        android:layout_gravity="center"
        android:height="180dp"
        android:width="180dp"
        android:background="#3322ff"/>
    <TextView
        android:layout_width="wrap_content"
        android:layout_height="wrap_content"
        android:layout_gravity="center"
        android:height="80dp"
        android:width="80dp"
        android:background="#ff2233"/>
</FrameLayout>
```

以上代码的运行结果如图 6-17 所示。

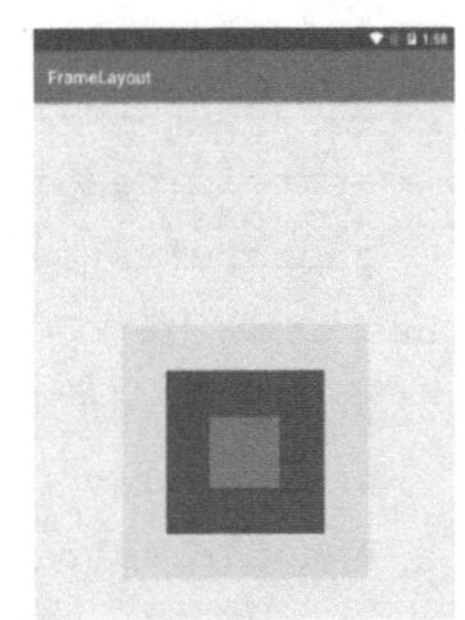

图 6-17　帧布局效果图

### 5. 网格布局管理器

为了减少布局之间的嵌套，AndroidStudio4.0 引入了网格布局管理器以实现较为复杂的布局设计。网格布局管理器与表格布局管理器非常类似，它将整个容器划分成 M 行 N 列的网格，每个网格放置一个组件。也允许一个组件横跨多个列，纵跨多个行。网格布局管理器常用的 XML 属性见表 6-7。

表 6-7　GridLayout 常用的 XML 属性

| 属性名 | 功能描述 |
| --- | --- |
| android:alignmentMode | 设置该布局管理器采用的对齐模式 |
| android:columnCount | 设置该网格的列数量 |
| android:rowCount | 设置该网格的行数量 |
| android:columnOrderPreserved | 设置该网格容器是否保留列序号 |
| android:columnOrderPreserved | 设置该网络容器是否保留行序号 |
| android:useDefaultMargins | 设置该布局管理器是否使用默认的页边距 |
| android:layout_gravity | 设置该子组件采用何种方式占据该网格的空间 |
| android:layout_column | 设置该子组件在 GridLayout 的第几列，列号从 0 开始 |
| android:layout_row | 设置该子组件在 GridLayout 的第几行，行号从 0 开始 |
| android:layout_columnSpan | 设置该子组件在 GridLayout 横向上跨几列 |
| android:layout_rowSpan | 设置该子组件在 GridLayout 纵向上跨几行 |

在 XML 布局文件中，使用<GridLayout>标签可添加帧布局，下面以实现一个简单的计算器为例说明网格布局管理器的使用方法。在该实例中，一个文本框和十七个按钮按照六行四列依次排列在网格布局管理器中，其中第一个文本框（TextView）横跨四列，第二个“清除”按钮（Button）横跨四列，后面每四个按钮排一行，每个按钮各占一列。

```
<? xml version="1.0" encoding="utf-8"? >
<! --添加网格布局管理器-->
<GridLayout xmlns:android="http://schemas.android.com/apk/res/android"
    android:layout_width="match_parent"
    android:layout_height="match_parent"
    android:rowCount="6"
    android:columnCount="4"
    android:id="@ +id/grid_cal">
    <TextView //在第一行添加 TextView 组件
        android:id="@ +id/tv_result"
        android:layout_width="match_parent"
        android:layout_height="wrap_content"
        android:textSize="50sp"
        android:textColor="#000000"
        android:background="#eeeeee"
        android:text="0"
        android:gravity="right"
        android:padding="5dp"
        android:layout_columnSpan="4"/>//定义文本框可以横跨 4 列
    <Button  //在第二行添加清除按钮
        android:id="@ +id/btn_clear"
        android:layout_width="match_parent"
        android:layout_height="wrap_content"
        android:layout_columnSpan="4"//定义按钮可以横跨 4 列
        android:text="Clear"
        android:textSize="30dp"/>
    <! --在第三行添组件-->
    <Button //定义数字 1 按钮
        android:id="@ +id/btn_one"
        android:layout_width="wrap_content"
        android:layout_height="wrap_content"
        android:layout_row="2"//指定组件放置在网格布局的第 3 行
        android:layout_column="0"//指定组件放置在网格布局的第 1 列
        android:text="1"
        android:textSize="30dp"/>
    <Button //定义数字 2 按钮
        android:id="@ +id/btn_two"
        android:layout_width="wrap_content"
        android:layout_height="wrap_content"
```

```
        android:layout_row="2"//指定组件放置在网格布局的第 3 行
        android:layout_column="1"//指定组件放置在网格布局的第 2 列
        android:text="2"
        android:textSize="30dp"/>
    <Button//定义数字 3 按钮
        android:id="@ +id/btn_two"
        android:layout_width="wrap_content"
        android:layout_height="wrap_content"
        android:layout_row="2"//指定组件放置在网格布局的第 3 行
        android:layout_column="2"//指定组件放置在网格布局的第 3 列
        android:text="3"
        android:textSize="30dp"/>
    <Button//定义/号按钮
        android:id="@ +id/btn_devide"
        android:layout_width="230px"
        android:layout_height="wrap_content"
        android:layout_row="2"//指定组件放置在网格布局的第 3 行
        android:layout_column="3"//指定组件放置在网格布局的第 4 列
        android:text="/"
        android:textSize="30dp"/>
      <! --其余行组件的定义类似,但需要改变 id 值、显示文字以及行号和列号,在此进行省略--! >
    </GridLayout>
```

以上代码的运行结果如图 6-18 所示。

图 6-18　网格布局效果图

## 6.3　UI 基础组件

用于 Android 应用 UI 界面开发的基础组件包括文本框、编辑框、按钮、单选按钮、复选框、开关按钮、图像视图等，下面将对上述七种基础组件的使用方法进行详细的介绍。

### 6.3.1　文本框（TextView）

文本框用于文本的显示，在 XML 布局文件中使用<TextView></TextView>标签可添加文本框。TextView 直接继承 View，是 EditText 和 Button 类的父类。其常用 XML 属性见表 6-8。

表 6-8　TextView 的 XML 属性

| 属性名 | 相关方法 | 功能描述 |
| --- | --- | --- |
| android:digits | SetkeyListener(keyListener) | 为 true 时设置允许输入那些数字以及合法字符,如“1234567890.+_*/%\n()” |
| android:maxLength | setFilters(InputFileter) | 限制显示的文本长度,超出部分不显示 |
| android:autoLink | setAutoLinkMask(int) | 设置是否当文本为 URL 链接/邮箱/电话号码等,文本显示为可单击的链接 |
| android:minLines | setMinLines(int) | 设置文本显示的最小行数 |
| android:maxLines | setMaxLines(int) | 设置文本显示的最大行数,超出行数不再显示 |

（续）

| 属性名 | 相关方法 | 功能描述 |
| --- | --- | --- |
| android:singleLine | setTransformationMethod | 设置为单行显示 |
| android:maxHeight | setMaxHeight(int) | 设置文本区域的最大高度 |
| android:minHeight | setMinHeight(int) | 设置文本区域的最小高度 |
| android:maxWidth | setMaxWidth(int) | 设置文本区域的最大宽度 |
| android:minWidth | seMinWidth(int) | 设置文本区域的最大宽度 |
| android:gravity | setGravity(int) | 设置文本框内文本的对齐方式，可选值有 top、bottom、left、right |
| android:hint | setHint(int) | 设置 Text 为空时的提示信息 |
| android:text | setText(CharSequence) | 设置文本框的内容 |
| android:textColor | setTextColor(ColorStateList) | 设置文字颜色 |
| android:textSize | setTextSize(float) | 设置文字大小 |
| android:inputType | setRawInputType(int) | 设置输入文本的类型，值可为 none，text，textPassword，number，phone 等 |

下面以手机聊天界面为例来说明 TextView 的使用方法，该实例使用 GridLayout 网格布局，布局管理器中定义了四个 TextView，核心代码如下：

```
<! --第一行 -->
<TextView //添加第一个 TextView
    android:id="@ +id/textView1"//第一个 TextView 的 id
    android:layout_width="wrap_content"
    android:layout_height="wrap_content"
    android:background="@ drawable/bg_textview"//添加背景
    android:maxWidth="180dp" //设置最大的宽度
    android:text="你好呀,最近忙什么呢?"//设置 TextView 显示的文字
    android:textSize="14sp"//设置 TextView 显示文字的大小
    android:textColor="#16476B"//设置 TextView 显示文字的颜色
    android:layout_gravity="end"//设置对齐方式
    android:layout_columnSpan="4"//设置 TextView 跨四列
    android:layout_column="1"
    android:layout_row="0"
    android:layout_marginRight="5dp"
    android:layout_marginBottom="20dp"
    />
<ImageView //添加图片
    android:id="@ +id/ico1"
    android:layout_column="5"
    android:layout_columnSpan="1"
    android:layout_gravity="top"
    android:src="@ drawable/ico2"
    android:layout_row="0" />
```

```
<! -- 第二行 -->
<ImageView
    android:id="@ +id/ico2"
    android:layout_column="1"
    android:layout_gravity="top"
    android:layout_row="1"
    android:src="@ drawable/ico1"/>
 <TextView  //添加第二个 TextView
    android:id="@ +id/textView2"
    android:layout_width="wrap_content"
    android:layout_height="wrap_content"
    android:background="@ drawable/bg_textview2"
    android:maxWidth="180dp"
    android:text="最近时间有点紧,所以就很少上 QQ"
    android:textColor="#FFFFFF"
    android:textSize="14sp"
    android:layout_marginBottom="20dp"
    android:layout_row="1" />
<! -- 第三行 -->
<TextView //添加第三个 TextView
    android:id="@ +id/textView3"
    android:layout_width="wrap_content"
    android:layout_height="wrap_content"
    android:background="@ drawable/bg_textview"
    android:maxWidth="180dp"
    android:text="那现在进展如何? 有我需要我帮忙的吗?"
    android:layout_gravity="end"
    android:textColor="#16476B"
    android:layout_columnSpan="4"
    android:layout_column="1"
    android:layout_row="2"
    android:layout_marginRight="5dp"
    android:layout_marginBottom="20dp"
    android:textSize="14sp" />
<ImageView
    android:id="@ +id/ico3"
    android:layout_column="5"
    android:layout_columnSpan="1"
    android:layout_gravity="top"
    android:src="@ drawable/ico2"
    android:layout_row="2" />
<! -- 第四行 -->
<ImageView  //添加第四个 TextView
    android:id="@ +id/ico4"
```

```
        android:layout_column="1"
        android:layout_gravity="top"
        android:layout_row="3"
        android:src="@ drawable/ico1"/>
    <TextView
        android:id="@ +id/textView4"
        android:layout_width="wrap_content"
        android:layout_height="wrap_content"
        android:background="@ drawable/bg_textview2"
        android:maxWidth="180dp"
        android:text="快了,等有需要时,我一定不会客气的~_~"
      android:layout_marginBottom="20dp"
        android:textColor="#FFFFFF"
        android:layout_row="3"
        android:textSize="14sp" />
```

以上代码运行结果如图 6-19 所示。

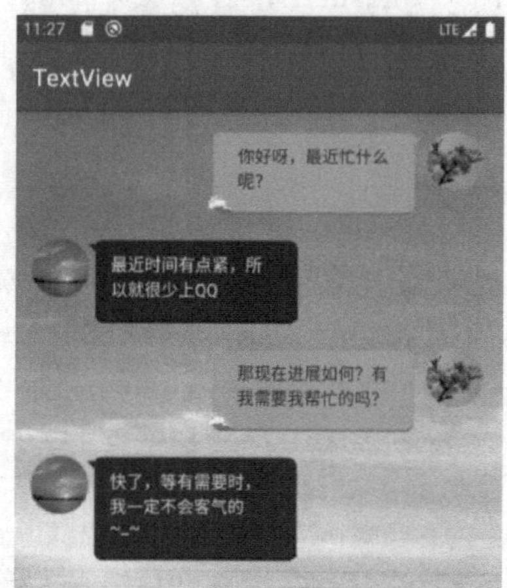


图 6-19　手机聊天界面

## 6.3.2　编辑框（EditText）

编辑框用于在屏幕上输入文本，在 XML 布局文件中可使用< EditText >标签添加编辑框。EditText 继承自 TextView，TextView 的属性适用于 EditText。图 6-20 所示为由一个 EditText 组成的评论发表界面，该 EditText 允许输入多行文本，并设置了提示文本，核心 XML 代码如下所示：

```
    <EditText
        android:id="@ +id/editText1"
        android:layout_width="match_parent"
        android:layout_height="wrap_content"
        android:lines="6"
        android:hint="说点什么吧..."//设置提示文本
        android:padding="5dp"
        android:background="#FFFFFF"//设置 EditText 的背景颜色
        android:gravity="top"//设置对齐方式
        android:layout_marginBottom="10dp"
        android:inputType="textMultiLine" >//设置输入类型为多行文本输入
    </EditText>
```

以上程序运行结果如图 6-20 所示。

图 6-20　评论发表界面

## 6.3.3　按钮 Button

Button 控件在 XML 布局文件中通过标签<Button>可添加。Button 继承自 TextView，通过 setOnClickListener（new View.OnClickListener ()）方法添加监听事件，用户点击按钮后会触发 onClick 点击事件，

在 onClick( ) 函数中定义点击事件的具体动作。下面以实现“开心消消乐”的开始授权按钮为实例介绍 Button 的使用方法。

1）布局文件 activity_main. xml 使用线性布局管理器，定义了 ImageView 和 Button 两个组件，核心代码如下：

```
<ImageView
        android:id="@ +id/imageView1"
        android:layout_width="wrap_content"
        android:layout_height="wrap_content"
        android:scaleType="fitStart"
        android:src="@ drawable/top" />
    <! -- 添加授权并登录按钮 -->
    <Button
        android:id="@ +id/button1"
        android:layout_width="match_parent"
         android:layout_height="wrap_content"
        android:background="@ drawable/shape"
        android:text="授权并登录"//设置 button 上显示的文字
        android:textColor="#FFFFFF" />//设置 button 上显示文字的颜色
```

2）java 文件 MainActivity，核心代码如下：

```
public class MainActivity extends AppCompatActivity {
    @ Override
    protected void onCreate(Bundle savedInstanceState) {
        super.onCreate(savedInstanceState);
        setContentView(R.layout.activity_main);
    //通过 ID 获取按钮
        Button button= (Button) findViewById(R.id.button1);
button.setOnClickListener(new View.OnClickListener() {  //为按钮添加单击事件监听器
        @ Override
        public void onClick(View v) {//编写点击事件执行的动作代码
           Toast.makeText(MainActivity.
this,"您已授权登录开心消消乐", Toast.
LENGTH_SHORT).show();
           }
        });
    }
}
```

以上代码的运行结果如图 6-21 所示。

a) 点击按钮前

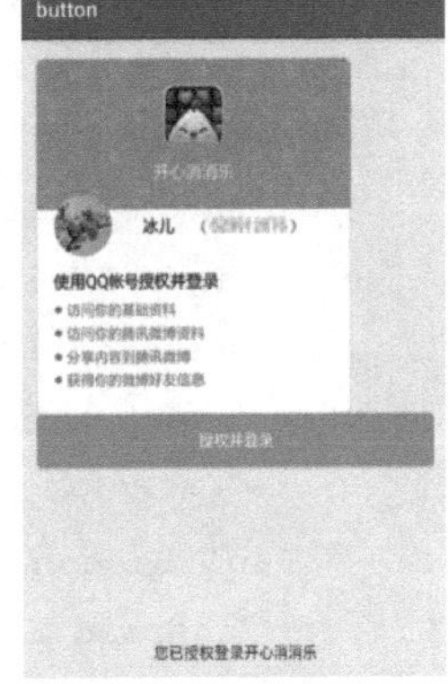



b) 点击按钮后

图 6-21　消消乐授权界面

## 6.3.4　单选按钮（RadioButton）

单选按钮与复选按钮都继承自普通按钮，除了支持普通按钮的属性和方法外，两种按钮还具有是否被选中的功能，该功能可通过 android:checked 属性进行设定，通过 isChecked( )方法进行判断，值为 true 时表示单选按钮处于选中状态，值为 false 时，表示取消选中，默认值为 false。单选按钮适用于多选一的场合，同一组的 RadioButton 需要添加到同一个 RadioGroup 中。位于同一 RadioGroup 的单选按钮同时只能有一个 RadioButton 被选中。

在 XML 布局文件中可通过<RadioGroup>标签添加单选按钮组，通过<RadioButton>标签添加按钮组里的单选项。监听事件需要添加在单选按钮组而不是单选项上。

下面通过“添加逻辑推理题”实例介绍 RadioButton 的使用方法，该实例给出了一道逻辑单选题以及四个答案选项。选择第二个选项会弹出回答正确对话框，而选择其余选项会弹出回答错误对话框，并给出正确的参考答案。

1）XML 布局文件 activity_main. xml 采用线性布局，布局器中由一个设置题目的 TextView、用于答案选择的 RadioButton 组以及用于提交答案的 button 组成，核心代码如下：

```
<! --添加逻辑题的题目-->
    <TextView
        android:layout_width="wrap_content"
        android:layout_height="wrap_content"
        android:text="一天,张山的店里来了一个顾客,挑了 25 元的货,顾客拿出 100 元,张山没有零钱找不开,就到隔壁李石的店里把这 100 元换成零钱,回来给顾客找了 75 元零钱。过一会,李石来找张山,说刚才的那 100 是假钱,张山马上给李石换了张真钱,问张山赔了多少钱?"
        android:textSize="16sp" />
    <! --添加 RadioGroup 组-->
    <RadioGroup
        android:id="@ +id/rg"
        android:layout_width="wrap_content"
        android:layout_height="wrap_content">
    <! --单选按钮 A-->
        <RadioButton
            android:id="@ +id/rb_a"
            android:layout_width="wrap_content"
            android:layout_height="wrap_content"
            android:text="A:125" />
        <! --单选按钮 B-->
        <RadioButton
            android:id="@ +id/rb_b"
            android:layout_width="wrap_content"
            android:layout_height="wrap_content"
            android:text="B:100" />
        <! --单选按钮 C-->
        <RadioButton
            android:id="@ +id/rb_c"
            android:layout_width="wrap_content"
            android:layout_height="wrap_content"
```

```
        android:text="C:175" />
    <! --单选按钮 D-->
    <RadioButton
        android:id="@ +id/rb_d"
        android:layout_width="wrap_content"
        android:layout_height="wrap_content"
        android:text="D:200" />
</RadioGroup>
<! --提交按钮-->
<Button
    android:id="@ +id/bt"
    android:layout_width="wrap_content"
    android:layout_height="wrap_content"
    android:text="提 交" />
```

2）Java 文件 MainActivity，核心代码如下：

```
public class MainActivity extends AppCompatActivity {
    Button bt;
    RadioGroup rg;
    @ Override
    protected void onCreate(Bundle savedInstanceState) {
        super.onCreate(savedInstanceState);
        setContentView(R.layout.activity_main);
        bt = (Button)findViewById(R.id.bt);
        rg = (RadioGroup)findViewById(R.id.rg);
        rg .setOnClickListener(new View.OnClickListener(){
        //为单选按钮组增加监听
          @ Override
          public void onClick(View v){
         //编写点击事件的执行动作代码,循环判断每个按钮的状态
             for(int i = 0;i<rg.getChildCount();i++){
           RadioButton radioButton =  (RadioButton)rg.getChildAt(i);
              if(radioButton.isChecked()){//判断按钮是否被选中
                 if(radioButton.getText().equals("B:100")){
                   //判断是否选中的是 B 选项按钮,是则弹出回答正确对话框
                     Toast.makeText(MainActivity.this,"回答正确,Toast.LENGTH_LONG).
show();
                 }
                    else{//否则弹出回答错误对话框并给出正确答案
                      AlertDialog.Builder builder = new AlertDialog.Builder(MainAc-
tivity.this);
                     builder.setMessage("回答错误,下面请看解析:当张山换完零钱之后," + "给
了顾客 75 还有价值 25 元的商品,自己还剩下了 25 元。这时," + "李石来找张山要钱,张山把自己剩下的
相当于是李石的 25 元给了李石," + "另外自己掏了 75 元。这样张山赔了一个 25 元的商品和 75 元的人民
```

```
币," +"总共价值100元。");
                        builder.setPositiveButton("确定",null).show();
                                        }
                                      break;
                                   }
                                }
                             }
                          }
        );
    }
}
```

以上代码运行结果如图6-22、图6-23所示。

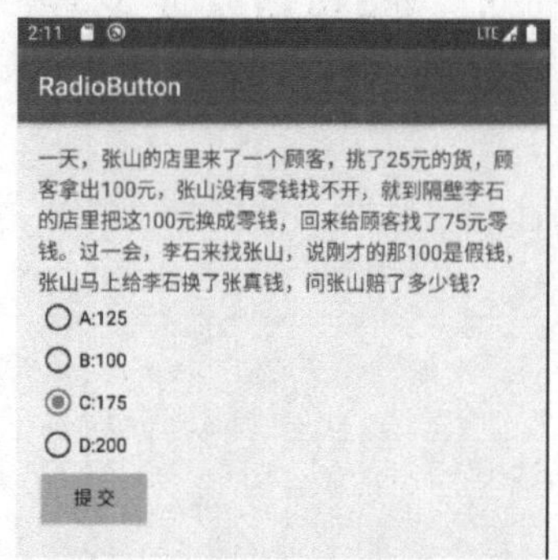


图6-22 逻辑推理题单选界面

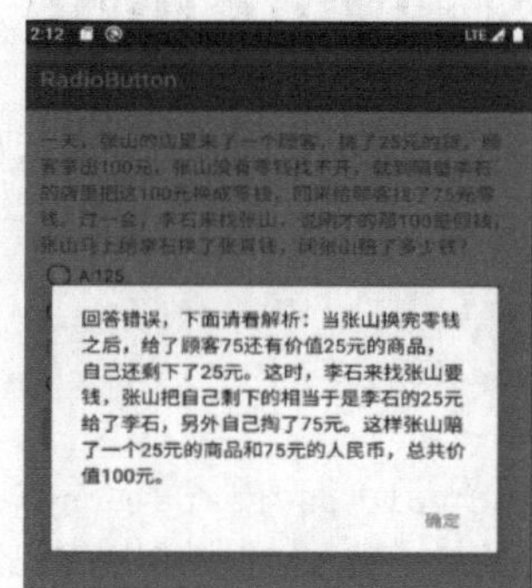


图6-23 回答错误对话框

## 6.3.5 复选框（CheckBox）

复选框适用于多选一或多选多的场合。在XML布局文件中可通过标签<CheckBox >添加复选框的选项。复选框所支持的属性和方法与单选按钮基本相同，下面以实现授权界面为例介绍CheckBox的使用方法，在该实例中选择了哪几项，这些选项所对应的文字就会被显示出来。

1）布局文件activity_main. xml采用线性布局管理器，定义了一个ImageView，一个TextView，四个CheckBox和两个Button组件，核心代码如下：

```
<ImageView
    android:layout_width="match_parent"
    android:layout_height="wrap_content"
    android:src="@ mipmap/feiji_top"
    />
<TextView
    android:layout_width="wrap_content"
    android:layout_height="wrap_content"
    android:text="登录后该应用将获得以下权限"
    android:textSize="14sp"
    />
<! --添加第一个复选框选项-->
```

```
<CheckBox
    android:id="@ +id/checkbox1"
    android:layout_width="wrap_content"
    android:layout_height="wrap_content"
    android:text="获得你的公开信息(昵称、头像等)"
    android:checked="true"//设置为被选中项
    android:textSize="12sp"
    android:textColor="#BDBDBD"/>
<! --添加第二个复选框选项-->
<CheckBox
    android:id="@ +id/checkbox2"
    android:layout_width="wrap_content"
    android:layout_height="wrap_content"
    android:text="寻找与你共同使用该应用的好友"
    android:checked="true"//设置为被选中项
    android:textSize="12sp"
    android:textColor="#BDBDBD"/>
<! --添加第三个复选框选项-->
<CheckBox
    android:id="@ +id/checkbox3"
    android:layout_width="wrap_content"
    android:layout_height="wrap_content"
    android:text="帮助你通过该应用向好友发送消息"
    android:checked="true"//设置为被选中项
    android:textSize="12sp"
    android:textColor="#BDBDBD"/>
<Button
    android:id="@ +id/btn_login"
    android:layout_width="match_parent"
    android:layout_height="wrap_content"
    android:background="#009688"
    android:text="确认登录"/>
<Button
    android:layout_marginTop="20dp"
    android:layout_width="match_parent"
    android:layout_height="wrap_content"
    android:background="#FFFFFF" android:text="取消"/>
```

2）Java 文件 MainActivity，核心代码如下：

```
public class MainActivity extends AppCompatActivity {
    Button btn_login;          //定义登录按钮
    CheckBox checkBox1, checkBox2, checkBox3;    //定义复选框
    @ Override
    protected void onCreate(Bundle savedInstanceState) {
```

```
        super.onCreate(savedInstanceState);
        setContentView(R.layout.activity_main);
    //通过 ID 获取布局确认登录按钮
        btn_login = (Button) findViewById(R.id.btn_login);
    //通过 ID 获取布局复选框 1
        checkBox1 = (CheckBox) findViewById(R.id.checkbox1);
    //通过 ID 获取布局复选框 2
        checkBox2 = (CheckBox) findViewById(R.id.checkbox2);
    //通过 ID 获取布局复选框 3
        checkBox3 = (CheckBox) findViewById(R.id.checkbox3);
    //为确认登录按钮增加监听
       btn_login.setOnClickListener(new View.OnClickListener() {

          @ Override
          public void onClick(View v) {
            String checked = "";            //初始化保存选中的值为空
            if (checkBox1.isChecked()) { //判断第一个复选框是否被选中
              //选中时输出第一个复选框内信息
               checked += checkBox1.getText().toString() ;
              }
            if (checkBox2.isChecked()) { //判断第二个复选框是否被选中
              //选中时输出第二个复选框内信息
                checked += checkBox2.getText().toString() ;
              }
            if (checkBox3.isChecked()) { //判断第三个复选框是否被选中
                //选中时输出第三个复选框内信息
            checked += checkBox3.getText().toString() ;
              }
              //显示被选中复选框对应的信息
              Toast.makeText(MainActivity.this, checked,
Toast.LENGTH_LONG).show();
          }
       });
    }
}
```

以上代码运行的结果如图 6-24、图 6-25 所示。

### 6.3.6 开关按钮（ToggleButton）和开关（Switch）

开关按钮和开关均由普通按钮派生而来，可在选中和未被选中两种状态间进行切换，支持 Button 的各种属性和方法。在 XML 布局文件中，可通过标签<ToggleButton>和<Switch>添加两种开关按钮。android：textOn 和 android：textOff 属性分别用于定义被选中时和未被选中时组件上显示的文本。Switch 还支持表 6-9 所列的 XML 属性。

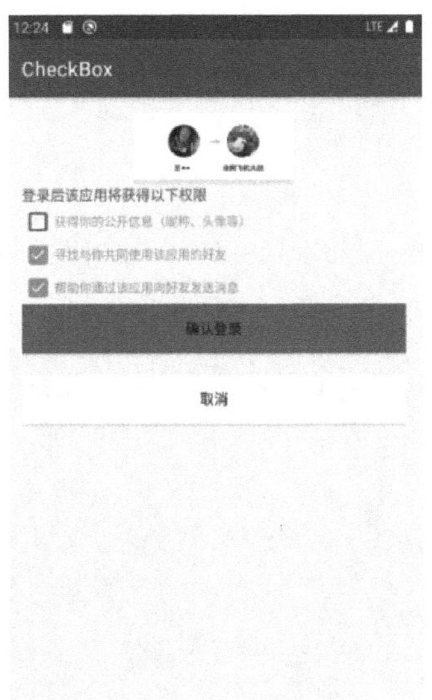


图 6-24　复选框选择界面

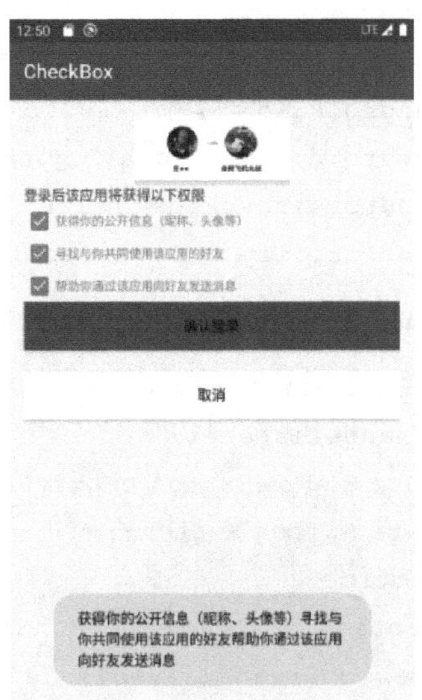


图 6-25　全选时输出界面

表 6-9　Switch 的 XML 属性

| 属性名 | 相关方法 | 功能描述 |
|---|---|---|
| android:switchMinWidth | setSwitchMinWidth(int) | 设置开关的最小跨度 |
| android:switchPadding | android:switchPadding(int) | 设置开关与标题文本之间的空白 |
| android:switchTextAppearance | setswitchTextAppearance(Context,int) | 设置开关图标上的文本样式 |
| android:thumb | setThumbResource(int) | 指定使用自定义 Drawable 绘制该开关的开关按钮 |
| android:track | setTrackResource(int) | 指定使用自定义 Drawable 绘制该开关的开关轨道 |
| android:typeface | setSwitchTypeface(Typeface) | 设置开关的文本字体风格 |

下面通过一个简单的实例介绍 ToggleButton 和 Switch 的使用方法。

1）布局文件 activity_main. xml 采用线性布局管理器，定义了一个 ToggleButton 和一个 Switch，核心代码如下：

```
<! --添加 ToggleButton 开关按钮-->
<ToggleButton
    android:layout_width="wrap_content"
    android:layout_height="wrap_content"
    android:textOn="开"  //设置打开状态时显示文字为"开"
    android:textOff="关"//设置打关闭态时显示文字为"关"
    android:id="@ +id/toggleButton"
    android:layout_gravity="center_horizontal"
    />
<! --添加 Switch 开关按钮-->
<Switch
    android:layout_width="wrap_content"
    android:layout_height="wrap_content"
    android:text="开关按钮"
```

```
    android:textOn="on" //设置打开状态时显示文字为"on"
    android:textOff="off"//设置打关闭态时显示文字为"off"
    android:id="@ +id/switch1"
    android:layout_gravity="center_horizontal"
    android:checked="false"
    android:id="@ id/switch1"//如果是 switch,会与 java 中的关键字产生冲突/>
```

2）Java 文件 MainActivity，核心代码如下：

```
public class MainActivity extends AppCompatActivity implements CompoundButton.On-
CheckedChangeListener {
    private ToggleButton toggleButton;
    private Switch Switch1;
    @ Override
    protected void onCreate(Bundle savedInstanceState) {
      super.onCreate(savedInstanceState);
      setContentView(R.layout.activity_main);
      //定位控件 ToggleButton
      this.toggleButton = (ToggleButton)
      this.findViewById(R.id.toggleButton);
    //为 ToggleButton 增加监听事件
      this.toggleButton.setOnCheckedChangeListener(this);
    //定位控件 Switch
    this.Switch1 = (Switch) this.findViewById(R.id.switch1);
    //为 Switch 增加监听
     this.Switch1.setOnCheckedChangeListener(this);
    }
    @ Override
    public void onCheckedChanged(CompoundButton buttonView, boolean isChecked) {
      String text = null ;
      if(buttonView instanceof ToggleButton){
     //判断是否为 ToggleButton 类实例化的对象
      text = ((ToggleButton)buttonView).getText().toString();
        }
        else if(buttonView instanceof Switch){
        //判断是否为 Switch 类实例化的对象
          Switch switch1 = ((Switch)buttonView);
          if (isChecked){
          //Switch 打开时获取 textOn 属性文字
            text = switch1.getTextOn().toString();
            }
            else{
            //Switch 打开时获取 textOn 属性文字
            text = switch1.getTextOff().toString();
            }
```

```
        }
    Toast.makeText(this, "text="+ text, Toast.LENGTH_SHORT).show();
            //显示文本提示框
      }
}
```

以上代码运行结果如图 6-26、图 6-27 所示。

图 6-26　开关关闭时界面图

图 6-27　开关打开时界面图

### 6.3.7　图像视图（ImageView）

ImageView 用于显示图片，继承自 View 类，派生了 ImageButton 等组件。任何 Drawable 对象也可以使用 ImageView 进行显示。在 XML 布局文件中，可通过标签< ImageView>添加图片。ImageView 的常用 xml 属性参照 ImageButton 组件，表 6-10 列出了 android：scaleType 和 android：adjustViewBounds 两种 XML 属性及相关方法。

表 6-10　ImageView 的 XML 属性

| 属性名 | 相关方法 | 功能描述 |
| --- | --- | --- |
| android:scaleType | setScaleType(ImageView. ScaleType) | 设置图像缩放或移动的类型,以适应 ImageView 的大小 |
| android:adjustViewBounds | setAdjustViewBounds(Boolean) | 设置 ImageView 是否调整自己的边界来保持所显示图片的长宽比 |

下面通过简单的实例介绍 ImageView 的使用方法，实例中使用 ImageView 标签显示了 4 张图片，不同图片的显示方式有所不同。布局文件 activity_main. xml 采用线性布局管理器，定义 4 张图片的代码如下：

```
<! --原尺寸显示的图像-->
<ImageView
    android:src="@ mipmap/flower"//指定显示对象的位置
    android:id="@ +id/imageView1"
    android:layout_margin="5dp"
    android:layout_height="wrap_content"
    android:layout_width="wrap_content"/>
<! -- 限制最大宽度和高度-->
<ImageView
    android:src="@ mipmap/flower"//指定显示对象的位置
    android:id="@ +id/imageView2"
    android:maxWidth="90dp"
    android:maxHeight="90dp"
```

```
        android:adjustViewBounds="true"
         android:layout_margin="5dp"
        android:layout_height="wrap_content"//对显示的高度进行限定
        android:layout_width="wrap_content"/>//对显示的宽度进行限定
    <! -- 缩放图片后将其放在右下角-->
    <ImageView
        android:src="@ mipmap/flower"//指定显示对象的位置
        android:id="@ +id/imageView3"
        android:scaleType="fitEnd"//保持纵横比缩放图片,缩放完成后将图片 放在 ImageView
的右下角
        android:layout_margin="5dp"
        android:layout_height="90dp"
        android:layout_width="90dp"/>
    <! -- 为图片进行着色-->
    <ImageView
        android:src="@ mipmap/flower"
        android:id="@ +id/imageView4"
        android:layout_height="90dp"
        android:layout_width="90dp"
        app:tint="#77262C9F" />//指定显示图片的颜色
</LinearLayout>
```

以上代码运行结果如图 6-28 所示。

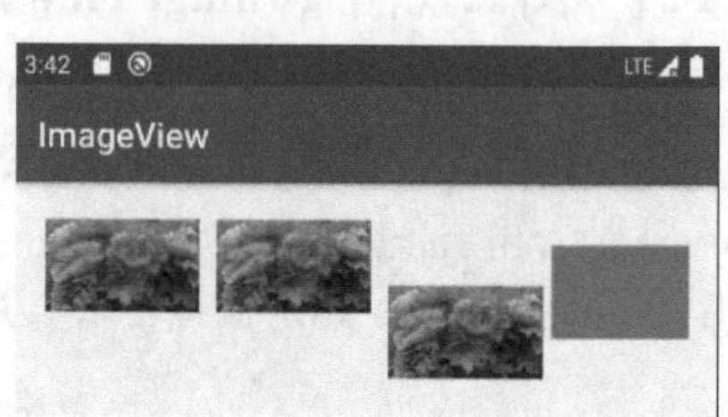


图 6-28　ImageView 效果图

## 6.4　UI 高级组件

用于 Android 应用 UI 界面开发的高级组件包括自动完成文本框、日期选择器、拖动条、进度条、选项卡等，下面将对自动完成文本框、日期选择器、拖动条三种高级组件的使用方法进行详细的介绍。

### 6.4.1　自动完成文本框（AutoCompleteTextView）

自动完成文本框用于实现输入一定的字符后显示出一个提示列表。提示列表的文字以输入字符为开头，可供用户参考和选择。类似百度和 Google 的搜索栏，只需要在搜索栏中输入几个关键字，就会出现一系列的相关信息并以列表形式显示出来。在 XML 布局文件中，可通过标签<AutoCompleteTextView>添加自动完成文本框。AutoCompleteTextView 继承自 EditText 类，因此除支持 EditText 的所有属性外，还具有表 6-11 列出的 XML 属性：

表 6-11　AutoCompleteTextView 的 XML 属性

| 属性名 | 相关方法 | 功能描述 |
|---|---|---|
| android:completionThreshold | setThreshold(int) | 用于指定用户至少输入几个字符会显示下拉菜单 |
| android:completionHint | setcompletionHint(CharSequence) | 用于为弹出的下拉菜单中指定提示标题 |
| android:dropDownHeight | setDropDownHeight(int) | 设置下拉菜单的高度 |
| android:dropDownWidth | setDropDownWidth(int) | 设置下拉菜单的宽度 |
| android:popupBackground | setDropDownBackgroundResource(int) | 设置下拉菜单的背景 |

AutoCompleteTextView 还派生了一个子类 MultiAutoCompleteTextView，该类的功能与 AutoCompleteTextView 基本相似，但允许一次输入多个提示项，提示项之间使用分隔号隔开。MultiAutoCompleteTextView 提供了 setTokennizer( ) 方法来设置分隔符。

自动完成文本框的提示内容被定义在一个数组中，使用 Adapter 适配器将数组与文本框关联起来。在 Java 编码部分需要创建一个 ArrayAdapter<String>类型的 Adapter（提示文本通常为字符型），然后使用 setAdapter( ) 函数将提示文本的内容封装到 Adapter 里。

下面通过一个简单的实例介绍这两种类型自动完成文本框的使用方法。该实例添加了 AutoCompleteTextView 和 MultiAutoCompleteTextView 两个类型的自动完成文本框，绑定了同一个 Adapter。这意味着两个自动完成文本框的提示项相同：

1）XML 布局文件 activity_main. xml 使用线性布局，定义自动完成文本框的核心代码如下：

```
<! --添加一个 AutoCompleteTextView -->
<AutoCompleteTextView
    android:id="@ +id/atv_content"
    android:layout_width="match_parent"
    android:layout_height="48dp"
    android:hint="请输入你要搜索的内容"//设置文本框为空时的提示文字
    android:completionThreshold="1"
    />
<! --添加一个 MultiAutoCompleteTextView -->
<MultiAutoCompleteTextView
    android:id="@ +id/matv_content"
    android:layout_width="match_parent"
    android:layout_height="48dp"
    android:completionThreshold="1"//设置文本框中至少输入一个字符才会显示提示文本
    />
```

2）Java 文件 MainActivity，核心代码如下：

```
public class MainActivity extends AppCompatActivity {
    //自动文本框
    private AutoCompleteTextView atv_content;
    private MultiAutoCompleteTextView mtv_content;
    private static final String[] data=new String[]{"kkkk","沙生生","小鸡鸡"};//定义
数据源
    @ Override
    protected void onCreate(Bundle savedInstanceState) {
      super.onCreate(savedInstanceState);
      setContentView(R.layout.activity_main);
atv_content=(AutoCompleteTextView)findViewById(R.id.atv_content);
mtv_content=(MultiAutoCompleteTextView)findViewById(R.id.matv_content);
ArrayAdapter<String>adapter=new ArrayAdapter<String>(this,android.R.layout.sim-
ple_dropdown_item_1line,data);//创建一个 Adapter 实例
    //将 AutoCompleteTextView 控件与 Adapter 绑定
    atv_content.setAdapter(adapter);
```

```
    //将 MultiAutoCompleteTextView 控件与 Adapter 绑定
    mtv_content.setAdapter(adapter);
    //为 MultiAutoCompleteTextView 设置分隔符
    mtv_content.setTokenizer(new MultiAutoCompleteTextView.CommaTokenizer());
  }
}
```

以上代码运行结果如图 6-29 所示。

图 6-29　自动完成文本框

## 6.4.2　日期选择器（DatePicker）

Andriod 系统提供了日期和时间两种选择器。在 XML 布局文件中，可通过标签<DatePicker>和<Ti mePicker>添加日期选择器和时间选择器。使用 DatePicker 时可指定表 6-12 所列的常见 XML 属性。

表 6-12　DatePicker 的常见 XML 属性

| 属性名 | 功能描述 |
| --- | --- |
| android:calendarViewShown | 设置是否显示 Calendar 组件 |
| android:endYear | 设置允许选择的最后一年 |
| android:maxDate | 设置支持的最大日期 |
| android:minDate | 设置支持的最小日期 |
| android:spinnersShown | 设置是否显示 Spinner 日期选择组件 |
| android:startYear | 设置允许选择的第一年 |

DatePicker 的监听函数为 OnDateChangedListener( )，下面以简单的实例介绍该组件的使用方法。

1）布局文件 activity_main. xml 使用线性布局，定义日期选择器的核心代码如下：

```
<! --创建日期选择器-->
<DatePicker
    android:id="@ +id/datePicker"
    android:layout_width="match_parent"
    android:layout_height="match_parent">
</DatePicker>
```

2）java 文件 MainActivity，核心代码如下：

```
public class MainActivity extends AppCompatActivity {
    int year,month,day;      //定义年,月,日
    DatePicker datePicker;   //定义日期选择器
    @ Override
    protected void onCreate(Bundle savedInstanceState) {
        super.onCreate(savedInstanceState);
        setContentView(R.layout.activity_main);
        datePicker= (DatePicker) findViewById(R.id.datePicker);
        //通过 ID 获取布局日期选择器
```

```
        Calendar calendar=Calendar.getInstance();      //获取当期日期
        year=calendar.get(Calendar.YEAR);             //获取当前年
        month=calendar.get(Calendar.MONTH);           //获取当前月
        day=calendar.get(Calendar.DAY_OF_MONTH);      //获取当前日
        //初始化日期选择器,并且在初始化时指定监听器
        datePicker.init(year, month, day, new DatePicker.OnDateChangedListener() {
          @ Override
          public void onDateChanged(DatePicker view, int year, int monthOfYear, int
dayOfMonth) {
                MainActivity.this.year=year;              //改变年的参数
                MainActivity.this.month=monthOfYear;       //改变月的参数
                MainActivity.this.day=dayOfMonth;         //改变日的参数
                show(year,monthOfYear,dayOfMonth);       //通过消息框显示日期
            }
        });
    }
    //获取选择器设置的日期
    private void show(int year, int monthOfYear, int dayOfMonth) {
      String str=year+"年"+monthOfYear+1+"月"+dayOfMonth+"日";
      //将选择的日期显示出来
Toast. makeText (MainActivity. this, str, Toast. LENGTH _
SHORT).show();
    }
}
```

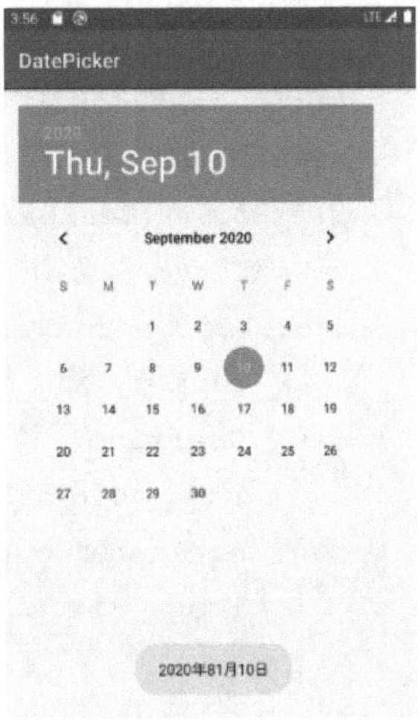

以上代码运行结果如图 6-30 所示。

### 6.4.3　拖动条（SeekBar）

拖动条允许用户拖动滑块来改变进度，通常用于实现对某种数值的调节，如调节音量等。SeekBar 使用 android：thumb 属性设置拖动滑块的外观，该属性的值是一个 Drawable 对象。拖动条通过 setOnSeekBarChangeListener（new SeekBar. OnSeekBarChangeListener()）方法添加监听事件。下面以实现图片透明度的设置为例介绍拖动条的使用方法。

图 6-30　日期选择器

1）布局文件 Activity_main. xml 使用线性布局管理器，定义拖动条的核心代码如下：

```
<! --设置一张山水图片-->
<ImageView
    android:id="@ +id/image"
    android:layout_width="match_parent"
    android:layout_height="250dp"
    android:src="@ mipmap/lijiang"/>
<! -- 定义一个拖动条 -->
<SeekBar
```

```
        android:id="@ +id/seekbar"
        android:layout_width="match_parent"
        android:layout_height="wrap_content"
        android:max="255"
        android:progress="255"
        />
    <! --属性图片 -->
    <ImageView
        android:layout_width="match_parent"
        android:layout_height="wrap_content"
        android:scaleType="fitXY"
        android:src="@ mipmap/meitu"/>
```

2）Java 文件 MainActivity，核心代码如下：

```
public class MainActivity extends AppCompatActivity {
    private ImageView image;            //定义图片
    private SeekBar seekBar;            //定义拖动条
    @ Override
    protected void onCreate(Bundle savedInstanceState) {
      super.onCreate(savedInstanceState);
      setContentView(R.layout.activity_main);
      image = (ImageView) findViewById(R.id.image);     //获取图片
      seekBar = (SeekBar) findViewById(R.id.seekbar);     //获取拖动条
        //为拖动条设置监听事件
        seekBar.setOnSeekBarChangeListener(new SeekBar.OnSeekBarChangeListener() {
        // 当拖动条的滑块位置发生改变时触发该方法
          @ Override
          public void onProgressChanged(SeekBar arg0, int progress,
            boolean fromUser) {
            image.setImageAlpha(progress); // 动态设置图片的透明度
            }
          @ Override
            public void onStartTrackingTouch(SeekBar bar) {//开始滑动
            }
          @ Override
            public void onStopTrackingTouch
            (SeekBar bar) {//停止滑动
            }
        });
    }
}
```

以上代码运行结果如图 6-31 所示。

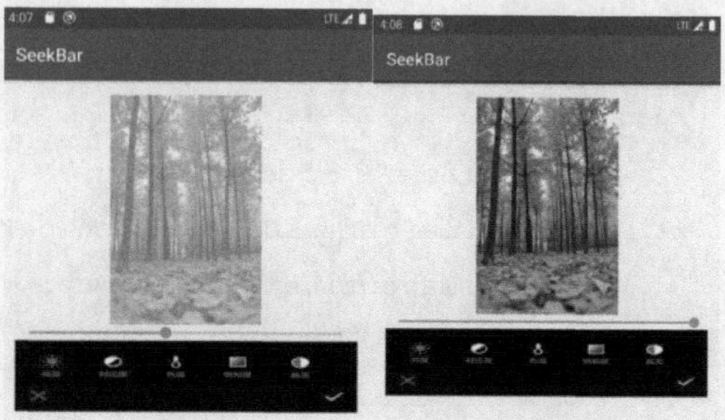

图 6-31　图片透明度的调节

# 习　题

1. 简述 Activity 生命周期的方法及作用。
2. 简述 Intent 实现 Activity 间数据传输的过程。
3. 简述三种 UI 界面的控制方式和实现步骤，并对比各自的优缺点。
4. 在屏幕中添加组件时，除了使用 XML 布局文件添加标记，是否还有其他的方法？
5. 列举 Android 中的常用布局，并简述它们各自的特点。
6. 简述自动文本框的应用场景，并说明使用该组件的步骤和方法。
7. 简述要实现图 6-32 所示的登录界面需要使用的布局管理器和组件，并编写该页面的 XML 布局文件。

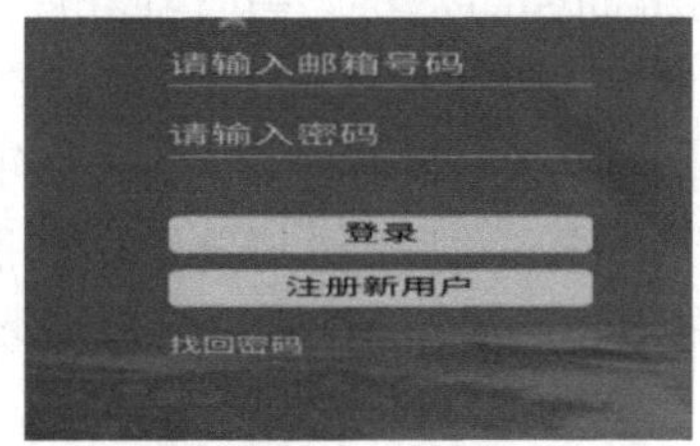


图 6-32　登录界面

# 第7章 Android事件处理机制

在第6章中，介绍了如何在Android Studio中进行应用的用户界面设计，本章介绍界面设计完成后，当用户通过用户界面的视图组件与系统交互时，Android框架是如何响应用户输入事件、传递消息及执行相关任务的。主要内容包括用户界面（UI）输入事件的响应处理，系统配置变化的响应处理，以及当采用多线程方式实现一个包含后台处理任务的应用时，采用异步任务（AsyncTask）和Handler方式改善性能和安全性的方法，并结合具体的Android示例介绍实现的方法。

## 7.1 用户UI输入事件处理

### 7.1.1 概述

如前述，典型的Android应用通常由一个或多个Activity组成。一个Activity则是一个独立的功能模块，该模块通常包含一个可视化的人机交互界面及相关功能代码。与Windows操作系统相似，Activity不仅给用户提供了一个可视化的交互界面，也是事件产生和响应的地方。

Android系统中有各类事件，事件通常是响应一个外部的输入操作时产生的。最常见的事件形式，以智能手机为例，包括用户与触摸屏之间各种形式的输入交互，输入法变更、屏幕显示方式等配置变更操作，连接其他外设等，此类事件属于输入事件。另外系统定时器的请求、故障告警等是系统运行时内部产生的事件。

Android是一个支持多任务、并发处理的现代操作系统，并针对移动应用的特点，提供了丰富的用户界面组件。因此，系统中同时运行的各类Android应用和系统服务会经常产生大量的并发事件，能否正确、高效地协调处理并发事件对Android系统的安全和性能影响很大。由于在多任务、并发运行的系统环境中每个应用都不掌握全局的信息，让每个应用来全权负责涉及自身的事件处理，很难消解冲突、保证安全、满足用户良好的性能体验要求。

实际情况中，Android系统的事件处理机制与Windows系统类似，即将事件调度的控制权从应用转交给Android框架。如前所述，Android框架既为应用提供运行环境，也提供编程接口和系统管理功能。在Android框架中维护了一个事件队列，一个事件发生时，先被Android框架接收到，并将事件放入这个队列中。然后Android框架按先进先出（FIFO）原则依次将队列中的事件处理通知分发到相应的应用程序。应用程序接到事件处理通知后，根据事件的类型调用相应的事件处理方法，执行应用需要的功能和过程处理。此种方式习惯上称为事件驱动方式。

基于事件驱动方式，系统按照一定的策略处理队列中的事件，如事件触发的顺序、优先级等。Android框架决定接下来处理哪个事件即为调度，这种集中控制的调度方式是事件驱动编程方法的一个主要优势，也是 Android 实现安全可靠的并发任务处理的基础。

为简化应用编程，Android 框架引入了事件监听器和回调方法的概念，它们在前端用户界面和应用程序的后端代码之间架起了桥梁。同时队列管理、事件检测、事件调度分发等细节由 Android 框架来处理，对程序员隐藏。具体编程中，一个 Activity 对应的用户界面中的视图组件如果要处理特定类型的事件，只需要注册合适的事件监听器并实现相应的事件处理回调方法即可。

## 7.1.2　事件监听器与回调方法

在介绍用户界面输入事件处理的完整示例程序之前，先来概述一下 Android 框架中的事件监听器类型注册和回调方法的实现。

在 Android 框架中，用户界面中的各类视图组件都是从 View 类派生的子类。View 类包含一系列的事件监听器接口，每个事件监听器接口都包含一个回调方法的抽象声明。一个用户界面上的视图组件为了响应特定类型的事件，必须注册合适的事件监听器并实现对应的回调方法。这样设计的目的是让事件处理的接口与接口的具体实现分离。接口与实现分离后，既便增加新接口以扩展功能，也能方便地实现代码的变更，有利于代码维护及测试。

为了能够处理传递给自己的事件，视图组件必须注册对应的事件监听器。以一个 button 视图响应一个单击事件为例，首先 button 通过调用 setOnClickListener( )方法来注册 View. onClickListener 事件监听器，然后实现 onClickListener 事件监听器的 onClick( )回调方法。程序运行中如果检测到“单击”事件发生在 button 视图所在位置，Android 框架就调用相应事件监听器的 onClick( )方法来处理事件，同时将事件从事件队列中删除。在 onClick( )回调方法的实现中，程序员可以根据需要编写相应代码，或调用其他任何方法来响应 button 的单击事件。表 7-1 列出了 Android 事件监听器类型。

表 7-1　Android 框架的事件监听器类型

| 事件监听器 | 对应的回调方法 | 说明 |
|---|---|---|
| onClickListener | public void onClick( View v)。参数 v 指的是发生单击事件的 View 组件 | 用于处理用户在一个视图组件上的单击事件 |
| onLongClickListener | public boolean onLongClick ( View v)。参数 v 含义同上,当返回 true 时,表示已经处理完此事件。若事件未处理完,则返回 false,该事件还可以继续被其他监听器捕获并处理 | 用于处理用户在一个视图组件上的长按事件 |
| onFocusChangeListener | public void onFocusChange( View v,Boolean hasFocus),其中参数 v 表示产生事件的事件源,hasFocus 表示事件源的状态,即是否获得焦点 | 用于处理 View 组件焦点改变事件。当 View 组件失去或获得焦点时会触发该事件 |
| onCreateContextMenuListener | public void onCreateContextMenu ( ContextMenu menu, View v,ContextMenuInfo info)。参数 menu 为事件的上下文菜单,参数 info 是该对象中封装的有关上下文菜单的其他信息 | 用于处理由于长时间触摸而创建的上下文菜单事件 |
| onKeyListener | public boolean onKey ( View v, int keyCode, KeyEvent event)。其中 keyCode 参数为键盘码;event 参数为键盘事件封装类的对象;其他参数含义同上 | 用于处理手机键盘事件,当 View 获得焦点并且键盘被敲击时会触发该事件 |
| onTouchListener | public boolean onTouch ( View v, MotionEvent event)。对应的参数同上 | 用于处理与触摸屏的任何形式的接触,包括单点、多点触摸、滑动和手势动作等事件 |

这里简单解释下什么叫回调（callback）。通常，商业操作系统都会为程序员提供一个 API，当程序员开发应用调用系统 API 提供的方法时，称为 calling。反之，如果是应用运行中操作系统来调用应用中的一个程序员编写的方法时，则称为回调。在事件驱动模式下，由于事件调度的控制权在操作系统，何时执行事件处理，谁来处理特定事件，必须由系统来决策，则实现回调机制就是题中应有之义。不过如何处理一个具体事件仍然是程序员的责任，按面向对象的观念，需要程序员编写代码实现相应的回调方法。

实践中，事件监听器有五种常用的实现方式：内部类形式、外部类形式、事件源所在 Activity 类作为事件监听器类、匿名内部类形式、绑定布局文件中 onclick 标签等。选择哪一种方式，需要程序员根据性能、维护等需求来决策。例如，某事件仅发生在 Activity 创建时执行一次，也不存在为其他 Activity 共享的需求，则可以用简单的匿名内部类形式来实现；如果某事件监听器需要多次在 Activity 间共享或不同的地方多次调用，则以外部类的形式实现就更为合适；如果事件处理需求非常简单，例如，应用的需求是当用户单击一个 button 组件后，简单调用一次回调方法 onClick( )，则可以采用绑定布局文件中 onclick 标签的方式来实现事件的监听回调。

假设一个 Activity 的布局文件中包含一个名为 myButton1 的按钮，单击按钮时执行调用在 activity 类中声明的一个名为 myButtonClick( )的方法。

首先在 layout 文件中修改 myButton1 组件的 onClick 属性如下：

```
<Button
   android:id="@ +id/myButton1"
   android:layout_width="wrap_content"
   android:layout_height="wrap_content"
   android:onClick="myButtonClick"
   android:text="Click me" />
```

然后在相应的 Activity 类中实现 myButtonClick( )方法。上述定义的 onClick 属性方法，提供了一种处理 click 事件的简单方法，但该方法的缺点是不能向视图组件的事件处理方法传递参数。更多的细节，将在接下来的实例中介绍。

### 7.1.3 事件处理程序实例

Click 事件和 LongClick 事件。

**1. 新建工程 Click**

具体步骤：运行 Android Studio，在 File 中选择 New，再选择 New Project，在弹出的 Choose your project 页选中 Phone and Tablet，再选中 Empty Activity，单击 Next 按钮进入 Configure your project 页，Name 为 Click，Package name 为 cn. edu. click，Save Location 为 D：\AndroidStudioProjects\Chapter7\Chap7_demo1\Click，Language 选择 Java，Minimum API level 选择 API 19：Android 4.4 (KitKat)，单击 Finish 按钮。

**2. 编写布局文件**

在 res\layout\activity_main. xml 中编写如下布局代码：

```
<? xml version="1.0" encoding="utf-8"? >
<LinearLayout xmlns:android="http://schemas.android.com/apk/res/android"
   android:layout_width="match_parent"
   android:layout_height="match_parent"
```

```
    android:orientation="vertical">
    <Button
        android:id="@ +id/myButton1"
        android:layout_width="match_parent"
        android:layout_height="wrap_content"
        android:onClick="myButtonClick"
        android:text="Click me"
        android:textSize="20dp"
        android:textColor="#000000"
        android:textAllCaps="false" />
    <Button
        android:id="@ +id/myButton2"
        android:layout_width="match_parent"
        android:layout_height="wrap_content"
        android:text="LongClick me"
        android:textSize="20dp"
        android:textColor="#000000"
        android:textAllCaps="false" />
</LinearLayout>
```

上述代码中新建了两个名为 Click me 和 LongClick me 的 Button，并在 Click me 按钮中添加了 onClick 属性，后续将分别为两个按钮绑定 Click 事件和 LongClick 事件。

**3. 编辑 MainActivity. java，并编译运行**

MainActivity. java 的代码如下：

```
package com. xupt. click;

import androidx. appcompat. app. AppCompatActivity;
import android. os. Bundle;
import android. util. Log;
import android. view. View;
import android. widget. Button;

public class MainActivity extends AppCompatActivity {
    private Button mBtnLongClick;

    @ Override
    protected void onCreate(Bundle savedInstanceState) {
        super. onCreate(savedInstanceState);
        setContentView(R. layout. activity_main);
        mBtnLongClick = findViewById(R. id. myButton2);
        mBtnLongClick. setOnLongClickListener(new
View. OnLongClickListener() {
            @ Override
            public boolean onLongClick(View view) {
```

```
                Log.d("TAG", "LongClick me 被长按了...");
                return true;
            }
        });
    }

    public void myButtonClick(View v) {
        switch (v.getId()){
            case R.id.myButton1:
                Log.d("TAG", "Click me 被点击了...");
                break;
        }
    }
}
```

上述代码中，采用实现 myButtonClick( )方法来绑定 Click 事件，使用匿名内部类的方式来绑定 LongClick 事件。后续的实例也将采用不同的方式来绑定事件，以加深读者的理解。为便于演示，事件的处理统一使用在控制台输出日志的方式实现。在实际使用中，可根据不同的需求来编写相应的功能代码。编译运行后控制台输出的结果如图 7-1 所示。

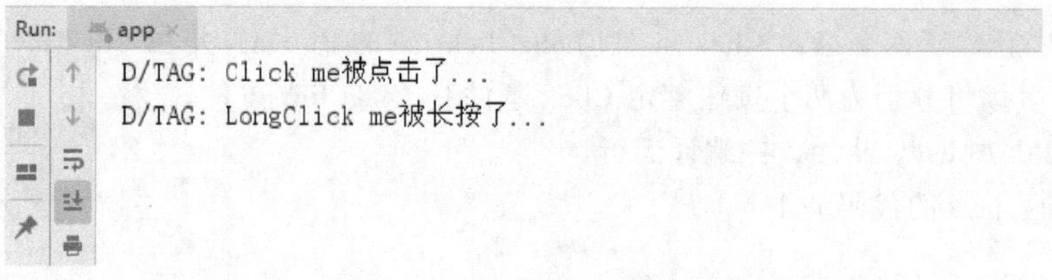


图 7-1　Click 事件和 LongClick 事件输出结果

## 7.2　系统配置改变事件处理

### 7.2.1　概述

智能移动终端与标准的现代桌面和笔记本计算机的配置相比，属于“资源受限”的系统，特别是在内存方面。因此在 Android 系统的设计上一方面是确保这些有限的资源得到有效的利用，另一方面是确保操作系统和在其上的应用程序始终保持对用户的及时响应，为用户提供良好的使用体验。

在 Android 系统使用运行中，经常发生诸如屏幕方向、语言、输入法、系统字体、位置等配置变更事件，上述变更通常都会引发 UI 外观的相应变更。在 Android 系统中，默认情况下任何影响 Activity 外观的配置更改都将导致 Activity 被销毁并重新创建。Android Runtime 这样做的主要原因是 UI 配置的变更，通常会导致系统分给一个应用的资源量的变更，简单地销毁和重新计算分配资源并创建受影响的 Activity，不失为一种响应配置更改的简便方式。

但在某些特殊情况下，Android 系统的默认行为可能既无必要，也影响用户的体验。此时 Android 系统提供了一种方法，允许程序员屏蔽特定配置事件的默认处理，自行编写检测和响应这些配置变更的代码，定制应用程序的响应，具体方法简介如下。

首先要让一个应用中的某 Activity 自己来处理运行时的配置更改，则需要修改应用的清单文件（AndroidManifest. xml）中相应的 Activity 节点，具体是添加一个 android：configChanges 属性到 Activity 的 manifest 节点，声明哪些配置的更改需要自己处理，如有多个需自己处理的事件，则用“｜”分隔符分开。在 android：configChanges 属性中，可以指定的配置更改类型见表 7-2。

**表 7-2　常用 android：configChanges 属性及作用**

| 属性值 | 含义 |
| --- | --- |
| mcc | 已检测到 SIM 卡，且移动国家代码已更改 |
| mnc | 已检测到 SIM 卡，且移动网络代码已更改 |
| locale | 用户修改了设备的语言设置 |
| keyboardHidden | 键盘或其他输入装置的可访问性发生变更，如已暴露或隐藏 |
| keyboard | 键盘类型发生了改变，比如用户使用了外接键盘 |
| fontScale | 用户更改了首选字体大小 |
| orientation | 屏幕方向在纵向和横向之间发生改变 |
| uiMode | 用户界面模式发生了改变，比如开启夜间模式、行车模式等 |
| screenLayout | 屏幕布局发生改变 |
| screenSize | 当可用的屏幕大小改变时发生 |

下例显示了一个应用的清单文件中的 Activity 节点，它声明自己要处理字体大小和方向的更改，代码如下：

```
<activity android:name=".MainActivity"
android:configChanges="orientation |fontScale "
android:label="@ string/app_name">
```

一旦做了上述声明，则相应的 Activity 在字体大小和方向发生更改的情况下，系统就不去执行对 Activity 的默认重启动作，而是调用 Activity 的 onConfigurationChanged( )方法来负责响应配置变更的处理。

可以看到 onConfigurationChanged( )也是一个回调方法，该方法的定义如下：

public void onConfigurationChanged （Configuration newConfig）

onConfigurationChanged 有一个参数 newConfig，它是一个 Configuration 对象，Activity 通过传入的 Configuration 对象来获取当前新的配置信息。在 Android 中，Configuration 类专门描述手机设备上的配置信息，这些信息既包括用户特定的配置项，也包括系统的动态设备配置。通过调用 Activity 的 getResources( ). getConfiguration( )方法可以获得 Configuration 对象，进而获取系统的各类配置信息。

下来需要重写 onConfigurationChanged( )方法来自己处理配置更改，代码如下：

```
@ Override
public void onConfigurationChanged(Configuration newConfig) {
    super.onConfigurationChanged(newConfig);
    if (newConfig.orientation ==
        Configuration.ORIENTATION_LANDSCAPE) {
        //对方向变更的处理代码
  }
    if (newConfig.fontScale ! = 1) {
        //对字体大小变更的处理代码
```

```
    }
}
```

当回调 onConfigurationChanged( )方法时，Activity 的配置变量就已经被更新了，此时用户编写自己的代码使用它们就是安全的。需要注意的是，重写 onConfigurationChanged( )方法时，应确保回调超类，以便重新加载该 Activity 使用的所有资源值，以防它们发生了变化。另外任何没有在清单文件中显式声明的配置更改，Android 系统还是按默认方式处理。

### 7.2.2 重写 onConfigurationChanged 方法响应系统设置更改

实例：监听屏幕方向的改变。

**1. 新建工程 ScreenRotation 并编写布局文件**

新建一个名为 ScreenRotation 的工程，在 activity_main. xml 中添加一个 Button，代码如下：

```
<? xml version="1.0" encoding="utf-8"? >
<LinearLayout
xmlns:android="http://schemas.android.com/apk/res/android"
    android:layout_width="match_parent"
    android:layout_height="match_parent"
    android:gravity="center">
    <Button
        android:id="@ +id/btn_screenrotation"
        android:layout_width="200dp"
        android:layout_height="wrap_content"
        android:text="点击切换屏幕方向"
        android:textSize="20dp"
        android:textColor="#000000"/>
</LinearLayout>
```

**2. 编辑 MainActivity. java**

MainActivity. java 的代码参考如下：

```
package com.xupt.screenrotation;

import androidx.appcompat.app.AppCompatActivity;
import android.content.pm.ActivityInfo;
import android.content.res.Configuration;
import android.os.Bundle;
import android.view.View;
import android.widget.Button;
import android.widget.Toast;

public class MainActivity extends AppCompatActivity implements View.OnClickListener{
    private Button mBtnScreenRotation;

    @ Override
```

```
    protected void onCreate(Bundle savedInstanceState) {
        super.onCreate(savedInstanceState);
        setContentView(R.layout.activity_main);
        mBtnScreenRotation = findViewById(R.id.btn_screenrotation);
        mBtnScreenRotation.setOnClickListener(MainActivity.this);
    }

    @Override
    public void onConfigurationChanged(Configuration newConfig) {
        super.onConfigurationChanged(newConfig);
        String screen = newConfig.orientation == Configuration.
                ORIENTATION_LANDSCAPE ? "横屏" : "竖屏";
        Toast.makeText(MainActivity.this,
                "系统屏幕方向发生改变 \n 修改后的方向为"
                + screen, Toast.LENGTH_SHORT).show();
    }
    @Override
    public void onClick(View view) {
        if (view.getId() == R.id.btn_screenrotation) {
            Configuration config = getResources()
                    .getConfiguration();
            //如果是横屏的话切换成竖屏
            if(config.orientation == Configuration
                    .ORIENTATION_LANDSCAPE)
            {
MainActivity.this.setRequestedOrientation(ActivityInfo
                        .SCREEN_ORIENTATION_PORTRAIT);
            }
            //如果竖屏的话切换成横屏
            if(config.orientation == Configuration
                    .ORIENTATION_PORTRAIT)
            {
  MainActivity.this.setRequestedOrientation(ActivityInfo
                        .SCREEN_ORIENTATION_LANDSCAPE);
            }
        }
    }
}
```

上述代码中，点击事件使用事件源所在 Activity 类作为事件监听器类来实现，即让 MainActivity 实现 View. onClickListener 这个接口，再重写 onClick( )方法，在方法体中实现对屏幕方向的设置。

### 3. 编译运行

编译运行，结果如图 7-2 所示，初始显示为竖屏，点击按钮后，显示变为横屏。

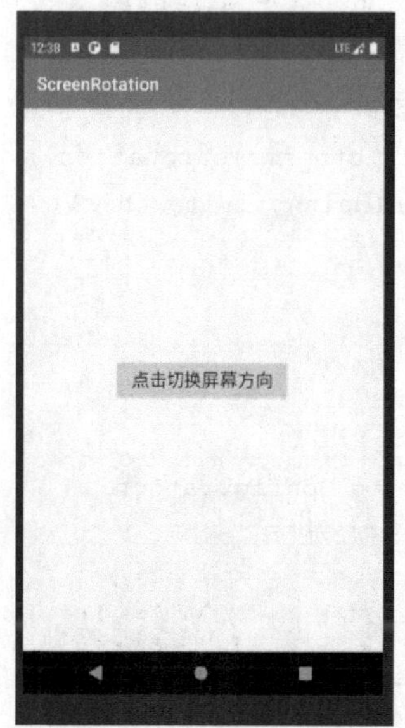

图 7-2　屏幕旋转

# 7.3　异步任务（AsyncTask）

## 7.3.1　概述

在介绍异步任务类 AsyncTask 的使用方法前，有必要简略回顾下 Android 系统中应用与线程的关系。在 Android 系统中，每个正在运行的应用程序都是一个单独的进程，每个进程可以包含多个线程，现代操作系统引入线程的目的是为了在应用程序中实现多任务的并行处理。

每个 Android 应用首次启动时，系统将为其创建一个单线程，该应用的所有组件默认均在该线程中运行，这个线程就是 Android 应用的主线程。通常主线程的基本职责是处理用户界面产生的事件，与用户界面中的视图交互。所有的组件都在主线程执行时，如果某些组件执行的是高耗时的任务，如 I/O 处理、复杂计算等，在该任务正在执行时，如果用户点击用户界面组件，整个应用程序出现被锁定的状态，对用户的动作没有响应。通常会导致操作系统向用户显示“应用程序没有响应”警告，直到高耗时组件的任务完成。

创建一个名为 AsyncTaskDemo 的简单应用做个测试，公司域名使用 xupt.com。AsyncTask-Demo 的用户界面上有两个视图组件，TextView 的 id 名为 asyncTextView，Button 的 id 名为 click-MeButton。为简单起见，直接修改布局文件中 Button 组件的 onClick 属性，为其绑定一个名为 buttonClickMe 的事件处理方法。buttonClickMe( )就是简单地执行 10 秒钟的延时，然后在 Text-View 对象上显示不同的文本。MainActivity.java 代码如下：

```
package com.xupt.asynctaskdemo;
import androidx.appcompat.app.AppCompatActivity;
import android.os.Bundle;
import android.view.View;
import android.widget.TextView;
```

```
public class MainActivity extends AppCompatActivity {
    private TextView asyncTextView;
    @ Override
    protected void onCreate(Bundle savedInstanceState){
        super.onCreate(savedInstanceState);
        setContentView(R.layout.activity_main);
        asyncTextView=findViewById(R.id.asyncTextView);
    }

    public void buttonClickMe(View view){
        int i=0;
        while (i <=10){
            try {
                Thread.sleep(1000);
                i++;
            }
            catch (Exception e){
            }
        }
        asyncTextView.setText("Clicked Me");
    }
}
```

启动 AsyncTask 应用，首先显示图 7-3 中左侧的用户界面，然后立即连续单击 Click Me 按钮。10 秒已经足够冗长，由于 buttonClickMe 未执行完任务，此时系统提示“AsyncTask isn’t responding”。稍事等待，单击“waiting”选项，则很快显示右侧界面。显然这会带给用户很差的使用体验。

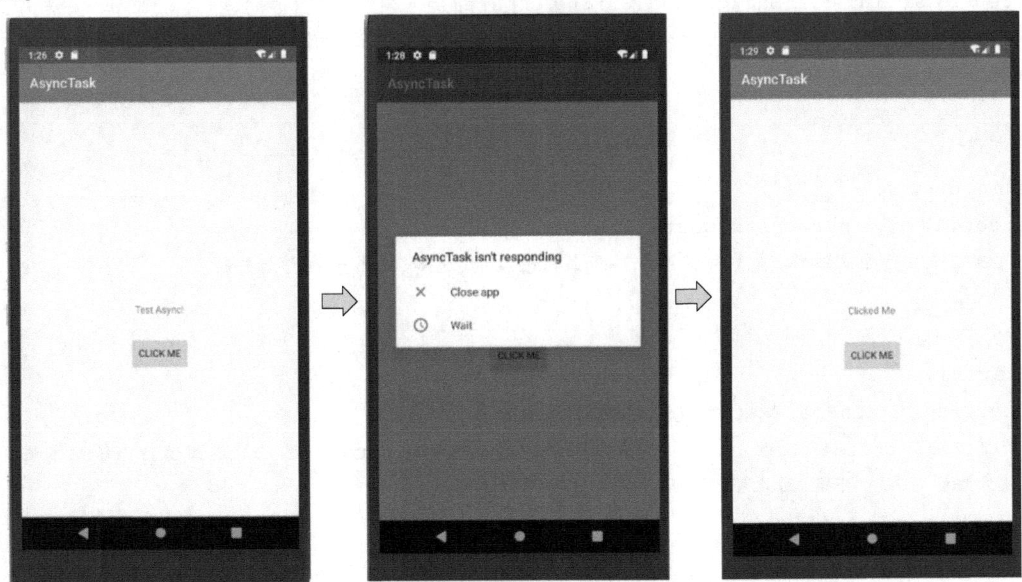


图 7-3　执行高耗时任务出现的用户界面锁定状态

为避免主线程的基本任务被其他任务干扰，简单的方法就是将高耗时任务放到单独的后台线程中执行，这也是 Android 开发要遵循的一个基本规则：永远不要在应用的主线程执行高耗时的任务。另外一点也需要说明，Android 支持多线程，但在用户界面处理上却未提供多线程并发处理的安全机制，因此要求对用户界面的任何更改都必须始终在主线程中执行，以预防不可预测的程序行为。

## 7.3.2 AsyncTask 类工作原理

如果应用程序中既包含高耗时的任务，也需要更新用户界面，在 Android 系统中，最简便的方式是采用 AsyncTask 类实现异步处理。AsyncTask 类封装了一个线程的创建、管理和同步过程。程序员使用 AsyncTask 类能够自定义后台执行的任务，监视任务执行进度，以及任务执行期间和任务完成后通知主线程执行 UI 更新等工作，从而简化了程序员的编程复杂度。

使用 AsyncTask 类创建一个在后台执行高耗时任务的新线程，方法很简单：定义一个 AsyncTask 类的子类，重写 AsyncTask 类中的相关方法，在主线程中创建一个子类的实例并运行即可，定义子类方法如下：

```
import android.os.AsyncTask;

public class MainActivity extends AppCompatActivity {

private class MyAsyncTask extends AsyncTask<String, Integer, String> {
@ Override
protected void onPreExecute(){
//注:该方法在主线程中执行,在后台任务执行之前调用,负责初始化工作,可执行用户界面更新。
}

@ Override
protected String doInBackground(String...params){
//注:该方法运行于后台线程上,需后台执行的代码位于此方法中。该方法不能直接访问主线程,因此不能
在该方法中更新用户界面。
}

@ Override
protected void onProgressUpdate(Integer...values){
//注:该方法运行于主线程,负责实现用户界面上的进度条、通知、视图等的定期更新。
}

@ Override
protected void onPostExecute(String result){
//注:该方法在 doInBackground()执完成后调用。doInBackground()方法的返回值传递给此方法。另
外,该方法运行在主线程,因此可以在此方法中更新用户界面。
}
}
```

上例中，AsyncTask 类定义使用了三种不同的参数类型：

private class MyAsyncTask extends AsyncTask< String, Integer, String >

上述三个参数，分别对应 doInBackground( )，onProgressUpdate( )和 onPostExecute( )三个方法的参数。假如一个方法不需要参数，则使用 void 类型来代替。

实践中经常需要将高耗时任务的执行进度在主线程的用户界面中周期更新，而在 doInBackground( )方法中不能直接更新用户界面，AsyncTask 提供了一个 publishProgress( )方法，每次从 doInBackground( )方法中调用 publishProgress( )方法时，系统都会调用一次 onProgressUpdate( )方法，这样就可以通过 onProgressUpdate( )方法实现用户界面更新。

通过 AsyncTask 实现了异步任务子类后，下一步就可以在主线程中创建一个新的实例，调用 execute 来执行它，并根据需要传入所需参数：

String Arg = " Hello . . . " ;

new MyAsyncTask( ). execute （Arg）;

利用 AsyncTask 可以改造 7. 3. 1 节中的例子。首先将 10 秒钟延时的代码从 buttonClickMe( )方法移动到 doInBackground( )方法，代码如下：

```
@ Override
protected String doInBackground(String...params){
    //延时 10 秒;
    return " Clicked Me ";
}
```

下一步将 asyncTextView 更新显示的代码移动到 onPostExecute( )方法中，代码如下：

```
@ Override
protected void onPostExecute(String result){
    asyncTextView.setText(result);
}
```

最后修改 buttonClickMe( )方法，开始异步任务的执行，代码如下：

```
public void buttonClickMe(View view){
    AsyncTask delayTask=new MyAsyncTask();
    delayTask.execute();
}
```

注意，每个异步任务实例只能执行一次。如果试图第二次调用 execute，将引发异常。

## 7.3.3　异步任务实例

实例说明：该实例模拟后台更新任务，当点击“开始更新“按钮后，当前界面出现更新进度条，进度条每秒增加 10%，增加到 100%即为后台下载完成。下载完成后弹出安装提示对话框，可点击“确定”进行安装或点击“取消”放弃安装。

**1. 新建工程 AsyncTask，并编写布局文件**

新建一个名为 AsyncTask 的工程，在 activity_main. xml 中分别添加一个 Button 和一个 ProgressBar，代码如下：

```
<? xml version="1.0" encoding="utf-8"? >
<LinearLayout xmlns:android="http://schemas.android.com/apk/res/android"
```

```
    android:layout_width="match_parent"
    android:layout_height="match_parent"
    android:orientation="vertical">
    <Button
        android:id="@ +id/btn_download"
        android:layout_width="200dp"
        android:layout_height="wrap_content"
        android:layout_marginTop="50dp"
        android:layout_gravity="center_horizontal"
        android:text="开始下载"
        android:textColor="#000000"
        android:textSize="20dp" />
    <ProgressBar
        android:id="@ +id/pb"
        android:layout_width="350dp"
        android:layout_height="20dp"
        android:layout_gravity="center_horizontal"
        android:layout_marginTop="250dp"
        android:max="100"
        android:visibility="invisible"
        style="? android:attr/progressBarStyleHorizontal"/>
</LinearLayout>
```

2. 编辑 MainActivity. java

MainActivity. java 的代码如下：

```
package com. xupt. asynctask;

import androidx. appcompat. app. AlertDialog;
import androidx. appcompat. app. AppCompatActivity;
import android. content. Context;
import android. content. DialogInterface;
import android. os. AsyncTask;
import android. os. Bundle;
import android. util. Log;
import android. view. View;
import android. widget. Button;
import android. widget. ProgressBar;
import android. widget. Toast;

public class MainActivity extends AppCompatActivity {
    private Button mBtnDownload;
    private ProgressBar mProgressBar;
    private Context mContext;
    private AlertDialog alert=null;
```

```
private AlertDialog.Builder builder=null;

@ Override
protected void onCreate(Bundle savedInstanceState){
    super.onCreate(savedInstanceState);
    setContentView(R.layout.activity_main);
    mContext=MainActivity.this;
    mBtnDownload=findViewById(R.id.btn_download);
    mProgressBar=findViewById(R.id.pb);
    mBtnDownload.setOnClickListener(new View.OnClickListener(){
        @ Override
        public void onClick(View view){
            new AsyncTaskTest().execute();
        }
    });
}

class AsyncTaskTest extends AsyncTask<Void,
        Integer, Boolean> {
    int progress=0;
    @ Override
    protected void onPreExecute(){
        super.onPreExecute();
        Log.d("TAG", "准备下载");
        mProgressBar.setVisibility(View.VISIBLE);
    }
    @ Override
    protected Boolean doInBackground(Void...voids){
        Log.d("TAG", "正在下载");
        try {
            while (true){
                Thread.sleep(1000);
                progress +=10;
                publishProgress(progress);
                if (progress >=100){
                    break;
                }
            }
        } catch (Exception e){
            return false;
        }
        return true;
    }
    @ Override
```

```
        protected void onProgressUpdate(Integer... values){
            super.onProgressUpdate(values);
            Log.d("TAG", "下载进度:" + values[0] + "% ");
            mProgressBar.setProgress(values[0]);
        }
        @ Override
        protected void onPostExecute(Boolean aBoolean){
            super.onPostExecute(aBoolean);
            if (aBoolean){
                Log.d("TAG", "下载成功");
                builder=new AlertDialog.Builder(mContext);
                //下载完成后弹出安装提示框
                alert=builder.setTitle("系统提示:")
                        .setMessage("应用下载完成,单击确定进行安装")
                        .setNegativeButton("取消",
                                new DialogInterface.OnClickListener(){
                        @ Override
                        public void onClick(DialogInterface
dialogInterface, int i){
                                Toast.makeText(mContext, "单击了取消键...",
                                        Toast.LENGTH_SHORT).show();
                                }
                            })
                    .setPositiveButton("确定",
new DialogInterface.OnClickListener(){
                                @ Override
                                public void onClick(DialogInterface
dialogInterface, int i){
                                Toast.makeText(mContext, "单击了确定键...",
                                        Toast.LENGTH_SHORT).show();

                                }
                        }).create();
                mProgressBar.setVisibility(View.GONE);
                alert.show();
            } else {
                Log.d("TAG", "下载失败");
            }
        }
    }
}
```

**3. 编译运行**

编译运行后界面显示结果如图 7-4 所示，控制台输出结果如图 7-5 所示。

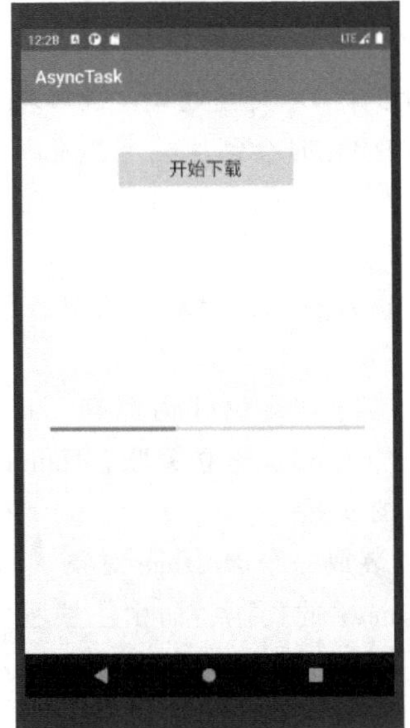

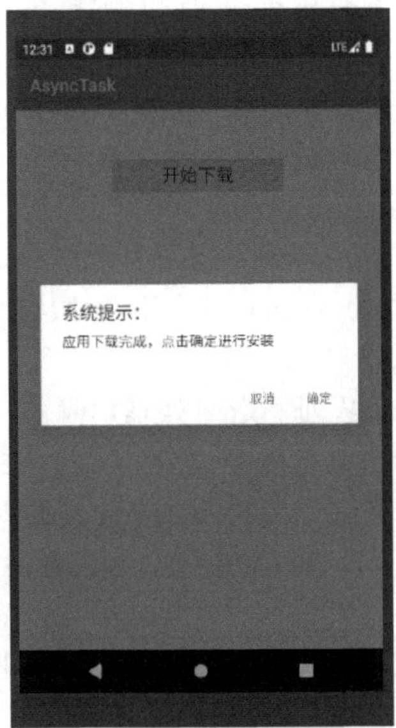

图 7-4　下载更新界面

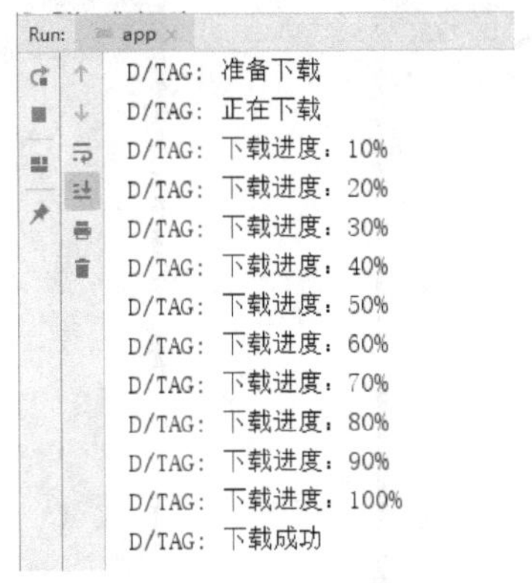


图 7-5　日志输出

## 7.4　Handler 消息传递机制

### 7.4.1　Handler 机制概述

使用 AsyncTask 可以非常方便地解决高耗时任务对主线程的性能影响，以及其他线程更新主线程用户界面的需求。但实践中有时候确实需要自行创建一个线程并管理其生命周期，而不是交给 Android 框架来处理，当该线程也需要向主线程返回信息时，注意 Android 不允许其他线程直接更新主线程用户界面的任何内容这一限制，在这种情况下，Android 框架提供了另外一种方法——Handler。

与 AsyncTask 关注将“高耗时”任务用一个单独的后台线程执行稍有差异，Handler 的重点是提供一种通用的基于消息队列的线程间通信机制。具体讲任何线程要与主线程通信，都必须先把信息封装成一条消息，通过 Handler 将消息放入一个消息队列中，然后由主线程来统一处理消息队列中的消息，例如，主线程执行用户界面的安全更新。

Handler 消息机制涉及 UI 主线程和 4 个 Android 类，下面简述它们各自的功能：

1）UI 主线程：系统为每个应用都会创建一个主线程，因主线程负责 UI 交互处理，很多教材也称其为 UI 主线程。主线程是一种带有消息队列的特殊线程，它在初始化时会创建一个 Looper 对象和一个与 Looper 对象关联的 MessageQueue 对象。

2）MessageQueue：它实现一个消息队列，其中存放 Message 对象。

3）Looper：管理 MessageQueue 的 Android 类，不断地从中取出 Message 分发给对应的 Handler 处理。每个线程有且只有一个 Looper 对象。

4）Handler：向一个线程的消息队列发送与处理消息的 Android 类，实际上任何拥有 Looper 对象的线程，都可以通过消息队列与其他线程通信。通过与主线程的 Looper 建立关联，Handler 对象就可以检索和处理主线程消息队列中的消息，实现与主线程 UI 的交互。

5）Message：一个 Android 类，Handler 接收与处理的消息必须封装成一个 Message 对象。

一般的需求，程序员并不需要直接编写处理 Looper 和 MessageQueue 的代码，而由主线程完成相关工作。可以将 7.3.2 节中使用 AsyncTask 处理高耗时应用、更新主线程 UI 的例子，采用 Handler 机制来实现，以做对比。

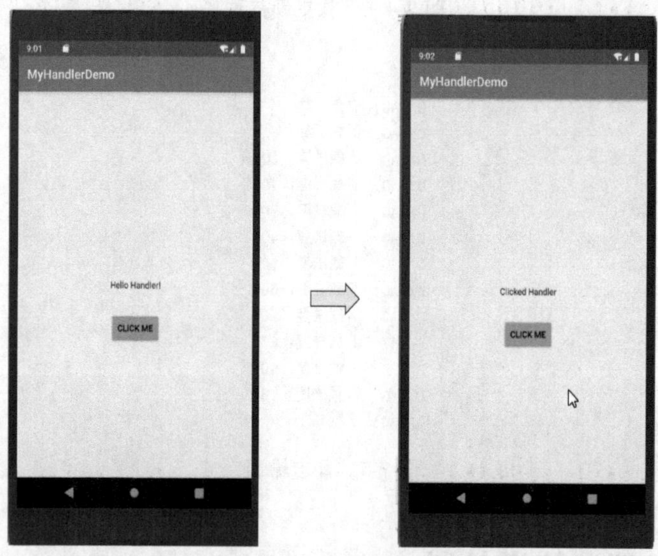


图 7-6　采用 Handler 消息机制执行高耗时任务的用户界面状态

如图 7-6 所示，创建一个简单的用户界面，包含一个 TextView 和一个 Button 视图，初始 TextView 在屏幕上显示“Hello Handler!”，为 Button 绑定一个事件处理方法 buttonClickMe()，点击 Button 则调用该方法，buttonClickMe()先执行 10 秒延时，然后通过 Handler 向主线程发一条消息“Clicked Handler”，主线程收到消息后更新 UI。主要代码部分如下：

```
package com.xupt.myhandlerdemo;

import androidx.appcompat.app.AppCompatActivity;
import android.os.Bundle;
import android.os.Handler;
import android.os.Message;
```

```
import android.view.View;
import android.widget.TextView;

public class MainActivity extends AppCompatActivity {
    private TextView mTextView;

    Handler mHandler=new Handler(){
        @Override
        public void handleMessage(Message msg){
            //接收和处理来自其他线程的消息
            String s=msg.obj.toString();
            mTextView.setText(s);
        }
    };

    @Override
    protected void onCreate(Bundle savedInstanceState){
        super.onCreate(savedInstanceState);
        setContentView(R.layout.activity_main);

        mTextView=findViewById(R.id.myTextView);
    }

public void buttonClickMe(View view){
        new Thread(new Runnable(){
            @Override
            public void run(){
                Message msg=Message.obtain();
//先用 Message.obtain()创建一个空消息
                //封装待发送信息到一个 Message 实例中
                msg.obj="Clicked Handler";
                int i=0;
                while (i <=10)try {
                    Thread.sleep(1000);
                    i++;
                } catch (Exception e){
                }
//向主线程发送消息
        MainActivity.this.mHandler.sendMessage(msg);
            }
        }).start();
    }
}
```

简略地解释一下关键代码：Handler mHandler = new Handler( )。该句在当前线程中创建一个 Handler 实例 mHandler，由于 Handler( )没有指定参数，则默认 mHandler 与创建它的线程即主线程的 Looper 关联。

当然，可以在创建一个 Handler 实例时明确指定与哪个线程的 Looper 关联，例如，Handler handler = new Handler （Looper. getMainLooper( )）；就明确指明与主线程关联。

当 Handler 绑定的 Looper 是主线程的时，则该 Handler 就可以在其 handleMessage( )中接收消息，更新 UI，否则更新 UI 时会抛出异常。

本例中向主线程发送消息在 buttonClickMe( )中完成，buttonClickMe( )首先生成一个子线程，然后先用 Message. obtain( )获得一个空白消息对象，执行 10 秒延时后，把要发送给主线程的信息先封装到一个 Message 消息中，然后调用 Handler 的 sendMessage( )方法向主线程的消息队列发送消息。运行这个程序后，在 10 秒内，当连续点击 button 按钮时，用户界面不会出现“挂起”无响应的情况。有了这一节的原理简介，7. 4. 2 小节将给出一个完整的程序实例。

## 7. 4. 2　Handler 应用实例

实例：使用新线程计算质数。

实例说明：本实例将使用 Handler 消息传递机制通知新线程计算质数。输入一个大于 0 的整数，点击“开始计算”，将会显示出 0 到该数字内的所有质数。

### 1. 新建工程 AsyncTask 并编写布局文件

新建一个名为 CalPrime 的工程，在 activity_main. xml 中分别添加一个 EditText、一个 Button 和一个 TextView，代码如下：

```
<? xml version="1.0" encoding="utf-8"? >
<LinearLayout xmlns:android="http://schemas.android.com/apk/res/android"
android:id="@ +id/RelativeLayout1"
    android:layout_width="match_parent"
    android:layout_height="match_parent"
    android:orientation="vertical">
    <EditText
        android:id="@ +id/et_input"
        android:layout_width="300dp"
        android:layout_height="50dp"
        android:inputType="number"
        android:hint="请输入上限"/>
    <Button
        android:id="@ +id/btn_cal"
        android:layout_width="100dp"
        android:layout_height="wrap_content"
        android:text="开始计算"/>
    <TextView
        android:id="@ +id/tv_output"
        android:layout_width="350dp"
        android:layout_height="400dp"
        android:layout_gravity="center_horizontal"
```

```
    android:layout_marginTop="50dp"
    android:text=""
    android:textColor="#000000"
    android:textSize="20dp"/>
    </LinearLayout>
```

2. 编辑 MainActivity. java

MainActivity. java 的代码如下：

```
package com.xupt.calprime;

import androidx.appcompat.app.AppCompatActivity;
import android.os.Bundle;
import android.os.Handler;
import android.os.Looper;
import android.os.Message;
import android.view.View;
import android.widget.Button;
import android.widget.EditText;
import android.widget.TextView;
import java.util.ArrayList;
import java.util.List;

public class MainActivity extends AppCompatActivity {
    static String NUM_UPPER="upper";
    private String output;
    private EditText mEtNum;
    private Button mBtnCal;
    private TextView TvOutput;
    Handler mHandler=new Handler();

    @Override
    protected void onCreate(Bundle savedInstanceState){
        super.onCreate(savedInstanceState);
        setContentView(R.layout.activity_main);
        mEtNum=findViewById(R.id.et_input);
        mBtnCal=findViewById(R.id.btn_cal);
        TvOutput=findViewById(R.id.tv_output);

        new Thread(new Runnable(){
            @Override
            public void run(){
                Looper.prepare();
                mHandler=new Handler(){
                    @Override
```

```
                public void handleMessage(Message msg){
                    if (msg.what==0){
                        int upper=msg.getData()
                            .getInt(MainActivity.NUM_UPPER);
                        List<Integer> numbers=new ArrayList<Integer>();
                        // 计算从 2 开始、到 upper 的所有质数
                        outer:
                        for (int i=2; i<=upper; i++){
                            // 用 i 处于从 2 开始、到 i 的平方根的所有数
                                for (int j=2; j<=Math.sqrt(i); j++){
                                // 如果可以整除,表明这个数不是质数
                                if (i!=2 && i % j==0){
                                    continue outer;
                                }
                            }
                            numbers.add(i);
                        }
                        // 使用 TextView 显示统计出来的所有质数
                        output="0 到" + upper + "之间的所有质数为:
                            " +" " + numbers.toString()+
                            ",共计" + numbers.size()+ "个";
                        TvOutput.setText(output);
                    }
                }
            };
            Looper.loop();
        }
    }).start();

    mBtnCal.setOnClickListener(new View.OnClickListener(){
        @ Override
        public void onClick(View view){
            Message msg=Message.obtain();
            msg.what=0;
            Bundle bundle=new Bundle();
            bundle.putInt(NUM_UPPER, Integer.parseInt(
                    mEtNum.getText().toString()));
            msg.setData(bundle);
            mHandler.sendMessage(msg);
        }
    });
  }
}
```

### 3. 编译运行

编译运行后，输入整数 100，点击“开始计算”，输出结果如图 7-7 所示，100 以内的所有质数为 2，3，5，7，11，13，17，19，23，29，31，37，41，43，47，53，59，61，67，71，73，79，83，89，97，共计 25 个。还可以输入其他整数，请读者自行验证。

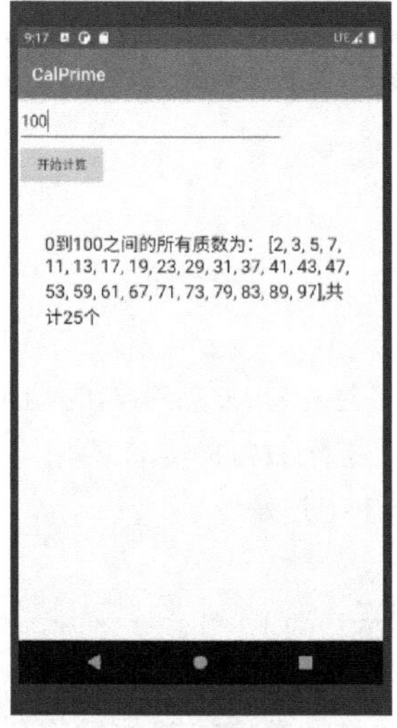


图 7-7　计算质数输出结果

## 习　题

1. 事件监听器有几种常见的实现方式？简述各自适用于何种场景。
2. 与同步任务相比较，使用异步任务的方式，有哪些优点？
3. 什么是 UI 主线程，与 Handler 有关的 4 个 Android 类的功能分别是什么？
4. 编写一个程序，输入两个整数值，点击 Button 按钮后显示两个数的最小公倍数。
5. 编写一个能实现定时切换图片功能的程序，具体要求是通过 Timer 定时器定时修改 ImageView 显示的内容，从而循环播图。

# 第8章 Android网络与通信编程

在许多Android应用系统中，网络通信是一项基本的功能。本章介绍Android App开发常用的一些网络通信技术，主要包括如何进行HTTP接口调用与图片获取、如何运用Socket通信技术、如何实现蓝牙连接以及如何进行JNI开发等。

## 8.1 Android Socket编程

套接字（Socket）是支持TCP/IP网络通信的基本操作单元，可以看作是不同主机之间的进程进行双向通信的端点，简单来说就是通信双方的一种约定，用套接字中的相关函数来完成通信过程。某个程序将一段信息写入套接字中，该套接字就会将这段信息发送给另外一个套接字，就像电话线的两端一样，这样另一端的程序就通过自己的套接字接收这段信息。在Android应用系统中，Socket通信是实现网络通信的基础。

### 8.1.1 网络地址InetAddress

在Java的API中，java.net包是用来提供网络服务的。java.net包中含有各种专门用于开发网络应用程序的类，程序开发人员使用该包中的类可以很容易地建立基于TCP可靠连接的网络程序，以及基于UDP不可靠连接的网络程序。

任何一台运行在Internet上的主机都有IP地址和当地DNS能够解析的域名。在java.net包中相应地提供了IP地址的封装类InetAddress。

java.net包中的InetAddress类是与IP地址相关的类，利用该类可以获取IP地址、主机名称等信息。InetAddress实现了java.io.Serializable接口，不允许继承。它通过以下3个方法返回InetAddress实例：

▲ getByName：根据主机IP或主机名称获取InetAddress对象。

▲ getHostAddress：获取主机的IP地址。

▲ getHostName：获取主机的名称。

表8-1列出了InetAddress类的常用方法。

表8-1 InetAddress类的常用方法

| 方法名称 | 方法说明 | 返回类型 |
|---|---|---|
| getLocalHost() | 返回本地主机的InetAddress对象 | InetAddess |
| getByName(String host) | 返回指定主机名称的IP地址 | InetAddress |

（续）

| 方 法 名 称 | 方 法 说 明 | 返回类型 |
|---|---|---|
| getAllByName(String host) | 返回指定主机名称数组 | InetAddress 数组 |
| getHostName() | 获取本地主机名称 | String |
| getHostAddress() | 获取本地主机 IP 地址 | String |
| isReachable(inttimeout) | 在指定的时间(毫秒)内,测试 IP 地址是否可到达 | boolean |

在这些静态方法中，最为常用的是 getByName(String host)方法，只需要传入目标主机的名字，InetAddress 会尝试连接 DNS 服务器，并且获取 IP 地址的操作。代码片段如下，假设以下代码都是默认导入了 java. net 中的包，在程序的开头加上 import java. net. *，否则需要指定类的全名 java. net. InetAddress。

**【例 8.1】** 使用 InetAddress 类获取相关网络信息代码示例如下：

```
import java.net.* ;
public class Address { // 创建类
        public static void main(String[] args){
        InetAddress ip; // 创建 InetAddress 对象
        try { // try 语句块捕捉可能出现的异常
        ip=InetAddress.getLocalHost(); // 实例化对象
        String localname=ip.getHostName(); // 获取本机名
        String localip=ip.getHostAddress(); // 获取本 IP 地址
        System.out.println("本机名:" + localname);// 将本机名输出
        System.out.println("本机 IP 地址:" + localip); // 将本机 IP 输出
        }
    catch (UnknownHostException e){
        e.printStackTrace(); // 输出异常信息
        }
}
}
```

运行结果如图 8-1 所示。

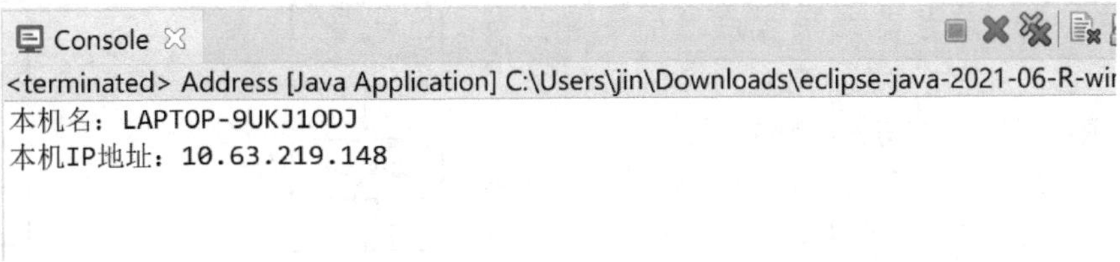

Console
<terminated> Address [Java Application] C:\Users\jin\Downloads\eclipse-java-2021-06-R-wi
本机名：LAPTOP-9UKJ1ODJ
本机IP地址：10.63.219.148

图 8-1　例 8.1 的运行结果

## 8.1.2　基于 TCP 的 Socket 通信

在 TCP/IP 协议栈中，有两个高级协议是网络应用程序编写者应该了解的，即传输控制协议（Transmission Control Protocol，TCP）与用户数据报协议（User Datagram Protocol，UDP）。

TCP 协议是一种以固接连线为基础的协议，它提供两台计算机间可靠的数据传送。TCP 可以保证数据从一端送至连接的另一端时，数据能够确实送达，而且抵达的数据的排列顺序和送出时的顺序相同。因此，TCP 协议适合可靠性要求比较高的场合。就像拨打电话，必须先拨号给对方，等两端确定连接后相互才能听到对方说话，也知道对方回应的是什么。

基于 TCP 的网络程序设计是指利用 Socket 类编写通信程序。套接字是通信端点的一种抽象，它提供了一种发送和接收数据的机制。一般而言一台计算机只有单一的连到网络的物理连接（Physical Connection），所有的数据都通过此连接对内、对外送达特定的计算机，这就是端口（Port）。网络程序设计中的端口并非真实的物理存在，而是一个假想的连接装置。端口被规定为一个在 0~65535 之间的整数。HTTP 服务一般使用 80 端口，FTP 服务使用 21 端口。假如一台计算机提供了 HTTP、FTP 等多种服务，那么客户机会通过不同的端口来确定连接到服务器的哪项服务上，如图 8-2 所示。通常 0~1023 之间的端口数用于一些知名的网络服务和应用，用户的普通网络应用程序应该使用 1024 以上的端口号，以避免端口号与另一个应用或系统服务所用的端口冲突。

网络程序中的套接字用于将应用程序与端口连接起来，套接字是一个假想的连接装置，就像插座一样可连接电器与电线，如图 8-3 所示。Java 将套接字抽象化为类，程序设计者只需创建 Socket 类对象，即可使用套接字。

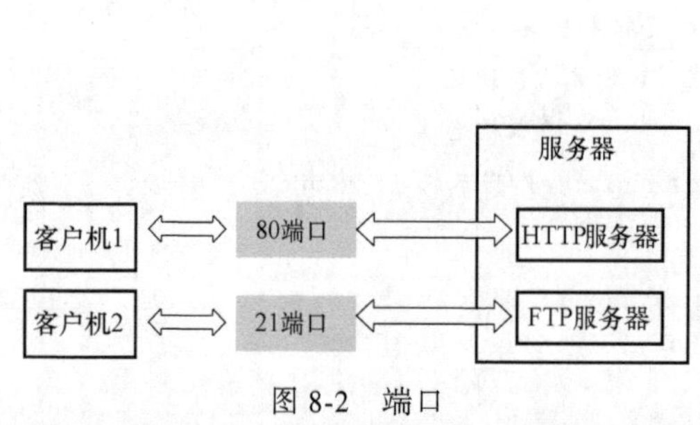


图 8-2　端口

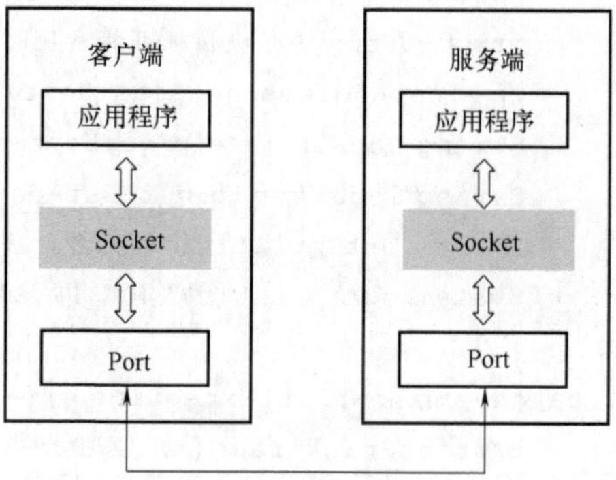

图 8-3　套接字

利用 TCP（Transmission Control Protocol）协议进行通信的两个应用程序是有主次之分的，一个称为服务器程序，另一个称为客户机程序，两者的功能和编写方法大不一样。服务器端与客户端的交互过程如图 8-4 所示。

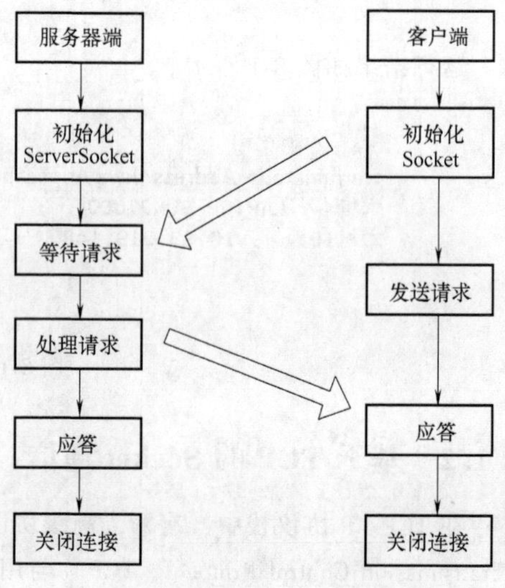


图 8-4　服务器端与客户端的交互

TCP 服务器端工作的主要步骤如下：

Step1：调用 ServerSocket（int port）创建一个 ServerSocket，并绑定到指定端口上。

Step2：调用 accept( )，监听连接请求，如果客户端请求连接，则接受连接，返回通程套接字。

Step3：调用 Socket 类的 getOutputStream( ) 和 getInputStream( ) 获取输出和输入流，开始网络数据的发送和接收。

Step4：关闭通信套接字。

TCP 客户端工作的主要步骤如下：

Step1：调用 Socket( )创建一个流套接字，并连接到服务器端。

Step2：调用 Socket 类的 getOutputStream( ) 和 getInputStream( ) 方法获取输出和输入流，开始网络数据的发送和接收。

Step3：关闭通信套接字。

Android 的 Socket 编程主要使用 Socket 和 ServerSocket 两个类。

（1） Socket 类

Socket 是最常用的工具，客户端和服务端都要用到，描述了两边对套接字处理的一般行为。下面介绍 Socket 的主要方法。

▲ Connect：连接指定 IP 和端口。该方法用于客户端连接服务端。

▲ getInputStream：获取输入流，即自身收到对方发过来的数据。

▲ getOutputStream：获取输出流，即自身向对方发送的数据。

▲ getInetAddress：获取网络地址对象。该对象是一个 InetAddress 实例。

▲ isConnected：判断 Socket 是否连上。

▲ isClosed：判断 Socket 是否关闭。

▲ close：关闭 Socket。

（2） ServerSocket 类

ServerSocket 仅用于服务端，在运行时不停地侦听指定端口。服务器套接字一次可以与一个套接字连接。如果多台客户机同时提出连接请求，服务器套接字会将请求连接的客户机存入列队中，然后从中取出一个套接字，与服务器新建的套接字连接起来。若请求连接数大于最大容纳数，则多出的连接请求会被拒绝。队列的默认大小是 50。下面介绍 ServerSocket 的主要方法。

▲ 构造函数：指定侦听哪个端口。ServerSocket 类的构造方法通常会抛出 IOException 异常，具体有以下几种形式：

☑ ServerSocket：创建非绑定服务器套接字。

☑ ServerSocket( int port)：创建绑定到特定端口的服务器套接字。

☑ ServerSocket( int port, int backlog)：利用指定的 backlog 创建服务器套接字，并将其绑定到指定的本地端口号上。

☑ ServerSocket( int port, int backlog, InetAddress bindAddress)：使用指定的端口、侦听 backlog 和要绑定到的本地 IP 地址创建服务器。这种情况适用于计算机上有多块网卡和多个 IP 地址的情况，用户可以明确规定 ServerSocket 在哪块网卡或哪个 IP 地址上等待客户的连接请求。

▲ Accept：开始接收客户端的连接。有客户端连上时就返回一个 Socket 对象，若要持续侦听连接，则在循环语句中调用该函数。

▲ isBound( )：判断 ServerSocket 的绑定状态。

▲ getInetAddress( )：获取网络地址对象。该对象是一个 InetAddress 实例。

▲ isClosed：判断 Socket 服务器是否关闭。

▲ close：关闭 Socket 服务器。

▲ Bind( SocketAddress endpoint)：将 ServerSocket 绑定到特定地址（IP 地址和端口号）。

▲ getInetAddress( )：返回服务器套接字等待的端口号。返回值为 int 型。

TCP 协议是面向字节流的传输协议。流（Stream）是指流入到进程或从进程流出的字符序列。简单来说，虽然有时候要传输的数据流太大，TCP 报文长度有限制，不能一次传输完，要把它分为好几个数据块，但是由于可靠性保证，接收方可以按顺序接收数据块然后重新组成分块之前的数据流，所以 TCP 看起来就像直接互相传输字节流一样。

在 Android 配置文件中需要添加下面的权限：

```
<uses-permission android:name="android.permission.INTERNET" />
```

下面给出一个基于 TCP 的 Android 网络通信实例。

【例 8.2】 利用 Socket 通信完成客户端与服务器端的聊天功能。服务器端可实现连接多个客户端进行通信。其界面设计如图 8-5 和图 8-6 所示。

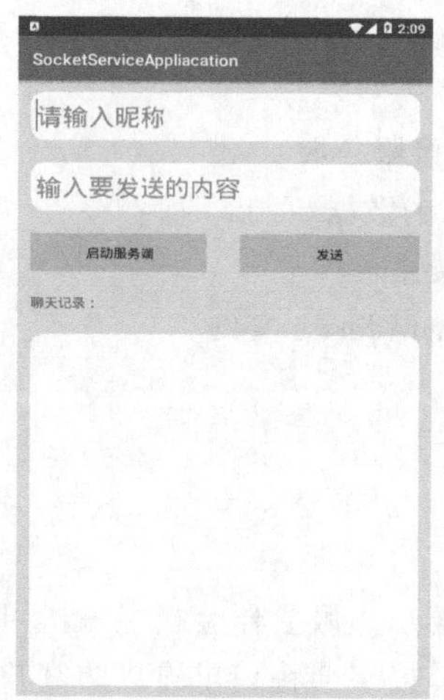


图 8-5 服务器端

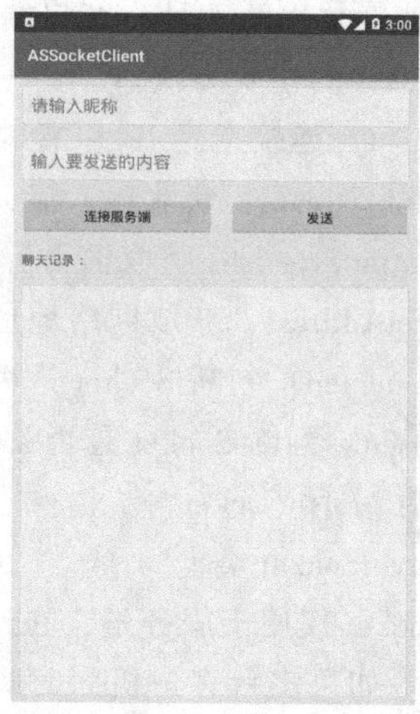


图 8-6 客户端

**1. 服务器端**

Step1：打开 Android Studio，创建一个项目，项目的名字为 SocketServiceAppliacation。

Step2：创建界面，进行界面布局设置。

Step3：创建一个全局的服务端，用于接受各个客户端，命名为 MyAPP。代码如下：

```
public class MyAPP extends android.app.Application {
    //-------------socket 通信--------
    private Socket socket=null;
    private ServerSocket serverSocket=null;
    public static OutputStream outputStream; //输出流
    private static ConnectLinstener mListener;
    final LinkedList<Socket> list=new LinkedList<Socket>();
    private HandlerThread mHandlerThread;//用于发送数据的线程
    //子线程中的 Handler 实例。
    private Handler mSubThreadHandler;
    @ Override
    public void onCreate(){
        // TODO Auto-generated method stub
        super.onCreate();
        //启动服务端
        ServerListeners listener1=new ServerListeners();//启动线程
        listener1.start();
        initHandlerThraed();//发送数据的 Handler
```

```
    }
    public class ServerListeners extends Thread {//用于接收的线程
        @ Override
        public void run() {
            try {
            serverSocket=new ServerSocket(7777);//端口号可自定义
            while (true) {
                System.out.println("等待客户端请求....");
                socket=serverSocket.accept();
                System.out.println("收到请求,服务器建立连接...");
                System.out.println("客户端" + socket.getInetAddress().getHostAddress
()+ "连接成功");
                System.out.println("客户端" + socket.getRemoteSocketAddress()+ "连接
成功");
                list.add(socket);
                //每次都启动一个新的线程
                new Thread(new Task(socket)).start();
            }
        } catch (IOException e) {
            // TODO Auto-generated catch block
            e.printStackTrace();
        }
    }
}
private void initHandlerThraed() {
    //创建 HandlerThread 实例
    mHandlerThread=new HandlerThread("handler_thread");
    //开始运行线程
    mHandlerThread.start();
    //获取 HandlerThread 线程中的 Looper 实例
    Looper loop=mHandlerThread.getLooper();
    //创建 Handler 与该线程绑定。
    mSubThreadHandler=new Handler(loop) {
        public void handleMessage(Message msg) {
            writeMsg(msg.getData().getString("data1"));
        }
    };
}
//处理 Socket 请求的线程类
class Task implements Runnable {
    private Socket socket;
    //构造函数
    public Task(Socket socket) {
        this.socket=socket;
```

```
    }
    @ Override
    public void run(){
        while (true){
            int size;
                try {
                    InputStream inputStream=null;  //输入流
                    inputStream=socket.getInputStream();
                    byte[] buffer=new byte[1024];
                    size=inputStream.read(buffer);
                    if (size>0){
                        if (buffer[0] ! =(byte)0xEE){
                        //将读取的1024个字节构造成一个String类型的变量
                        String data=new String(buffer, 0, size, "gbk");
                        Message message=new Message();
                        message.what=100;
                        Bundle bundle=new Bundle();
                        bundle.putString("data", data);
                        message.setData(bundle);
                        mHandler.sendMessage(message);
                        }
                    }
                } catch (Exception e){
                    e.printStackTrace();
                    return;
                }
            }
        }
    }
    //接口回调
    public interface ConnectLinstener {  //接口回调用于处理接收的数据
        void onReceiveData(String data);
    }
    public void setOnConnectLinstener(ConnectLinstener linstener)
{
        this.mListener=linstener;
    }
    Handler mHandler=new Handler(){
        public void handleMessage(Message msg){
            switch (msg.what){
                case 100:
                    if (mListener ! =null){
    mListener.onReceiveData(msg.getData().getString("data"));
                    }
```

```
                    break;
                }
            }
        };
        //发送数据
        public void send(String bytes){
            Message msg=new Message();
            Bundle bundle=new Bundle();
            bundle.putString("data1", bytes);
            msg.setData(bundle);
            mSubThreadHandler.sendMessage(msg);
        }
        private void writeMsg(String msg){
            for (Socket s : list){
                System.out.println("客户端" +
s.getInetAddress().getHostAddress());
                try {
                    outputStream=s.getOutputStream();
                    if (outputStream ! =null){
                        outputStream.write(msg.getBytes("gbk"));
                        outputStream.flush();
                    }
                } catch (IOException e){
                    // TODO Auto-generated catch block
                    e.printStackTrace();
                } catch (Exception e){
                    System.out.println("客户端 socket 不存在。");
                }
            }
        }
        //断开连接
        public void disconnect()throws IOException {
            System.out.println("客户端是否关闭 1");
            if (list.size()! =0){
                for (Socket s : list){
                    s.close();
                    System.out.println("客户端是否关闭 2");
                }
            }
            if (outputStream ! =null)
                outputStream.close();
            list.clear();
        }
```

Step4：在清单文件里面设置全局变量的 name，设置权限，代码如下：

```
<uses-permission android:name="android.permission.INTERNET"/>
    <application
        android:name=".MyAPP"
        android:allowBackup="true"
        android:icon="@mipmap/ic_launcher"
        android:label="@string/app_name"
        ...//此处省略
    </application>
</manifest>
```

Step5：在 Activity 里编写代码，代码如下：

```
public class MainActivity extends AppCompatActivity {
    private EditText et_content, et_name;
    private TextView tv_se;
    private MyAPP myAPP;
    @Override
    protected void onCreate(Bundle savedInstanceState) {
        super.onCreate(savedInstanceState);
        setContentView(R.layout.activity_main);
        et_content=(EditText)findViewById(R.id.et_content);
        tv_se=(TextView)findViewById(R.id.tv_se);
        et_name=(EditText)findViewById(R.id.et_name);
        myAPP=(MyAPP)getApplication();
    }
    public void click1(View view) {     //接收数据
        myAPP.setOnConnectLinstener(new MyAPP.ConnectLinstener() {
            @Override
            public void onReceiveData(String data) {
                tv_se.append(data + "\n");
            }
        });
    }
    public void click2(View view) {     //发送数据
        String name=et_name.getText().toString();
        String a=name + ":" + et_content.getText().toString();
        tv_se.append(a + "\n");
        myAPP.send(a);
    }
}
```

**2. 客户端**

Step1：打开 Android studio，创建一个项目，项目的名字为 ASSocketClient。

Step2：创建界面，进行界面布局设置。

Step3：MainActivity 代码编写，代码如下：

```
public class MainActivity extends AppCompatActivity {
private EditText etname, etneirong;
private TextView tvneirong;
private InputStream inputStream;
private OutputStream outputStream;
private HandlerThread mHandlerThread;
//子线程中的 Handler 实例。
private Handler mSubThreadHandler;
Handler handler=new Handler(){
    public void handleMessage(Message msg){
        Bundle bundle=msg.getData();
        String neirong=bundle.getString("neirong");
        tvneirong.append(neirong + "\n");
    }
    ;
};
@Override
protected void onCreate(Bundle savedInstanceState){
    super.onCreate(savedInstanceState);
    setContentView(R.layout.activity_main);
    etname=(EditText)findViewById(R.id.edit_name);
    etneirong=(EditText)findViewById(R.id.myinternet_tcpclient_EditText02);
tvneirong=(TextView)findViewById(R.id.myinternet_tcpclient_EditText01);
    initHandlerThraed();
}
public void lianjie(View view){
    new Thread(new Runnable(){
        @Override
        public void run(){
            // TODO Auto-generated method stub
            String ip="192.168.1.121";
            int duankou=7777;
            try {
                Socket socket=new Socket(ip, duankou);
                inputStream=socket.getInputStream();
                outputStream=socket.getOutputStream();
                byte[] jieshou=new byte[1024];
                int len=-1;
                while ((len=inputStream.read(jieshou))! =-1){
                    //将 byte 数组转换为 String 类型
                String neirong=new String(jieshou, 0, len, "gbk");
                Message message=new Message();
                Bundle bundle=new Bundle();
                bundle.putString("neirong", neirong);
```

```
                message.setData(bundle);
                handler.sendMessage(message);
                }
            } catch (UnknownHostException e){
                // TODO Auto-generated catch block
                e.printStackTrace();
            } catch (IOException e){
                // TODO Auto-generated catch block
                e.printStackTrace();
            }
        }
    }).start();
}
public void fasong(View view){
    String name=etname.getText().toString();// 得到昵称
String neirong=etneirong.getText().toString(); // 得到内容
    String all=name + ":" + neirong;
    tvneirong.append(all + "\n");
    etneirong.setText("");
    Message msg=new Message();
    msg.obj=all;
    mSubThreadHandler.sendMessage(msg);
}
private void initHandlerThraed(){
    //创建 HandlerThread 实例
    mHandlerThread=new HandlerThread("handler_thread");
    //开始运行线程
    mHandlerThread.start();
    //获取 HandlerThread 线程中的 Looper 实例
    Looper loop=mHandlerThread.getLooper();
    //创建 Handler 与该线程绑定。
    mSubThreadHandler=new Handler(loop){
        public void handleMessage(Message msg){
            writeMsg((String)msg.obj);
        }
    };
}
private void writeMsg(String msg){
    try {
        outputStream.write(msg.getBytes("gbk"));//发送
        outputStream.flush();
    } catch (Exception e){
        e.printStackTrace();
    }
```

```
    }
}
```

### 8.1.3　基于 UDP 的 Socket 通信

UDP（User Datagram Protocol）协议是传输层的一种无连接通信协议，不保证数据的可靠传输，但能够向若干个目标发送数据，或接收来自若干个源的数据。UDP 以独立发送数据包的方式进行。这种方式就像邮递员送信给收信人，可以寄出很多信给同一个人，且每一封信都是相对独立的，各封信送达的顺序并不重要，收信人接收信件的顺序也不能保证与寄出信件的顺序相同。

UDP 协议适合于一些对数据准确性要求不高但对传输速度和时效性要求非常高的网站，如网络聊天室、在线影片等。这是由于 TCP 协议在认证上存在额外耗费，可能使传输速度减慢，而 UDP 协议即使有一小部分数据包遗失或传送顺序有所不同，也不会严重危害该项通信。

UDP 是面向报文的传输协议。数据报文就相当于一个数据包，应用层交给 UDP 多大的数据包，UDP 就照样发送，不会像 TCP 那样拆分。UDP 没有拥塞控制，当到达通信子网中某一部分的分组数量过多，使得该部分网络来不及处理，以致引起这部分乃至整个网络性能下降的现象，严重时甚至会导致网络通信业务陷入停顿，即出现死锁现象，就像交通堵塞一样。TCP 建立连接后如果发送的数据因为信道质量的原因不能到达目的地，它会不断重发，有可能导致越来越塞，所以需要一个复杂的原理来控制拥塞。而 UDP 就没有这个烦恼，发出去就不管了。

基于 UDP 通信的基本模式如下：

☑　将数据打包（称为数据包），然后将数据包发往目的地。

☑　接收别人发来的数据包，然后查看数据包。

（1）DatagramPacket 类

java. net 包的 DatagramPacket 类用来表示数据包。DatagramPacket 类的构造函数有：

☑　DatagramPacket（byte[ ] buf，int length）：该构造函数在创建 DatagramPacket 对象时，指定了数据包的内存空间和大小。

☑　DatagramPacket（byte[ ] buf，int length，InetAddress address，int port）：该构造函数不仅指定了数据包的内存空间和大小，还指定了数据包的目标地址和端口。在发送数据时，必须指定接收方的 Socket 地址和端口号，因此使用这种构造函数可创建发送数据的 DatagramPacket 对象。

（2）DatagramSocket 类

java. net 包中的 DatagramSocket 类用于表示发送和接收数据包的套接字。该类的构造函数有：

☑　DatagramSocket( )：该构造函数创建 DatagramSocket 对象，构造数据报套接字，并将其绑定到本地主机任何可用的端口上。

☑　DatagramSocket( int port)：该构造函数创建 DatagramSocket 对象，创建数据报套接字，并将其绑定到本地主机的指定端口上。

☑　DatagrarnSocket( int port，InetAddress addr)：该构造函数创建 DatagramSocket 对象，创建数据报套接字，并将其绑定到指定的本地地址上。这种构造函数适用于有多块网卡和多个 IP 地址的情况。

（3）基于 UDP 的网络通信

UDP 服务器端工作的主要步骤如下：

Step1：调用 DatagramSocket( int port) 创建一个数据报套接字，并绑定到指定端口上。

Step2：调用 DatagramPacket( byte[ ]buf，int length)，建立一个字节数组以接收 UDP 包。

Step3：调用 DatagramSocket 类的 receive( )，接受 UDP 包。

Step4：关闭数据报套接字。

因本书篇幅有限，仅将部分示例代码展示如下：

```
// 接收的字节大小,客户端发送的数据不能超过 MAX_UDP_DATAGRAM_LEN
byte[] lMsg=new byte[MAX_UDP_DATAGRAM_LEN];
// 实例化一个 DatagramPacket 类
DatagramPacket dp=new DatagramPacket(lMsg, lMsg.length);
// 新建一个 DatagramSocket 类
DatagramSocket ds=null;
try {
        // UDP 服务器监听的端口
        ds=new DatagramSocket(UDP_SERVER_PORT);
        // 准备接收数据
        ds.receive(dp);
}
catch (SocketException e){
        e.printStackTrace();
}
catch (IOException e){
          e.printStackTrace();
} finally {
      // 如果 ds 对象不为空,则关闭 ds 对象
      if (ds ! =null){
          ds.close();
      }
}
```

UDP 客户端工作的主要步骤如下：

Step1：调用 DatagramSocket()创建一个数据包套接字。

Step2：调用 DatagramPacket(byte[]buf, int offset, int length, InetAddress address, int port)，建立要发送的 UDP 包。

Step3：调用 DatagramSocket 类的 send()发送 UDP 包。

Step4：关闭数据报套接字。

示例代码如下所示：

```
// 定义需要发送的信息
String udpMsg="hello world from UDP client " + UDP_SERVER_PORT;
// 新建一个 DatagramSocket 对象
DatagramSocket ds=null;
try {
      // 初始化 DatagramSocket 对象
      ds=new DatagramSocket();
      // 初始化 InetAddress 对象
      InetAddress serverAddr=
InetAddress.getByName("127.0.0.1");
```

```
        DatagramPacket dp;
        // 初始化 DatagramPacket 对象
        dp=new Datagram
        Packet(udpMsg.getBytes(), udpMsg.length(), serverAddr, UDP_SERVER_PORT);
        // 发送
        ds.send(dp);
        // 异常处理
        // Socket 连接异常
}catch (SocketException e){
        e.printStackTrace();
        // 不能连接到主机
}catch (UnknownHostException e){
        e.printStackTrace();
        // 数据流异常
} catch (IOException e){
        e.printStackTrace();
        // 其他异常
} catch (Exception e){
        e.printStackTrace();
} finally {
        // 如果 DatagramSocket 已经实例化,则需要将其关闭
        if (ds ! =null){
        ds.close();
        }
}
```

## 8.2 HTTP 接口访问

本节介绍 HTTP 接口访问的相关技术与具体使用，首先说明如何利用连接管理器 ConnectivityManager 检测网络连接的状态；然后阐述 App 用于接口调用的移动数据格式 JSON 的构建与解析；接着举例说明通过 HttpURLConnection 实现基本的接口调用；最后讲述利用 HttpURLConnection 从网络获取小图片的方法。

### 8.2.1 网络连接检查

谈到网络通信，首先要检查当前是否处于上网状态，然后进行网络访问操作。如果当前网络连接不可用，那么无须执行网络访问，直接提示用户“请开启网络连接”。要检测网络连接，Android 会要求 App 具备上网权限，所以首先打开 AndroidManifest.xml，加上下面几行网络权限配置：

```
<! -- 互联网 -->
<uses-permission android:name="android.permission.INTERNET"/>
<! -- 查看网络状态 -->
<uses-permission android:name="android.permission.ACCESS_NETWORK_STATE" />
```

```
<uses-permission
android:name="android.permission.ACCESS_WIFI_STATE" />
```

添加网络权限配置后，可利用连接管理器 ConnectivityManager 检测网络连接，该工具的对象从系统服务 Context.CONNECTIVITY_SERVICE 中获取。调用连接管理器对象的 getActiveNetworkInfo()方法，返回一个 NetworkInfo()实例，通过该实例可获取详细的网络连接信息。下面是 NetworkInfo 的常用方法。

getType：获取网络类型。网络类型的取值说明见表 8-2。

**表 8-2　网络类型的取值说明**

| ConnectivityManager 类的网络类型 | 说明 | ConnectivityManager 类的网络类型 | 说明 |
|---|---|---|---|
| TYPE_WIFI | WiFi | TYPE_ETHERNET | 以太网 |
| TYPE_MOBILE | 数据连接 | TYPE_BLUETOOTH | 蓝牙 |
| TYPE_WIMAX | wimax | TYPE_VPN | vpn |

getState：获取网络状态。网络状态的取值说明见表 8-3。

**表 8-3　网络状态的取值说明**

| NetworkInfo. State 的网络状态 | 说明 | NetworkInfo. State 的网络状态 | 说明 |
|---|---|---|---|
| CONNECTING | 正在连接 | DISCONNECTING | 正在断开 |
| CONNECTED | 已连接 | DISCONNECTED | 已断开 |
| SUSPENDED | 挂起 | UNKNOWN | 未知 |

getSubtype：获取网络子类型。当网络类型为数据连接时，子类型为 2G/3G/4G 的细分类型，如 CDMA、EVDO、HSDPA，LTE 等。网络子类型的取值说明见表 8-4。

**表 8-4　网络子类型的取值说明**

| 取值 | TelephonyManager 类的网络子类型 | 制式分类 | 取值 | TelephonyManager 类的网络子类型 | 制式分类 |
|---|---|---|---|---|---|
| 1 | NETWORK_TYPE_GPRS | 2G | 10 | NETWORK_TYPE_HSPA | 3G |
| 2 | NETWORK_TYPE_EDGE | 2G | 11 | NETWORK_TYPE_IDEN | 2G |
| 3 | NETWORK_TYPE_UMTS | 3G | 12 | NETWORK_TYPE_EVDO_B | 3G |
| 4 | NETWORK_TYPE_CDMA | 2G | 13 | NETWORK_TYPE_LTE | 4G |
| 5 | NETWORK_TYPE_EVDO_0 | 3G | 14 | NETWORK_TYPE_EHRPD | 3G |
| 6 | NETWORK_TYPE_EVDO_A | 3G | 15 | NETWORK_TYPE_HSPAP | 3G |
| 7 | NETWORK_TYPE_J xRTT | 2G | 16 | NETWORK_TYPE_GSM | 2G |
| 8 | NETWORK_TYPE_HSDPA | 3G | 17 | NETWORK_TYPE_TD_SCDMA | 3G |
| 9 | NETWORK_TYPE_HSUPA | 3G | 18 | NETWORK_TYPE_IWLAN | 4G |

【例 8.3】　网络连接检查示例代码如下：

```
public class MainActivity extends AppCompatActivity implements
View.OnClickListener {
    private Button mButtonNetInfo;//定义按钮
    private TextView mTextViewInfo;//定义显示信息的文本
    private ConnectivityManager mManager;
```

```
    @ Override
    protected void onCreate(Bundle savedInstanceState){
        super.onCreate(savedInstanceState);
        setContentView(R.layout.activity_main);
        mButtonNetInfo=(Button)findViewById(R.id.button);
        mTextViewInfo=(TextView)findViewById(R.id.textview);
        //获得网络管理器的对象
        mManager=(ConnectivityManager)
getSystemService(Context.CONNECTIVITY_SERVICE);
        //点击事件
        mButtonNetInfo.setOnClickListener(this);
    }
    public void onClick(View view){
        switch (view.getId()){
            case R.id.button:
                getNetInfo();//调用获得信息的方法
                break;
            default:
                break;
        }
    }
        private void getNetInfo()
        {
            String type="";
            NetworkInfo networkInfo=mManager.getActiveNetworkInfo();//或的网络连接
信息的对象
            //判断 NetworkInfo 对象是否非空,以及网络是否连接
            if (networkInfo ! =null && networkInfo.isConnected()){
                //如果网络连接,则弹出"网络连接"弹窗。
                 Toast.makeText(getApplicationContext(), "网络连接", Toast.LENGTH_
SHORT).show();
                //获得网络连接的类型
                type=networkInfo.getTypeName();
                mTextViewInfo.setText("网络连接形式为:" + type);
            } else {
                //如果无网络连接,则弹出"无网络连接"弹窗。
                Toast.makeText(getApplicationContext(), "无网络连接", Toast.LENGTH_
SHORT).show();
                mTextViewInfo.setText("无网络连接");
            }
        }
}
}
```

网络连接的检查结果如图 8-7 所示，表示当前处于 WiFi 环境。

NetworkTest

获得网络连接的情况

网络连接形式为：WIFI

图 8-7　连接 WiFi 的检测结果图

## 8.2.2　移动数据格式 JSON

网络通信的交互数据格式有两大类，分别是 JSON(JavaScript Object Notation)和 XML，前者短小精悍，后者表现力丰富。对于 App 来说，基本采用 JSON 格式与服务器通信。它是一种轻量级的数据交换格式，语法简单，不仅易于阅读和编写，而且也易于机器的解析和生成。JSON 相比 XML 的优势主要有两个：

1）表达同样的信息，JSON 串比 XML 串短很多，从而节省手机通信流量。

2）JSON 串解析得更快，也更省电，XML 不但慢而且耗电。

于是，JSON 格式成了移动端事实上的网络数据格式标准。JSON 通常由两种数据结构组成：一种是对象（“名称/值”形式的映射）；另一种是数组（值的有序列表）。JSON 没有变量或其他控制，只用于数据传输。

在 JSON 中，可以使用下面的语法格式来定义对象：

```
{"属性 1":属性值 1,"属性 2":属性值 2,…,"属性 n":属性值 n}
```

√ 属性 1~属性 n：用于指定对象拥有的属性名。

√ 属性值 1~属性值 n：用于指定各属性对应的属性值，其值可以是字符串、数字、布尔值(true/false)、null、对象和数组。

例如，定义一个保存人名信息的对象，可以使用下面的代码：

```
{
"name":"Zhang Xiao",
"address":“Shannxi",
"telephone":"123456789"
}
```

Android 自带 JSON 解析工具，提供对 JSONObject（JSON 对象）和 JSONArray（JSON 数组）这两个对象的解析处理。

(1) JSONObject

JSONObject 的常用方法有：

▲ JSONObject 构造函数：从指定字符串构造一个 JSONObject 对象。

▲ getJSONObject：获取指定名称的 JSONObject 对象。

▲ getString：获取指定名称的字符串。

▲ getInt：获取指定名称的整型数。

▲ getDouble：获取指定名称的双精度数。

▲ getBoolean：获取指定名称的布尔数。

▲ getJSONArray：获取指定名称的 JSONArray 数组对象。

▲ put：添加一个 JSONObject 对象。

▲ toString：把当前的 JSONObject 对象输出为一个 JSON 字符串。

(2) JSONArray

JSONArray 的常用方法有：

▲ length：获取 JSONArray 数组的长度。

▲ getJSONObject：获取 JSONArray 数组在指定位置的 JSONObject 对象。

▲ put：往 JSONArray 数组中添加一个 JSONObject 对象

【例 8.4】 构造 JSON 串和解析 JSON 串示例程序如下：

```
public class MainActivity extends AppCompatActivity implements
OnClickListener {
    private TextView tv_json;
    private String mJsonStr;
    @ Override
    protected void onCreate(Bundle savedInstanceState){
        super.onCreate(savedInstanceState);
        setContentView(R.layout.activity_main);
        tv_json=(TextView)findViewById(R.id.textview);
        findViewById(R.id.button1).setOnClickListener(this);
        findViewById(R.id.button2).setOnClickListener(this);
        mJsonStr=getJsonStr();
    }
    @ Override
    public void onClick(View v){
        if (v.getId()==R.id.button1){
            tv_json.setText(mJsonStr);
        } else if (v.getId()==R.id.button2){
            tv_json.setText(parserJson(mJsonStr));
        }
    }
    private String getJsonStr(){
        String str="";
        JSONObject obj=new JSONObject();
        try {
            obj.put("name", "address");
            JSONArray array=new JSONArray();
            for (int i=0; i < 3; i++){
                JSONObject item=new JSONObject();
                item.put("item", "第" + (i + 1)+ "个元素");
                array.put(item);
            }
            obj.put("list", array);
            obj.put("count", array.length());
            obj.put("desc", "这是测试串");
            str=obj.toString();
        } catch (JSONException e){
            e.printStackTrace();
```

```
        }
        return str;
    }
    private String parserJson(String jsonStr){
        String result="";
        try {
            JSONObject obj=new JSONObject(jsonStr);
            String name=obj.getString("name");
            String desc=obj.getString("desc");
            int count=obj.getInt("count");
            result=String.format("%sname=%s\n", result, name);
            result=String.format("%sdesc=%s\n", result, desc);
            result=String.format("%scount=%d\n", result, count);
            JSONArray listArray=obj.getJSONArray("list");
            for (int i=0; i<listArray.length(); i++){
                JSONObject list_item=listArray.getJSONObject(i);
                String item=list_item.getString("item");
                result=String.format("%s\titem=%s\n", result, item);
            }
        } catch (JSONException e){
            e.printStackTrace();
        }
        return result;
    }
}
    }
```

示例代码对应的效果如图 8-8 和图 8-9 所示，其中图 8-8 所示为构造 JSON 串的结果界面，图 8-9 所示为解析 JSON 串的结果界面。

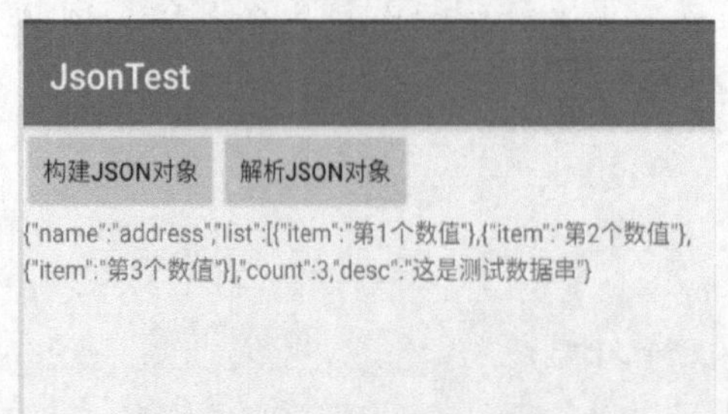


图 8-8　构造 JSON 串的结果图

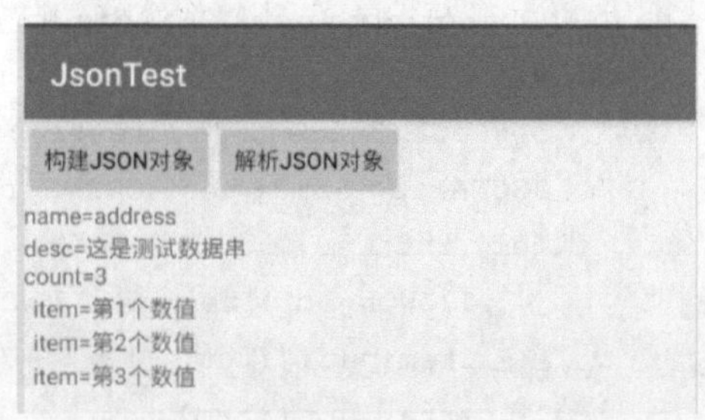


图 8-9　解析 JSON 串的结果图

### 8.2.3　JSON 串与实体类自动转换

上一小节提到 JSONObject 对 JSON 串的手工解析过程较为繁琐且容易出错，采用自动解析则是一种更高层次的方法。为实现自动解析，首先要制定一个规则，约定 JSON 串有哪些元素，具体对应怎样的数据结构；其次还得有自动解析的工具。JSON 数据结构定义通常借助 bean 实体类来完成，其中定义了每个参数的数据类型和参数名称。从解析工具来看，JSON 解析除了系统自带的 org. json，谷歌公司也提供了一个增强库 Gson，专门用于 JSON 串的自动解析。不过由于是第三方库，因此首先要修改模块的 build. gradle 文件，在里面的 dependencies 节点下添加下面一行配置，表示导入指定版本的 Gson 库：

```
implementation "com..google.code.gson:gson:2.8.2"
```

接着还要在 java 源码的文件头部添加如下一行导入语句，表示后面会用到 Gson 工具类：

```
import com.google.gson.Gson;
```

完成了以上两个步骤后，就能在代码中调用 Gson 的各种处理方法。Gson 常用的方法有两个：

1）一个方法名叫 toJson，可把数据对象转换为 json 字符串。

2）另一个方法名叫 fromJson，可将 json 字符串自动解析为数据对象。

### 8.2.4　HTTP 接口调用

HTTP 接口调用的代码标准有两个，分别是 HttpURLConnection 与 HttpClient。就像 JSON 与 XML 的区别一样，移动端的代码标准基本采用更轻量级的 HttpURLConnection。使用 HttpURLConnection 能实现几乎所有 HTTP 访问，当然，复杂的功能（如分段传输、上传等）得自行编写代码细节。

HttpURLConnection 对象从 URL 对象的 openConnection( )方法获得。该对象的常用方法如下：

▲ setRequestMethod：设置请求类型。GET 表示 get 请求，POST 表示 post 请求。

▲ setConnectTimeout：设置连接的超时时间。

▲ setReadTimeout：设置读取的超时时间。

▲ setRequestProperty：设置请求包头的属性信息。

▲ setDoOutput：设置是否允许发送数据。如果用到 getOutputStream 方法，setDoOutput 就必须设置为 true。因为 POST 方式肯定会发送数据，所以调用 POST 时必须设置该方法。

▲ getOutputStream：获取 HTTP 输出流。调用该函数返回一个 OutputStream 对象，接着依次调用该对象的 write 和 flush 方法写入要发送的数据。

▲ connect：建立 HTTP 连接。

▲ setDolnput：设置是否允许接收数据。如果用到 getInputStream 方法，setDoInut 就必须设置为 true（其实也不必手动设置，因为默认就是 true ）。

▲ SetInputStream：获取 HTTP 输入流。调用该函数返回一个 InputStream 对象，接着调用该对象的 read 方法读出接收的数据。

▲ getResponseCode：获取 HTTP 返回码。

▲ getHeaderField：获取应答数据包头的指定属性值。

▲ getHeaderFields：获取应答数据包头的所有属性列表。

▲ disconnect：断开 HTTP 连接。

HTTP 接口调用主要有 GET 和 POST 两种方式。GET 方式只是简单的数据获取操作，类似于数据库的查询操作；POST 方式提交具体的表单信息，类似于数据库的增、删、改操作。接口调用都有固定的代码模板，直接套用即可。使用 HttpURLConnection 的基本步骤如下：

1）创建一个 URL 对象，代码如下：

```
try {
    URL url=new URL("http://www.baidu.com");
    HttpURLConnection connection=(HttpURLConnection)url.openConnection();
} catch (MalformedURLException e){
    e.printStackTrace();
} catch (IOException e){
    e.printStackTrace();
}
```

2）调用 URL 对象的 openConnection( )来获取 HttpURLConnection 对象实例，代码如下：

```
HttpURLConnection conn=(HttpURLConnection)
url.openConnection();
```

3）设置 HTTP 请求使用的方法：GET 或者 POST，或者其他请求方式，代码如下：

```
//GET
connection.setRequestMethod("GET");
//POST
connection.setRequestMethod("POST");
```

4）设置连接超时，读取超时的毫秒数，以及服务器希望得到的一些消息头。代码如下：

```
//设置连接超时为5秒
connection.setConnectTimeout(50000);
//设置读取超时为5秒
connection.setReadTimeout(5000);
```

5）调用 getInputStream( )方法获得服务器返回的输入流，然后输入流进行读取，代码如下：

```
//获取输入流
InputStream inputStream=connection.getInputStream();
```

6）最后调用 disconnect( )方法将 HTTP 连接关掉 conn.disconnect( )，代码如下：

```
//关闭Http连接
connection.disconnect();
```

### 8.2.5 HTTP 图片获取

除了 HTTP 接口调用外，HttpURLConnection 还可用于获取网络小图片。例如，验证码图片、头像图标等，这些小图不大，一般也无须缓存，可直接从网络上获取最新的图片。

通过 HttpURLConnection 获取图片的关键代码如下：

```
public class MainActivity extends AppCompatActivity {
    private Handler handler;
    private ImageView imageView;
    @Override
    protected void onCreate(Bundle savedInstanceState){
```

```
        super.onCreate(savedInstanceState);
        setContentView(R.layout.activity_main);
        imageView=(ImageView)findViewById(R.id.imageview);
                handler=new Handler(){
                    @Override
                    public void handleMessage(Message msg){
                        Bitmap bitmap=(Bitmap)msg.obj;
                        imageView.setImageBitmap(bitmap);
            }
        };
        new Thread(new Runnable(){
            @Override
            public void run(){
                try{
                    URL url=new
URL("https://gimg2.baidu.com/image_search/src=http%3A%2F%2Fimg.yanj.cn%2Fstore%2Fgoods%2F5272%2F5272_472dc81b4d447446a174fdd501decb68.jpg&refer=http%3A%2F%2Fimg.yanj.cn&app=2002&size=f9999,10000&q=a80&n=0&g=0n&fmt=jpeg?sec=1627187152&t=42384ff46f45578a1a2487c2aa211abf");
        HttpURLConnection httpURLConnection=(HttpURLConnection)url.openConnection
();
        InputStream inputStream=
httpURLConnection.getInputStream();
        //用 bitmap 取出这个流里面的图片
        Bitmap bm=BitmapFactory.decodeStream(inputStream);
        Message message=Message.obtain(); //把图片携带在 Message 里面
        message.obj=bm;
        handler.sendMessage(message);
                } catch (Exception e){
                    e.printStackTrace();
                }
            }
        }).start();
    }
}}
```

从网络上获取并显示图片的效果如图 8-10 所示：

图 8-10　获取网络图片的界面

## 8.3　蓝牙编程

### 8.3.1　蓝牙简介

蓝牙是一种支持设备短距离通信（一般 10 米内）的无线数据通信技术，能在移动电话、PDA、无线耳机、笔记本计算机、相关外设等众多设备之间进行无线信息交换。Android 平台支持蓝牙网络协议栈，可以实现蓝牙设备之间的无线通信。Android 蓝牙开发是从 Android 2.0 版本的 SDK 才开始支持的。Android 平台包含蓝牙网络堆栈支持，凭借此支持设备能以无线方式与其他蓝牙设备交换数据。应用框架提供了通过 Android Bluetooth API 访问蓝牙功能的途径。使用 Bluetooth API Android 应用可以执行下面的操作：

▲ 扫描其他蓝牙设备。

▲ 查询本地蓝牙适配器的配对蓝牙设备。

▲ 建立 RFCOMM（蓝牙无线频率通信协议）通道。

▲ 通过服务发现连接到其他设备。

▲ 与其他设备进行双向数据传输。

▲ 管理多个连接。

传统蓝牙适用于电池使用强度较大的操作，例如，Android 设备之间的流传输和通信等。针对具有低功耗要求的蓝牙设备，Android 4.3（API 18）中引入了面向低功耗蓝牙的 API 支持。

### 8.3.2 Android 蓝牙 API

使用 Android Bluetooth API 来完成蓝牙通信的四项主要任务：设置蓝牙、查找局部区域内的配对设备或可用设备、连接设备以及在设备之间传输数据。

Android 支持蓝牙开发的类在 android.bluetooth 包下，编程主要涉及的类简介如下。

(1) BluetoothAdapter 类

该类代表了一个本地的蓝牙适配器。它是所有蓝牙交互的入口点，表示蓝牙设备自身的一个蓝牙设备适配器，整个系统只有一个蓝牙适配器。利用它可以发现其他蓝牙设备，查询已绑定的设备，使用已知的 MAC 地址实例化一个蓝牙设备 BluetoothDevice，建立一个 BluetoothServerSocket（作为服务器端）来监听来自其他设备的连接。

该类提供的主要方法见表 8-5。

表 8-5 BluetoothAdapter 类中部分方法

| 方 法 | 解 释 |
| --- | --- |
| cancelDiscoveryQ | 取消当前设备的搜索过程 |
| checkBluetoothAddress(String address) | 检查蓝牙地址字符串的有效性，如 0:43:A8:23:10:F0，字母必须大写才有效 |
| disable()/enable() | 关闭/打开本地蓝牙适配器 |
| getAddressQ | 获取本地蓝牙硬件地址 |
| getDefaultAdapter() | 获取默认 BluetoothAdapter |
| getNameQ | 获取本地蓝牙名称 |
| getRemoteDevice(String address) getRemoteDevice(byte[] address) | 根据特定蓝牙地址获取远程蓝牙设备 |
| getStateQ | 获取本地蓝牙适配器当前状态 |
| isDiscoveringQ | 判断当前是否正在查找设备 |
| isEnabledQ | 判断蓝牙是否打开 |
| listenUsingRfcommWithServiceRecord(Stringname, UUID uuid) | 根据名称，UUID 创建并返回 BluetoothServerSocket |
| startDiscovery() | 开始搜索 |

(2) BluetoothDevice 类

该类代表了一个远端的蓝牙设备，使用它请求远端蓝牙设备连接或者获取远端蓝牙设备的名称、地址、种类和绑定状态（其信息封装在 BluetoothSocket 中）。

该类提供的主要方法见表 8-6。

表 8-6　BluetoothDevice 类中部分方法

| 方　法 | 解　释 |
|---|---|
| createRfcommSocketToServiceRecord(UUID uuid) | 根据 UUID 创建并返回一个 BluetoothSocket |
| getAddress() | 返回蓝牙设备的物理地址 |
| getBondState() | 返回远端设备的绑定状态 |
| getName() | 返回远端设备的蓝牙名称 |
| getUuids() | 返回远端设备的 UUID |
| toString() | 返回代表该蓝牙设备的字符串 |

(3) BluetoothServerSocket 类

该类代表打开服务连接来监听可能到来的连接请求（属于 Server 端），为了连接两个蓝牙设备必须有一个设备作为服务器打开一个服务套接字。当接收到远端设备发起的连接请求时，BluetoothServerSocket 类将会返回一个 BluetoothSocket。该类提供的主要方法见表 8-7。

表 8-7　BluetoothServerSocket 类中部分方法

| 方　法 | 解　释 |
|---|---|
| accept() | 直到接收到，客户端的请求继而连接建立，否则会一直阻塞线程。因而一般应放在新线程里运行 |
| accept(int timeout) | 直到接收到了客户端的请求继而连接建立(或者超时)，否则会一直阻塞线程 |
| close() | 关闭 Socket，释放所有相关资源 |

注意：accept 方法返回一个 BluetoothSocket，服务器端与客户端的连接最后是两个 BluetoothSocket 间的连接。

(4) BluetoothSocket 类

该类代表客户端，跟 BluetoothServerSocket 相对。代表了一个蓝牙套接字的接口（类似于 TCP 中的套接字），它是应用程序通过输入、输出流与其他蓝牙设备通信的连接点。

该类提供的主要方法见表 8-8。

表 8-8　BluetoothSocket 类中部分方法

| 方　法 | 解　释 |
|---|---|
| close() | 关闭 Socket，释放所有相关资源 |
| connect() | 允许连接远端设备 |
| getInptuStream() | 获取输入流 |
| getOutptuStream() | 获取输出流 |
| getRemoteDecice() | 获取跟这个 Socket 相连的远程设备 |
| isConnected() | 得到 Socket 连接状态，判断是否连接 |

(5) BluetoothClass 类

描述蓝牙设备的一般特性和功能。这是一组只读属性，用于定义设备的主要和次要设备类及其服务。不过它不能可靠地描述设备支持的所有蓝牙配置文件和服务，而是作为设备类型提示。

(6) BluetoothProfile 类

表示蓝牙配置文件的接口。蓝牙配置文件是适用于设备间蓝牙通信的无线接口规范。

(7) BluetoothHeadset 类

提供蓝牙耳机支持，以便与手机配合使用。其中包括蓝牙耳机和免提（1.5 版）配置文件。是 BluetoothProfile 的实现类。

(8) ButoothA2dp 类

定义高质量音频如何通过蓝牙连接和流式传输，从一台设备传输到另一台设备。“A2DP”代表高级音频分发配置文件。是 BluetoothProfile 的实现类。

(9) BluetoothHealth 类

表示用于控制蓝牙服务的健康设备配置文件代理。

(10) BluetoothGatt 类

与低功耗蓝牙通信有关的配置文件代理。

(11) BluetoothHealthCallback 类

用于实现 BluetoothHealth 回调的抽象类。必须扩展此类并实现回调方法，以接收关于应用注册状态和蓝牙通道状态变化的更新内容。

(12) BluetoothHealthAppConfiguration 类

表示第三方蓝牙健康应用注册的应用配置，以便与远程蓝牙健康设备通信。

(13) BluetoothProfile. ServiceListener 类

在 BluetoothProfile IPC 客户端连接到服务（即运行特定配置文件的内部服务）或断开服务连接时向其发送通知的接口。

## 8.3.3 Android 蓝牙基本操作

Android 蓝牙基本操作如下。

**1. 声明权限**

为了在应用中使用蓝牙功能，要在 AndroidManifest. xml 中至少声明以下两个权限之一：BLUETOOTH 权限和 BLUETOOTH ADMIN 权限。

为了能执行任意蓝牙通信，如请求连接、接收连接和传送数据，必须有 BLUETOOTH 权限。而启动设备、发现或进行蓝牙设置必须要有 BLUETOOTH ADMIN 权限。大多数应用程序都仅需要这个权限去发现当地的蓝牙设备。此权限赋予的其他权利不应该被使用，除非应用程序是一个“电源管理”，想根据用户要求去修改蓝牙设置。

注意：如果想获取 BLUETOOTH ADMIN 权限，必须先获取 BLUETOOTH 权限。

在应用中的 manifest 文件里声明蓝牙权限。示例代码如下：

```
<mainifest>
  <uses-permission android:name="android. permission. BLUETOOTH"/>
    <! --启用应用启动设备发现或者操作蓝牙设备的超级管理员-->
  <uses-permission android:name="android. permission. BLUETOOTH_ADMIN"/>
</mainifest>
```

**2. 蓝牙设置**

在应用通过蓝牙进行通信之前，需要确认设备是否支持蓝牙，如果支持则还需要确认蓝牙是处于打开状态的。

如果设备不支持，则不能使用任何蓝牙功能。如果设备支持蓝牙，但没有被打开，可以在应用中请求使用蓝牙。通过 BluetoothAdapter 打开蓝牙设备的步骤如下：

（1）获取 BluetoothAdapter

所有的蓝牙 activity 都需要 BluetoothAdapter。为了获取 BluetoothAdapter 对象，要调用静态的 getDefaultAdapter( )方法。这个方法会返回一个 BluetoothAdapter 对象，代表设备自己的蓝牙适配器。整个系统中只有一个蓝牙适配器，应用可以通过这个对象与它交互。如果 getDefaultAdapter( ) 方法返回 null，则表示这个设备不支持蓝牙功能。例如：

```
//获取 BluetoothAdapter 对象
BluetoothAdapter mBluetoothAdapter=BluetoothAdapter.getDefaultAdapter();
    if(mBluetoothAdapter==null){
        //说明此设备不支持蓝牙操作
    }
```

（2）打开蓝牙功能

接着需要确认蓝牙是否可用，通过调用 isEnabled( )方法来检查蓝牙当前是否用。如果这个方法返回 false，则蓝牙不可用。此时为了打开蓝牙功能，要以 ACTION_REQUEST ENABLE 动作意图为参数调用 startActivityForResult( )方法，它将发出一个启用蓝牙的请求。也可以通过 mBluetoothAdapter. enable( )直接打开蓝牙。例如：

```
//检查当前蓝牙是否可用
    if(! mBluetoothAdapter.isEnabled()){
        Intent enableBtIntent=new Intent(BluetoothAdapter.ACTION_REQUEST_ENABLE);
        startActivityForResult(enableBtIntent,REQUEST_ENBLE_BT);
    }
```

代码中方法 startActivityForResult( )中的参数 REQUEST_ENABLE_BT 是一个局部整型常量，值必须大于 0，系统将在 onActivityResulto 实现中作为 requestCode 参数返回。

如果启动蓝牙成功，onActivityResult( )中返回 RESULT OK，如果由于错误（例如，用户按了 No 按钮）蓝牙不能启动，则返回 RESULT CANCELED。

此外，还可以通过监听 ACTION_STATE CHANGED 这个广播意图来知道蓝牙状态是否改变。这个 Intent 包含 EXTRA STATE、EXTRA PREVIOUS STATE 两个字段，分别代表新旧状态。字段可能的取值为 STATE TURNING ON、STATE ON、STATE TURNINGOFF 以及 STATE OFF。

**3. 发现设备**（Finding Devices）

使用 BluetoothAdapter，可以通过设备搜索（Device discovery）或查询匹配设备（Querying paired devices）找到远端蓝牙设备。

设备搜索是搜索本地已开启的蓝牙设备并且向搜索到的设备请求一些信息的过程。但是搜索到的本地 Bluetooth 设备只有在打开被搜索功能后才会响应一个 discovery 请求，响应的信息包括设备名、类、唯一的 MAC 地址。发起搜寻的设备可以使用这些信息来初始化与被发现设备的连接。

一旦与远程设备的第一次连接被建立，一个配对请求就会自动提交给用户。如果设备已配对，配对设备的基本信息（设备名称、类、MAC 地址）就会被保存下来，能够使用蓝牙 API 来读取这些信息。使用已知远程设备的 MAC 地址，可以在任何时候发起连接而不必再做设备搜索

(假设远程设备是在可连接的空间范围内)。

注意：被配对和被连接之间存在差别。被配对意味着两台设备知晓彼此的存在，具有可用于身份验证的共享链路密钥，并且能够与彼此建立加密连接。被连接意味着设备当前共享一个 RFCOMM 通道，并且能够向彼此传输数据。当前的 Android Bluetooth API 要求对设备进行配对，然后才能建立 RFCOMM 连接（在使用 Bluetooth API 发起加密连接时，会自动执行配对）。Android 设备是默认处于不可检测状态的。

(1) 查询配对设备

在搜索设备前，最好先查询一下配对设备集，看需要的设备是否已经存在，可以调用 getBondedDevices()来实现。该函数会返回一个已配对的 BluetoothDevice 集合。例如，可以使用 ArrayAdapter 查询所有配对的设备，然后显示所有设备名给用户。代码如下：

```
//获取已经配对的蓝牙设备集合
Set<BluetoothDevice> pairedDevices=mBlutooothAdapter.getBondedDevices();
    //判断需要的设备是否存在
    if(pairedDevices.size()>0){
        for(BluetoothDevice device:pairedDevices){
            //把名字和地址取出来添加到适配器中
            mArrayAdapter.add(device.getName()+"\n"+ device.getAddress());
        }
    }
```

BluetoothDevice 对象用来初始化一个连接，唯一需要用到的信息就是 MAC 地址。这个例子中，MAC 地址作为 ArrayAdapter 的一部分显示给用户。后面用户可以提取 MAC 地址以建立连接。

(2) 搜索设备

要开始搜索设备，只需简单地调用 startDiscovery()即可。该过程是异步的，调用后会立即返回一个表示搜索是否成功的布尔值。搜索过程通常需要 12 秒，接着一个页面会显示搜索到的所有蓝牙设备名称。

应用中可以注册一个带 ACTION FOUND 意图的广播接收器，以便接收搜索到的设备消息。对于每一个设备，系统都会广播 ACTION FOUND 意图，该意图包含字段信息 EXTRA DEVICE 和 EXTRA CLASS。这两者分别包含 BluetoothDevice 和 BluetoothClass。代码如下：

```
// 创建一个接受 ACTION_FOUND 的 BroadcastReceiver
  private final BroadcastReceiver mReceiver=new BroadcastReceiver(){

        public void onReceive(Context context,Intent intent){
            String action=intent.getAction();
            //当 Discovery 发现了一个设备
            if(BluetoothDevice.ACTION_FOUND.equals(action)){
                //从 Intent 中获取发现的 BluetoothDevice
                    BluetoothDevice device = intent.getParcelableExtra (BluetoothDe-
vice.EXTRA_DEVICE);
                //将名字和地址放入要显示的适配器中
                mArrayAdapter.add(device.getName + "\n" + device.getAddress());
```

```
            }
        }
    };
    //注册这个 BroadcastReceiver
    IntentFilter filter=new
    IntentFilter(BluetoothDevice.ACTION_FOUND);
    registerReceiver(mReiver,filter);
    //在 onDestroy 中 unRegister
```

（3）允许搜索（Enabling discoverability）

Android 设备默认是不能被搜索的。如果想让本地设备被其他设备搜索到，可以以意图 ACTION_REQUEST_DISCOVERABLE 为参数去调用 startActivityForResult(Intent, int)方法。该方法会提交一个允许搜索的请求。默认情况下，设备在 120 秒内是可搜索的。可以通过 EXTRA DISCOVERABLE DURATION 自定义一个间隔时间值，最大值是 3600 秒，0 表示设备总是可以被搜索的（小于 0 或者大于 3600 则会被自动设置为 120 秒）。下面示例设置时间间隔为 300 秒。代码如下：

```
//创建允许搜索的意图
Intent discoverableIntent = new Intent (BluetoothAdapter.ACTION _REQUEST _DISCOVER-
ABLE);
//设置时间间隔为 300 秒
discoverableIntent.putExtra(BluetoothAdapter.EXTRA_DISCOVERABLE_DURATION,300);
  startActivityForResult(discoverableIntent);
```

提示对话框中显示请求用户允许将设备设为可检测到。如果用户响应为 YES，则设备将变为可检测到并持续指定的时间量。然后程序的 Activity 将会收到对 onActivityResult( ) 回调的调用，其结果代码等于设备可检测到的持续时间。如果用户响应为 NO 或者出现错误，结果代码为 RESULT_CANCELED。如果设备没有打开蓝牙，则启用设备可检测性的时候会自动启用蓝牙。

## 8.4　JNI 开发

本节介绍连接 C 语言与 Java 语言交流的桥梁——JNI 技术。C/C++语言具有跨平台的特性，苹果操作系统能够直接运行 C/C++代码，如果功能采用 C/C++实现，就很容易在不同平台（如 Android 与 IOS）之间移植。本节首先说明如何在 Android Studio 中搭建 NDK 编译环境，接着阐述如何使用 JNI 接口完成 Java 代码对 C 语言代码的调用，最后描述 JNI 开发的一般流程。

### 8.4.1　NDK 环境搭建

JNI 是 Java Native Interface 的缩写，它提供了若干的 API 实现了 Java 和其他语言的通信（主要是 C/C++）。虽然 JNI 是 Java 的平台标准，但要想在 Android 上使用 JNI，还得配合 NDK 才行。

NDK 全称是 Native Development Kit，它提供了一系列的工具，帮助开发者快速开发 C 语言（或 C++）的动态库，并能自动将 so 和 Java 应用一起打包成 apk。NDK 集成了交叉编译器（交叉编译器需要 UNIX 或 LINUX 系统环境），并提供了相应的 mk 文件隔离 CPU、平台、ABI 等差异，开发人员只需要简单修改 mk 文件（指出“哪些文件需要编译”“编译特性要求”等），就可以创建 so 文件。

为什么使用 NDK？原则主要有以下几点：

▲ 代码的保护。由于 APK 的 Java 层代码很容易被反编译，而 C/C++库反汇难度较大。

▲ 可以方便地使用现存的开源库。大部分现存的开源库都是用 C/C++代码编写的。

▲ 提高程序的执行效率。将要求高性能的应用逻辑使用 C 语言开发，从而提高应用程序的执行效率。

▲ 便于移植。用 C/C++写的库可以方便在其他的嵌入式平台上再次使用。

NDK 提供了 C/C++标准库的头文件，以及标准库的动态链接文件（主要是 . a 文件和 . so 文件）。而 JNI 是在自己工程下面编写 JNI 接口的 C/C++代码以及 mk 编译文件，代码中要包含 NDK 的头文件，然后 mk 文件又依据规则把标准库链接进去，编译通过形成最终的 so 动态库文件。这样才能在 APP 中调用 JNI 接口。

NDK 与 JNI 区别：

☑NDK：NDK 是 Google 开发的一套开发和编译工具集，主要用于 Android 的 JNI 开发。

☑JNI：JNI 是一套编程接口，用来实现 Java 代码与本地的 C/C++代码进行交互。

完整的 Android Studio 环境包括 3 个开发工具，即 JDK、SDK 和 NDK：

1）JDK 是 Java 语言的编译器，因为 App 采用 Java 语言开发，所以开发机上要先安装 JDK。

2）SDK 是 Android 应用的编译器，提供了 Android 内核的公共 API 调用，所以开发 App 必须安装 SDK。

3）NDK 是 C/C++代码的编译器，如果 App 未使用 JNI 技术，就无须安装 NDK；如果 App 用到 JNI，就必须安装 NDK。

NDK 允许开发者在 App 中通过 C/C++代码执行部分操作，然后由 Java 代码通过 JNI 接口调用 C/C++代码。

NDK 环境的搭建步骤说明如下：

Step1：到谷歌开发者网站下载最新的 NDK 开发包，下载页面地址为 https://developer. android. google. cn/ndk/downloads/index. html。下载完毕后解压到本地路径，注意目录名称不要有中文。

Step2：在系统中增加 NDK 的环境变量定义，例如，变量名为 NDK ROOT，变量值为 D:\ Android \ android-ndk-r21e。另外，在 Path 变量值后面补充 ;%NDK ROOT%。

Step3：在项目名称上右击，然后在弹出的菜单项中选择 Open Module Settings，打开设置页面，如图 8-11 所示。也可依次选择菜单“File”→“Project Structure”打开设置页面。

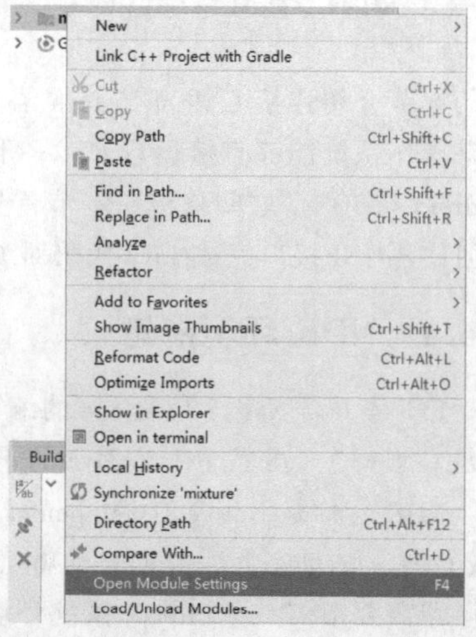


图 8-11　在右键菜单中进入设置页面

在打开的设置页面中依次找到“SDK Location”→“NDK Location”，设置前面解压的 NDK 的目录路径，然后单击“OK”按钮，设置页面如图 8-12 所示。

上面的三个步骤搭建好了 NDK 环境，接下来还要给模块添加 JNI 支持，步骤说明如下：

① 在模块的 src/main 路径下创建名为 jni 的目录，h 文件、c 文件、cpp 文件、mk 编译文件都放在该目录下。jni 目录结构如图 8-13 所示，可以看到 jni 与 java、res 等目录平级。

② 右击模块名称，在右键菜单中选择 Link C++Project

with Gradle，菜单界面如图 8-14 所示。

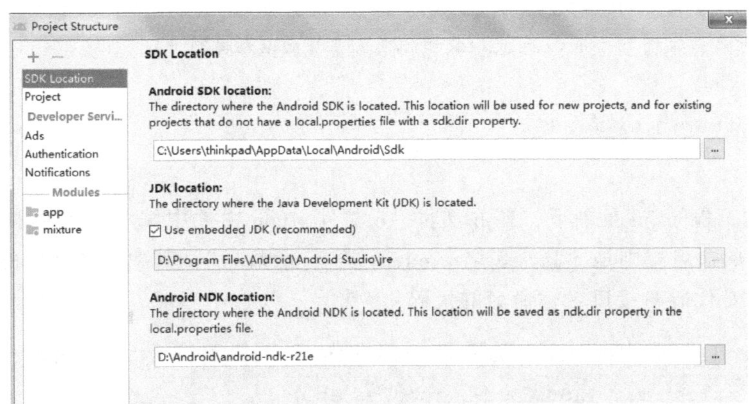


图 8-12　项目结构页面设置 NDK 的安装路径

| 名称 | 修改日期 | 类型 |
| --- | --- | --- |
| assets | 2021/4/1 16:13 | 文件夹 |
| java | 2021/4/1 16:13 | 文件夹 |
| jni | 2021/4/1 16:13 | 文件夹 |
| jniLibs | 2021/4/1 16:13 | 文件夹 |
| res | 2021/4/1 16:13 | 文件夹 |
| AndroidManifest.xml | 2016/12/11 22:16 | XML 文档 |

图 8-13　jni 目录在模块工程中的位置

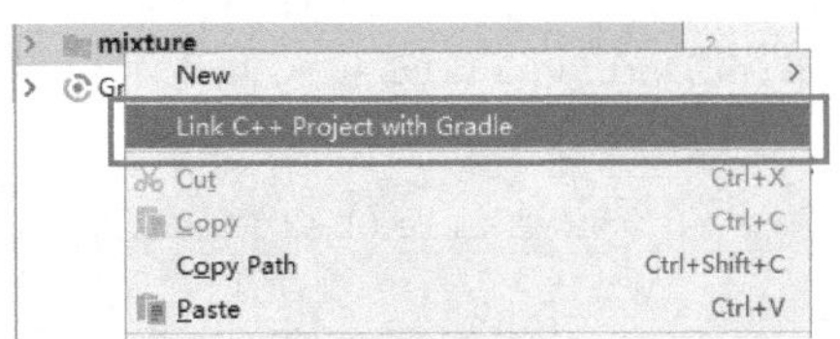


图 8-14　在右键菜单中选择 C++支持

③ 选中 C++支持菜单后，弹出一个配置页面，在 Build System 一栏下拉选择 ndk-build，表示采用 Android Studio 内置的编译工具。在 Project Path 一栏选择 mk 文件的路径，窗口下方就会出现提示会把“src/main/jni/Android. mk”保存到 build. gradle 中。

④ 单击弹窗上的“OK”按钮，再打开该模块的编译配置文件 build. gradle，发现在 android 节点下果然增加了 externalNativeBuild 节点，用来说明 C++代码的编译 mk 文件。

⑤ 正常情况上一步骤单击“OK”按钮就会触发编译操作，开发者也可手动选择菜单“Build”→“Make Module *”，执行 C/C++代码的编译工作。编译通过后，可在“模块名称\build\intermediates\ndkBuild\debug\obj\local\armeabi”路径下找到生成的 so 库文件。

⑥ 在 src/main 路径下创建 so 库的保存目录，目录名称为 jniLibs，并将生成的 so 文件复制到该目录下。

⑦ 重新运行 App 或重新生成签名 APK，最后产生的 App 就是封装好 so 库的版本。

## 8.4.2　开发 JNI 程序流程

NDK 提供了 C/C++标准库的头文件和标准库的动态链接文件（主要是 . a 文件和 . so 文件）。而 JNI 开发只是在 App 工程下编写 C/C++代码，代码中包含 NDK 提供的头文件，build. gradle 和 mk 文件依据编译规则把标准库链接进去，编译通过后形成最终的 so 动态库文件，这样才能在 App 中通过 Java 代码调用 JNI 接口。

JNI 开发的具体步骤如下：

Step1：确保 NDK 环境搭建完成，并且本模块已经添加了对 NDK 的支持。

Step2：在要调用 JNI 接口的 Activity 代码中添加 JNI 接口定义，并在初始化时加载 JNI 动态库，具体代码如下：

```
//声明 cpuFromJNI 是来自于 JNI 的原生方法
public native String cpuFromJNl(int il, float fl, double dl, boolean bl);
//在加载当前类时就去加载 jni_mix.so,加载动作发生在页面启动之前
static {
System.loadLibrary("jni_mix"A);
}
```

Step3：转到工程的 jni 目录下，在 h 文件、c 文件、cpp 文件中编写 C/C++代码。注意 C 代码中对接口名称的命名规则是“Java 包名_Activity 类名_函数名”。其中，包名中的点号要替换为下画线。下面是 C 代码对接口名称命名的代码：

```
jstring Java_com_example_mixture_JniCpuActivity_cpuFromJNI(JNIEnv* env, jobject
thiz, jint il, jfloat fl, jdouble dl, jboolean bl)
```

Step4：在 jni 目录创建一个 mk 文件单独定义编译规则，编译规则名称的对应关系如表 8-9 所示，并在 build.gradle（Module）中启用 externalNativeBuild 节点，指定 mk 文件的路径。例如：

```
externalNativeBuild {
        ndkBuild {
            path file('src/main/jni/Android.mk')}
    }
```

表 8-9　编译规则名称的对应关系

| Android.mk 的规则名称 | 说明 | 常用值 |
|---|---|---|
| LOCAL_PATH | 定义源文件在哪个目录用的 | $(call my-dir) |
| include $(CLEAR_VARS) | 编译工具函数，通过该函数可以进行一些初始化操作 | |
| LOCAL_MODULE | 编译后的 .so 后缀文件 | |
| LOCAL_SRC_FILES | 指定编译的源文件名称 | |
| LOCAL_CPPFLAGS | C++的编译标志 | -fexceptions |
| LOCAL_LDLIBS | 需要链接的库，多个库用逗号隔开 | log(支持打印日志) |
| LOCAL_WHOLE_STATIC_LIBRARIES | 要加载的静态库 | android_support |
| include $(BUILD_SHARED_LIBRARY) | 通知编译器需要生成动态库 | |

Android.mk 文件示例代码如下：

```
LOCAL_PATH := $(call my-dir)
include $(CLEAR_VARS)
LOCAL_MODULE    :=Hello
LOCAL_SRC_FILES :=Hello.c
#liblog.so libGLESv2.so
LOCAL_LDLIBS +=-llog
include $(BUILD_SHARED_LIBRARY)    }
```

Step5：编译 JNI 代码，并把编译后自动生成的 so 库复制到 jniLibs 目录，再重新运行 App，即完成 C/C++代码的调用。

## 习　　题

1. Java 开发中 InetAddress 类的作用是什么？
2. 什么是 Socekt 套接字？基于 Socket 套接字的网络通信协议有哪些？各有什么特点？
3. 什么是 JSON？其特点是什么？
4. JNI 程序开发的一般流程是什么？
5. 编写 JAVA 程序，获得指定端口的主机名、主机地址和本机地址。
6. 运行本章例 8.2 程序并实现通信功能。

# 第9章　Android 数据存储

应用程序的使用必然涉及数据的输入和输出。在 Android 系统中，数据的存储和使用与通常的数据操作有很大不同。Android 所有的应用程序数据为应用程序自己所有，其他应用程序如果想要共享、访问别的应用程序数据，必须通过 Android 系统提供的几种方式才能访问或暴露自己的私有数据供其他应用程序使用。

本章主要介绍数据存储与访问的 SharedPreferences、SQLite 数据库（创建、操作、管理及应用）、SD 卡存储与访问方法，希望通过本章的学习读者能掌握这几种存储技术并熟练使用。

## 9.1　共享参数 SharedPreferences

SharedPreferences 称为共享优先存储，是一种轻量级的存储类，通过调用函数可以实现 NVP（名称/值对）。可以使用 SharedPreferences 来保存应用程序中用户的偏好参数，例如，是否记住账号密码等。SharedPreferences 也是使用 xml 文件，然后类似于 Map 集合，使用键 - 值的形式来存储数据。只需要调用 SharedPreferences 的 getXxx（name），就可以根据键获得对应的值。

### 9.1.1　共享参数的基本用法

SharedPreferences 不仅能够保存数据，还能够实现不同应用程序间的数据共享。它支持三种访问模式：私有（MODE_PRIVATE）、全局读（MODE_WORLD_READABLE）和全局写（MODE_WORLD_WRITEABLE）。如果定义为私有模式，仅创建它的程序有权限对其进行读取或写入；如果定义为全局读模式，不仅创建程序可以对其进行读取或写入，其他应用程序也具有读取操作的权限，但没有写入操作的权限；如果定义为全局写模式，则所有程序都可以对其进行写入操作，但没有读取操作的权限。

1）在使用 SharedPreferences 前，先定义 SharedPreferences 的访问模式。将访问模式定义为私有模式。

```
public static int MODE-MODE_PRIVATE;
```

2）定义 SharedPreferences 的名称，这个名称也是它在 Android 文件系统中保存的文件名称。一般声明为字符串常量，这样可以在代码中多次使用。

```
public static final String PREFERENCE NAME="SaveSetting";
```

3）使用时需要将访问模式和名称作为参数传递到 getSharedPreferences 函数，可获取 SharedPreferences 实例。

```
SharedPreferences sharedPreferences=getSharedPreferences (PREFERENCENAME, MODE);
```

4）在获取实例后，可以通过 SharedPreferences. Editor 类进行修改，最后调用 commit( ) 函数保存修改内容。

5）如果需要从已保存的 SharedPreferences 中读取数据，同样是调用 getSharedPreferences 函数，并在函数第一个参数中指明需要访问的 SharedPreferences 名称，最后通过 get<Type>( ) 函数获取保存在 SharedPreferences 中的 NVP。get<Type>( ) 函数的第一个参数是 NVP 的名称，第二个参数是默认值，在无法获取数值时使用。

本项目编写的 SharedUtil. java 代码如下，最后会在 LoginShareActivity. java 引入使用。

```
import android.content.Context;
import android.content.SharedPreferences;

//这是共享参数的工具类,统一对共享参数的读写操作
public class SharedUtil {
    private static SharedUtil mUtil; //声明一个共享参数工具类的实例
    private static SharedPreferences mShared; //声明一个共享参数的实例

    //通过单例模式获取共享参数工具类的唯一实例
    public static SharedUtil getIntance(Context ctx) {
        if (mUtil==null) {
            mUtil=new SharedUtil();
        }
        //从 share.xml 中获取共享参数对象
        mShared=ctx.getSharedPreferences("share", Context.MODE_PRIVATE);   //私有
        return mUtil;
    }

    //把配对信息写入共享参数
    public void writeShared(String key, String value) {
        SharedPreferences.Editor editor=mShared.edit(); //获得编辑器的对象
        editor.putString(key, value); //添加一个指定键名的字符串参数
        editor.commit(); //提交编辑器中的修改
    }

    //根据键名到共享参数中查找对应的值对象
    public String readShared(String key, String defaultValue) {
        return mShared.getString(key, defaultValue);
    }

}
```

## 9.1.2　实现记住密码功能

### 1. 页面设计

对于记录密码功能的页面设计是在主页面进行跳转，如图 9-1 所示。当单击主页中的“记住登录信息”按钮时会直接跳转到登录页面，如图 9-2 所示。

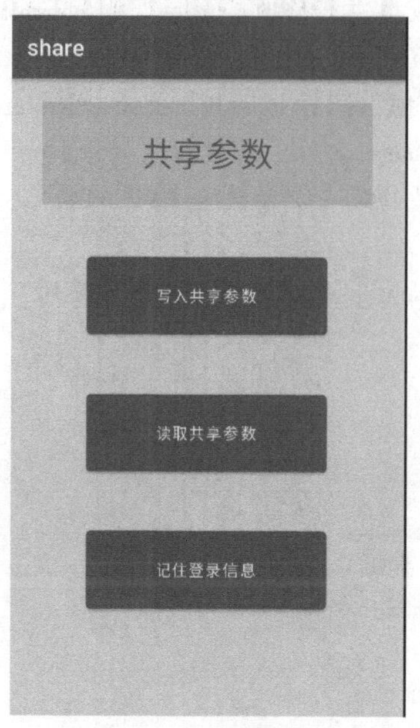


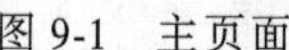

图 9-1　主页面

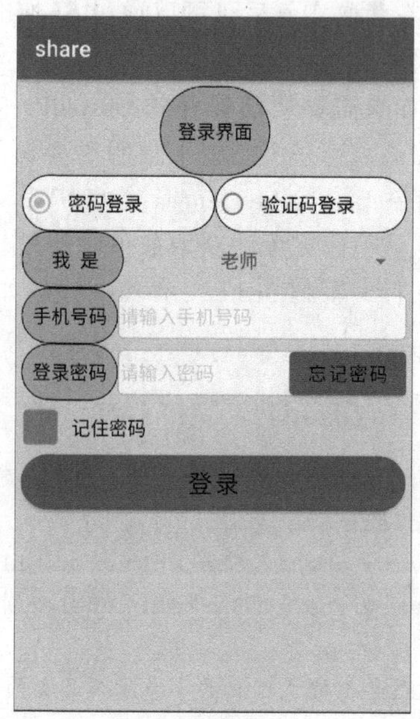


图 9-2　登录页面

对于登录页面的设计，项目设计中有两种登录方式：一种是密码登录（默认密码 111111），可以选中记住密码选项，这样下次重新进入就会直接显示出来上次所登录的手机号和密码。在密码方式中还可以添加忘记密码功能，点击“忘记密码”可以修改密码。另一种是验证码登录（random 函数随机生成六位数）。

在 layout 中创建 activity_login_share. xml 文件，其中布局使用了线性布局（LinearLayout）、相对布局（RelativeLayout），整体页面使用线性布局。包括以下控件：文本框（TextView）、两个单选按钮（RadioButton）放在了按钮组（RadioGroup）中、下拉框（Spinner）。其中：

单选按钮：需要把 RadioButton 放到 RadioGroup 按钮组中，从而实现单选功能，如图 9.2 所示添加了两个单选按钮“密码登录”和“验证码登录”。

帧布局（FrameLayout）：布局直接在屏幕上开辟出一块空白的区域，当往里面添加控件的时候，会默认把它们放到空白区域的左上角。

复选框：在点击后对每个 checkbox 进行判断：isChecked()，会在 LoginShareActivity. java 用到。

**2. 记住密码功能设计**

在包内创建 LoginShareActivity. java 文件，主要实现密码记录功能，当输入账号和密码后，点击“记住密码”选项，再点击“登录”按钮，就会调用 LoginSuccess()方法，在其中会判断是否选中记住密码这个功能，里面定义的监听器会帮助识别。

如果选中就会把手机号码和密码都保存到共享参数中，下次在进入后就直接显示出来，这部分功能是在 onCreate()方法中实现的，如果记住密码了就会利用 getString（）方法获取共享参数保存的手机号码和密码。

LoginShareActivity. java 实现记录功能的代码如下：

```
//校验通过,登录成功
private void loginSuccess() {
    String desc=String.format("您的手机号码是% s,类型是% s。恭喜你通过登录验证,点击
"确定"按钮返回上个页面", et_phone.getText().toString(), typeArray[mType]);
```

```
        //弹出提醒对话框,提示用户登录成功
        AlertDialog.Builder builder=new AlertDialog.Builder(this);
        builder.setTitle("登录成功");
        builder.setMessage(desc);
builder.setPositiveButton("确定返回", new DialogInterface.OnClickListener() {
            @ Override
            public void onClick(DialogInterface dialog, int which) {
                finish();
            }
        });
        builder.setNegativeButton("我再看看", null);
        AlertDialog alert=builder.create();
        alert.show();
        //如果勾选了"记住密码",就把手机号码和密码都保存到共享参数中
        if (bRemember) {
//获得编辑器的对象
            SharedPreferences.Editor editor=mShared.edit();
//添加名叫 phone 的手机号码
            editor.putString("phone", et_phone.getText().toString());
//添加名叫 password 的密码
            editor.putString("password", et_password.getText().toString());
            editor.commit(); //提交编辑器中的修改
        }
    }
}
```

### 3. 运行结果

进入主页面，单击“记住登录信息”进入登录页面，输入手机号、密码等信息，选择“记住密码”；关闭 APP 后再次进入 APP 就不必再次输入手机号和密码，运行结果如图 9-3 所示。

图 9-3　运行结果

# 9.2 数据库 SQLite

## 9.2.1 SQLite 的基本用法

SQLite 是一款轻量级的关系型数据库，同时也是一种嵌入式数据库。与 Oracle、MySQL、SQL Server 等数据库不同，它可以内嵌在程序中作为程序的一个组成部分，所以经常被应用在 Android、IOS、HTML5 等移动设备上，而且它运行速度非常快，占用资源也较少，通常只需要几百 KB 的内存就够了。SQLite 不仅支持标准的 SQL 语法，还遵循数据库的 ACID 事务，在功能上基本能满足数据库的常见操作。因为它是轻量级的本地存储数据库，完成本地数据的持久化，所以要求没有 Oracle、DB2 等关系型数据库那么高。

Android 提供了 SQLiteDatabase 类来代表一个数据库（底层就是一个数据库文件），一旦应用程序获得了代表指定数据库的 SQLiteDatabase 对象，接下来就可以通过 SQLiteDatabase 对象来管理、操作数据库了。

SQLiteDatabase 的常用方法：

① static SQLiteDatabase openOrCreateDatabase（String path，SQLiteDatabase. CursorFactory factory)：打开或创建（如果不存在）path 文件代表的 SQLite 数据库。

② execSQL(String sql，Object[ ]bindrags)：执行带占位符的 SQL 语句。

③ execSQL(String sql)：执行 SQL 语句。

④ insert(String table，String nullColumnHack，ContentValues values)：向指定表中插入一条数据。

⑤ delete(String table，String whereClause，String[ ]whereArgs)：删除指定表中的特定数据。

⑥ update(String table，ContentValues values，String whereClause，String[ ]whereArgs)：更新指定表中的特定数据。

⑦ Cursor query(String table，String[ ] columns，String selection，String[ ] selectionArgs，String groupBy，String having，String orderBy)：对指定该数据进行查询。

⑧ close( )：关闭数据库。

## 9.2.2 数据库帮助器 SQLiteOpenHelper

该类是 SQLiteDatabase 的一个辅助类。这个类主要生成一个数据库，并对数据库的版本进行管理。当程序中调用这个类的 getWritableDatabase( )或者 getReadableDatabase( )方法时，如果当时没有数据，那么 Android 系统就会自动生成一个数据库。

SQLiteOpenHelper 的常用方法：

① synchronized SQLiteDatabase getReadableDatabase( )：以读写的方式打开数据库对应的 SQLiteDatabase 对象。

② synchronized SQLiteDatabase getWritableDatabase( )：以写的方式打开数据库对应的 SQLiteDatabase 对象。

③ abstract void onCreate（SQLiteDatabase db)：第一次创建数据库时回调该方法。

④ abstract void onUpgrda（SQLiteDatabase db，int oldVersion，int newVersion)：当数据库版本更新时回调该方法。

⑤ synchronized void close( )：关闭所有打开的 SQLiteDatabase 对象。

SQLiteOpenHelper 是一个抽象类，在实际使用过程中需要重写它的两个抽象方法。

onCreate(SQLiteDatabase db)：用于初次使用软件时生成数据库表。当调用 SQLiteOpenHelper 的 getWritableDatabase()或者 getReadableDatabase()方法获取用于操作数据库的 SQLiteDatabase 实例时，如果数据库不存在，Android 系统会自动生成一个数据库，接着调用 onCreate()方法。onCreate()方法在初次生成数据库时才会被调用。重写 onCreate()方法可以生成数据库表结构，以添加应用使用到的一些初始化数据。

onUpgrade (SQLiteDatabase db, int oldVersion, int newVersion)：用于升级软件时更新数据库表结构，此方法在数据库的版本发生变化时会被调用，该方法调用时 oldVersion 代表数据库之前的版本号，newVersion 代表数据库当前的版本号。当程序创建 SQLiteOpenHelper 对象时，必须指定一个 version 参数，该参数就决定了所使用的数据库的版本，也就是说，数据库的版本是由程序员控制的。只要某次创建 SQLiteOpenHelper 时指定的数据库版本号高于之前指定的版本号，系统就会自动触发 onUpgrade (SQLiteDatabase db, int oldVersion, int newVersion) 方法，程序就可以在 onUpgrade()方法里面对原版本号和目标版本号进行判断，即可根据版本号进行必需的表结构更新。

本项目创建了 UserDbHelper 类用于继承 SQLiteOpenHelper 类，该类将在程序执行过程中调用。

UserDbHelper. java 文件代码如下：

```
/*
* ①创建和删除数据库中的表
* ②对于表中的数据进行增删改查操作
* */
@ SuppressLint("DefaultLocale")
public class UserDBHelper extends SQLiteOpenHelper {
    private static final String TAG="UserDBHelper";
    private static final String DB_NAME="user.db"; //数据库的名称
    private static final int DB_VERSION=1; //数据库的版本号
    private static UserDBHelper mHelper=null; //数据库帮助器的实例
    private SQLiteDatabase mDB=null; //数据库的实例
    public static final String TABLE_NAME="user_info"; //表的名称

    private UserDBHelper(Context context) {
        super(context, DB_NAME, null, DB_VERSION);
    }

    private UserDBHelper(Context context, int version) {
        super(context, DB_NAME, null, version);
    }

    //利用单例模式获取数据库帮助器的唯一实例
    public static UserDBHelper getInstance(Context context, int version) {
        if (version>0 && mHelper==null) {
            mHelper=new UserDBHelper(context, version);
```

```
    } else if (mHelper==null) {
        mHelper=new UserDBHelper(context);
    }
    return mHelper;
}

//打开数据库的读连接
public SQLiteDatabase openReadLink() {
    if (mDB==null || ! mDB.isOpen()) {
        mDB=mHelper.getReadableDatabase();//以读写的方式打开数据库对应的 SQLiteDatabase 对象
    }
    return mDB;
}

//打开数据库的写连接
public SQLiteDatabase openWriteLink() {
    if (mDB==null || ! mDB.isOpen()) {
        mDB=mHelper.getWritableDatabase();//以写的方式打开数据库对应的 SQLiteDatabase 对象
    }
    return mDB;
}

//关闭数据库连接
public void closeLink() {
    if (mDB ! =null && mDB.isOpen()) {
        mDB.close();//关闭所有打开的 SQLiteDatabase 对象
        mDB=null;
    }
}

//创建数据库,执行建表语句
public void onCreate(SQLiteDatabase db) {
    Log.d(TAG, "onCreate");
    String drop_sql="DROP TABLE IF EXISTS " + TABLE_NAME + ";";
    Log.d(TAG, "drop_sql:"+drop_sql);
    db.execSQL(drop_sql);//执行 sql 语句
    String create_sql="CREATE TABLE IF NOT EXISTS " + TABLE_NAME + " ("
            + "_id INTEGER PRIMARY KEY  AUTOINCREMENT NOT NULL,"
            + "name VARCHAR NOT NULL," + "age INTEGER NOT NULL,"
            + "height LONG NOT NULL," + "weight FLOAT NOT NULL,"
            + "bclass INTEGER NOT NULL," + "update_time VARCHAR NOT NULL"
            //演示数据库升级时要先把下面这行注释
```

```
            + ",phone VARCHAR" + ",password VARCHAR"
            + ");";
        Log.d(TAG, "create_sql:" + create_sql);
        db.execSQL(create_sql);
    }

    //修改数据库,执行表结构变更语句
    public void onUpgrade(SQLiteDatabase db, int oldVersion, int newVersion) {
        Log.d(TAG, "onUpgrade oldVersion=" + oldVersion + ", newVersion=" + newVer-
sion);
        if (newVersion>1) {
            //Android 的 ALTER 命令不支持一次添加多列,只能分多次添加
            String alter_sql="ALTER TABLE " + TABLE_NAME + " ADD COLUMN " + "phone VAR-
CHAR;";
            Log.d(TAG, "alter_sql:" + alter_sql);
            db.execSQL(alter_sql);
            alter_sql="ALTER TABLE " + TABLE_NAME + " ADD COLUMN " + "password VAR-
CHAR;";
            Log.d(TAG, "alter_sql:" + alter_sql);
            db.execSQL(alter_sql);
        }
    }

    //根据指定条件删除表记录
    public int delete(String condition) {
        //执行删除记录动作,该语句返回删除记录的数目
        return mDB.delete(TABLE_NAME, condition, null);
    }

    //删除该表的所有记录
    public int deleteAll() {
        //执行删除记录动作,该语句返回删除记录的数目
        return mDB.delete(TABLE_NAME, "1=1", null);
    }

    //往该表添加一条记录
    public long insert(UserInfo info) {
        ArrayList<UserInfo> infoArray=new ArrayList<UserInfo>();
        infoArray.add(info);
        return insert(infoArray);
    }

    //往该表添加多条记录
    public long insert(ArrayList<UserInfo> infoArray) {
```

```
        long result=-1;
        for (int i=0; i < infoArray.size(); i++) {
            UserInfo info=infoArray.get(i);
            ArrayList<UserInfo> tempArray=new ArrayList<UserInfo>();
            //如果存在同名记录,则更新记录
            //注意条件语句的等号后面要用单引号括起来
            if (info.name != null && info.name.length()>0) {
                String condition=String.format("name='%s'", info.name);
                tempArray=query(condition);
                if (tempArray.size()>0) {
                    update(info, condition);
                    result=tempArray.get(0).rowid;
                    continue;
                }
            }
            //如果存在同样的手机号码,则更新记录
            if (info.phone != null && info.phone.length()>0) {
                String condition=String.format("phone='%s'", info.phone);
                tempArray=query(condition);
                if (tempArray.size()>0) {
                    update(info, condition);
                    result=tempArray.get(0).rowid;
                    continue;
                }
            }
            //不存在唯一性重复的记录,则插入新记录
            ContentValues cv=new ContentValues();
            cv.put("name", info.name);
            cv.put("age", info.age);
            cv.put("height", info.height);
            cv.put("weight", info.weight);
            cv.put("bclass", info.bclass);
            cv.put("update_time", info.update_time);
            cv.put("phone", info.phone);
            cv.put("password", info.password);
            //执行插入记录动作,该语句返回插入记录的行号
            result=mDB.insert(TABLE_NAME, "", cv);
            //添加成功后返回行号,失败后返回-1
            if (result==-1) {
                return result;
            }
        }
        return result;
    }
```

```
    //根据条件更新指定的表记录
    public int update(UserInfo info, String condition) {
        ContentValues cv=new ContentValues();
        cv.put("name", info.name);
        cv.put("age", info.age);
        cv.put("height", info.height);
        cv.put("weight", info.weight);
        cv.put("bclass", info.bclass);
        cv.put("update_time", info.update_time);
        cv.put("phone", info.phone);
        cv.put("password", info.password);
        //执行更新记录动作,该语句返回记录更新的数目
        return mDB.update(TABLE_NAME, cv, condition, null);
    }

    public int update(UserInfo info) {
        //执行更新记录动作,该语句返回记录更新的数目
        return update(info, "rowid=" + info.rowid);
    }

    //根据指定条件查询记录,并返回结果数据队列
    public ArrayList<UserInfo> query(String condition) {
        String sql=String.format("select rowid,_id,name,age,height,weight,bclass,
update_time," +
                "phone,password from % s where % s;", TABLE_NAME, condition);
        Log.d(TAG, "query sql: " + sql);
        ArrayList<UserInfo> infoArray=new ArrayList<UserInfo>();
        //执行记录查询动作,该语句返回结果集的游标
        Cursor cursor=mDB.rawQuery(sql, null);
        //循环取出游标指向的每条记录
        while (cursor.moveToNext()) {
            UserInfo info=new UserInfo();
            info.rowid=cursor.getLong(0); //取出长整型数
            info.xuhao=cursor.getInt(1); //取出整型数
            info.name=cursor.getString(2); //取出字符串
            info.age=cursor.getInt(3);
            info.height=cursor.getLong(4);
            info.weight=cursor.getFloat(5); //取出浮点数
            //SQLite 没有布尔型,用 0 表示 false,用 1 表示 true
            info.bclass=(cursor.getInt(6)==0) ? false : true;
            info.update_time=cursor.getString(7);
            info.phone=cursor.getString(8);
            info.password=cursor.getString(9);
```

```
            infoArray.add(info);
        }
        cursor.close(); //查询完毕,关闭游标
        return infoArray;
    }

    //根据手机号码查询指定记录
    public UserInfo queryByPhone(String phone) {
        UserInfo info=null;
        ArrayList<UserInfo> infoArray=query(String.format("phone='%s'", phone));
        if (infoArray.size()>0) {
            info=infoArray.get(0);
        }
        return info;
    }
}
```

## 9.2.3 优化记住密码功能

### 1. 页面设计

主页面的设计如图 9-4 所示，当单击“记住登录密码”按钮时，页面会跳转至登录界面，如图 9-5 所示。

图 9-4　主界面

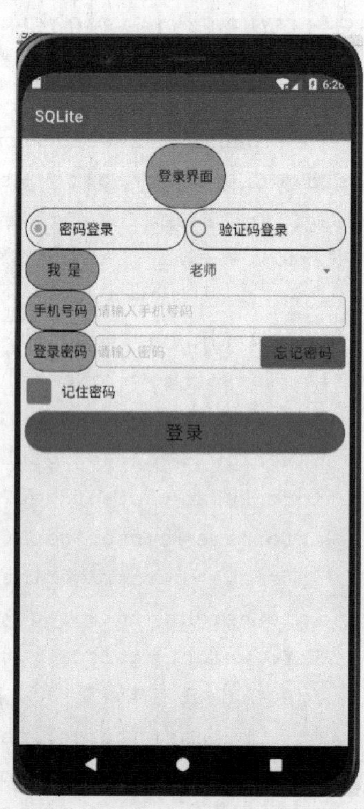


图 9-5　登录界面

本项目共涉及三个布局文件，主界面 activity_main. xml 文件、登录界面 activity_login_sqlite. xml 文件和修改密码界面 activity_login_forget. xml 文件。三个文件均在 layout 文件目录下。

**2. 功能实现**

本项目的功能实现代码模块主要由三部分组成，MainActivity. java 文件、LoginSQLiteActivity. java 文件和 LoginForgetActivity. java 文件。三个文件分别用于实现三个界面所要完成的功能。

MainActivity. java 文件主要完成的功能是通过主界面点击“记住登录密码”按钮跳转至登录界面。

LoginSQLiteActivity. java 文件主要完成登录功能，根据按钮选择是否记录密码，登录方式分为密码登录和验证码登录两种。

LoginSQLiteActivity. java 文件基于 SQLite 优化登录密码功能的部分代码如下：

```
//校验通过,登录成功
    private void loginSuccess() {
        String desc=String.format("您的手机号码是%s,类型是%s。恭喜你通过登录验证,点击
“确定”按钮返回上个页面",
                et_phone.getText().toString(), typeArray[mType]);
        //弹出提醒对话框,提示用户登录成功
        AlertDialog.Builder builder=new AlertDialog.Builder(this);
        builder.setTitle("登录成功");
        builder.setMessage(desc);
        builder.setPositiveButton("确定返回", new DialogInterface.OnClickListener
() {
            @Override
            public void onClick(DialogInterface dialog, int which) {
                finish();
            }
        });
        builder.setNegativeButton("我再看看", null);
        AlertDialog alert=builder.create();
        alert.show();
        //如果勾选了“记住密码”,就把手机号码和密码保存为数据库的用户表记录
        if (bRemember) {
            //创建一个用户信息实体类
            UserInfo info=new UserInfo();
            info.phone=et_phone.getText().toString();
            info.password=et_password.getText().toString();
            info.update_time=DateUtil.getNowDateTime("yyyy-MM-dd HH:mm:ss");
            //往用户数据库添加登录成功的用户信息(包含手机号码、密码、登录时间)
            mHelper.insert(info);
        }
    }

    //焦点变更事件的处理方法,hasFocus 表示当前控件是否获得焦点。
```

```
    //为什么光标进入密码框事件不选 onClick? 因为要点两下才会触发 onClick 动作(第一下是切换焦点动作)
    @ Override
    public void onFocusChange(View v, boolean hasFocus) {
        String phone=et_phone.getText().toString();
        //判断是否是密码编辑框发生焦点变化
        if (v.getId()==R.id.et_password) {
            //用户已输入手机号码,且密码框获得焦点
            if (phone.length()>0 && hasFocus) {
                //根据手机号码到数据库中查询用户记录
                UserInfo info=mHelper.queryByPhone(phone);
                if (info !=null) {
                    //找到用户记录,则自动在密码框中填写该用户的密码
                    et_password.setText(info.password);
                }
            }
        }
    }
}
```

LoginForgetActivity.java 文件主要完成修改密码的功能，此处主要根据随机生成的 6 位验证码完成密码的修改。代码中已详细介绍各方法的功能，这里就不再赘述。

### 3. 运行结果

启动模拟器，输入手机号，当点击输入密码框时，会自动出现密码，然后点击登录按钮即可实现登录。运行结果如图 9-6 所示。

图 9-6 运行结果

本项目与前一个基于 SharedPreferences 记录登录密码最大的区别在于前者主要对手机号和密码一次性保存，而基于 SQLite 数据库记录登录密码是对手机号和密码的永久性保存。

# 9.3　SD 卡文件操作

## 9.3.1　SD 卡的基本操作

手机的存储空间一般分为两部分：一部分用于内部存储，另一部分用于外部存储（SD 卡）。早期的 SD 卡是可插拔式的存储芯片，不过由于用户自己买的 SD 卡质量参差不齐，经常会影响 App 的正常运行，所以后来越来越多手机制造商把 SD 卡固化到手机内部，虽然拔不出来，但是 Android 仍然称之为外部存储。

获取手机上的 SD 卡信息通过 Environment 类实现，该类是 App 获取各种目录信息的工具，主要方法有以下 7 种。

① getRootDirectory：获得系统根目录的路径。

② getDataDirectory：获得系统数据目录的路径。

③ getDownloadCacheDirectory：获得下载缓存目录的路径。

④ getExternalStorageDirectory：获得外部存储（SD 卡）的路径。

⑤ getExternalStorageState：获得 SD 卡的状态。

⑥ getStorageState：获得指定目录的状态。

⑦ getExternalStoragePublicDirectory：获得 SD 卡指定类型目录的路径

状态的具体取值说明见表 9-1。

表 9-1　SD 卡的存储状态取值说明

| Environment 类的存储状态常量名 | 常量值 | 常量说明 |
|---|---|---|
| MEDIA_UNKNOWN | unknown | 未知 |
| MEDIA_REMOVED | removed | 已经移除 |
| MEDIA_UNMOUNTED | unmounted | 未挂载 |
| MEDIA_CHECKING | checking | 正在检查 |
| MEDIA_NOFS | nofs | 不支持的文件系统 |
| MEDIA MOUNTED | mounted | 已经挂载,且是可读写状态 |
| MEDIA_MOUNTED_READ_ONLY | mounted_ ro | 已经挂载,且是只读状态 |
| MEDIA_SHARED | Shared | 当前未挂载,但通过 USB 共享 |
| MEDIA_BAD_REMOVAL | bad _removal | 未挂载就被移除 |
| MEDIA_UNMOUNTABLE | unmountable | 无法挂载 |
| MEDIA_EJECTING | ejecting | 正在弹出 |

目录类型的具体取值说明见表 9-2。

表 9-2　SD 卡的目录类型取值说明

| Environment 类的目录类型 | 常量值 | 常量说明 |
|---|---|---|
| DIRECTORY_DCIM | DCIM | 相片存放目录(包括相机拍摄的图片和视频) |
| DIRECTORY_DOCUMENTS | Documents | 文档存放目录 |
| DIRECTORY_DOWNLOADS | Download | 下载文件存放目录 |
| DIRECTORY_MOVIES | Movies | 视频存放目录 |
| DIRECTORY_MUSIC | Music | 音乐存放目录 |
| DIRECTORY_PICTURES | Pictures | 图片存放目录 |

为正常操作 SD 卡，需要在 AndroidManifest. xml 中声明 SD 卡的权限，具体代码如下：

```
<uses-permission android:name="android.permission.WRITE_EXTERNAL_STORAGE" />
<uses-permission android:name="android.permission.READ_EXTERNAL_STORAG" />
```

下面演示一下 Environment 类各方法的使用效果，如图 9-7 所示。页面上展示 Environment 类获取到的系统及 SD 卡的相关目录信息。

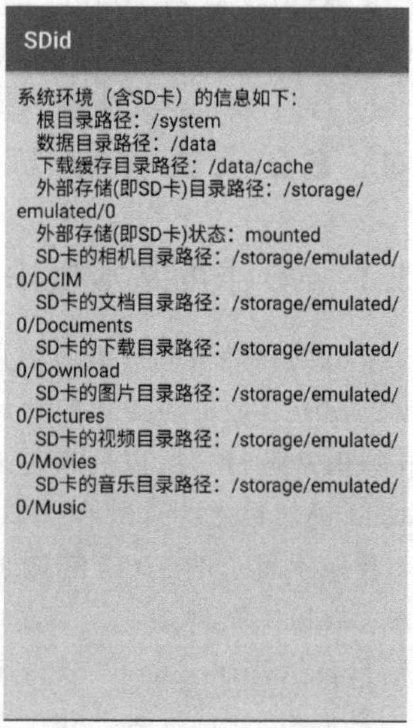

SDid

系统环境（含SD卡）的信息如下：
根目录路径：/system
数据目录路径：/data
下载缓存目录路径：/data/cache
外部存储(即SD卡)目录路径：/storage/emulated/0
外部存储(即SD卡)状态：mounted
SD卡的相机目录路径：/storage/emulated/0/DCIM
SD卡的文档目录路径：/storage/emulated/0/Documents
SD卡的下载目录路径：/storage/emulated/0/Download
SD卡的图片目录路径：/storage/emulated/0/Pictures
SD卡的视频目录路径：/storage/emulated/0/Movies
SD卡的音乐目录路径：/storage/emulated/0/Music

图 9-7　SD 卡目录信息

## 9.3.2　公有存储空间与私有存储空间

Android 把外存储分为两块区域，一块是所有应用均可访问的公共空间，另一块是只有应用自己才可访问的私有存储空间。私有存储空间只有当前应用才能够读写文件，其他应用是不允许进行读写的。一旦主应用被卸载，那么对应的文件目录也会被一起清理掉。获取外存储路径的代码如下：

```
//获取系统的公共存储路径
String publicPath = Environment.getExternalStoragePublicDirectory(Environment.DIRECTORY_DOWNLOADS).toString();
//获取当前 App 的私有存储路径
String privatePath=getExternalFilesDir(Environment.DIRECTORY_DOWNLOADS).toString();
```

需要说明的是私有目录的内容可以被用户从文件管理系统中删除。所以这个位置只是不会和别的应用冲突，属于自己应用独有的部分，通过包名进行了区分。

## 9.3.3　文本文件读写

文本文件的读写一般借助于 FileOutputStream 和 FileInputStream。其中 FileOutputStream 用于写文件，FileInputStream 用于读文件。文件输出输入流是 Java 语言的基础工具，这里不 再赘述，直接给出 FileUtil. java 具体的实现代码：

```
public class FileUtil {

    //把字符串保存到指定路径的文本文件
    public static void saveText(String path, String txt) {
        try {
            //根据指定文件路径构建文件输出流对象
            FileOutputStream fos=new FileOutputStream(path);
            //把字符串写入文件输出流
            fos.write(txt.getBytes());
            //关闭文件输出流
            fos.close();
```

```
        } catch (Exception e) {
            e.printStackTrace();
        }
    }

    //从指定路径的文本文件中读取内容字符串
    public static String openText(String path) {
        String readStr="";
        try {
            //根据指定文件路径构建文件输入流对象
            FileInputStream fis=new FileInputStream(path);
            byte[] b=new byte[fis.available()];
            //从文件输入流读取字节数组
            fis.read(b);
            //把字节数组转换为字符串
            readStr=new String(b);
            //关闭文件输入流
            fis.close();
        } catch (Exception e) {
            e.printStackTrace();
        }
        //返回文本文件中的文本字符串
        return readStr;
    }
```

文本文件的读写效果如图 9-8 所示。App 把页面录入的注册信息保存到 SD 卡的文本文件中，接着进入文件列表读取页面，选中某个文本文件，页面就会展示该文件的文本内容，如图 9-9 所示。

### 9.3.4 图片文件读写

Android 的图片处理类是 Bitmap，App 读写 Bitmap 可以使用 FileOutputSteam 和 FileInputStream。不过在实际开发中，读写图片文件一般用性能更好的 BufferedOutputStream 和 BufferedInputStream。

保存图片文件时用到 Bitmap 的 compess( )方法，可指定图片类型和压缩质量。打开图片文件时使用 BitmapFactory 的 decodeStream( )方法。读写图片的具体代码和读写文本代码在一个类中实现，紧接上述代码如下：

```
// 把位图数据保存到指定路径的图片文件
public static void saveImage(String path, Bitmap bitmap) {
        try {
            //根据指定文件路径构建缓存输出流对象
            BufferedOutputStream bos=new BufferedOutputStream(new FileOutputStream
(path));
            //把位图数据压缩到缓存输出流中
```

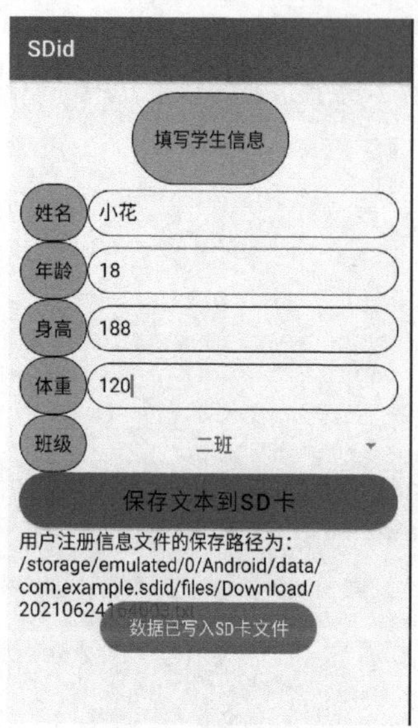


图 9-8　将信息保存到文本 SD 卡

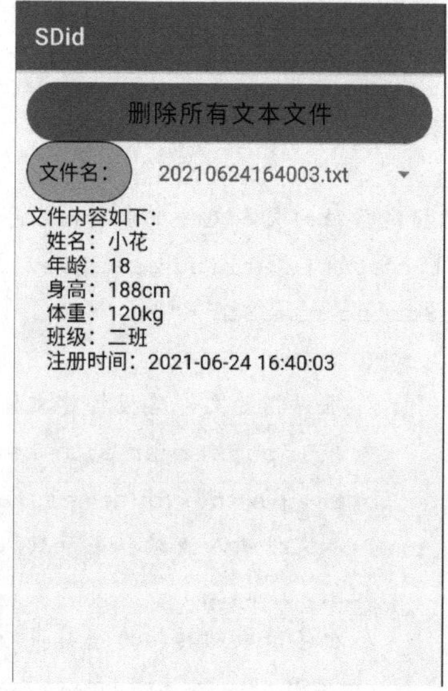


图 9-9　从 SD 卡删除信息

```
            bitmap.compress(Bitmap.CompressFormat.JPEG, 80, bos);
            //完成缓存输出流的写入动作
            bos.flush();
            //关闭缓存输出流
            bos.close();
        } catch (Exception e) {
            e.printStackTrace();
        }
    }

    //从指定路径的图片文件中读取位图数据
    public static Bitmap openImage(String path) {
        Bitmap bitmap=null;
        try {
            //根据指定文件路径构建缓存输入流对象
             BufferedInputStream bis = new BufferedInputStream(new FileInputStream
(path));
            //从缓存输入流中解码位图数据
            bitmap=BitmapFactory.decodeStream(bis);
            bis.close(); //关闭缓存输入流
        } catch (Exception e) {
            e.printStackTrace();
        }
        //返回图片文件中的位图数据
        return bitmap;
    }
```

如图 9-10 所示，用户在注册页面录入注册信息，App 调用 getDrawingCache( ) 方法把整个注册界面截图并保存到 SD 卡；然后在另一个页面的图片列表选择 SD 卡上的指定图片文件，页面就会展示上次保存的注册界面图片，如图 9-11 所示。

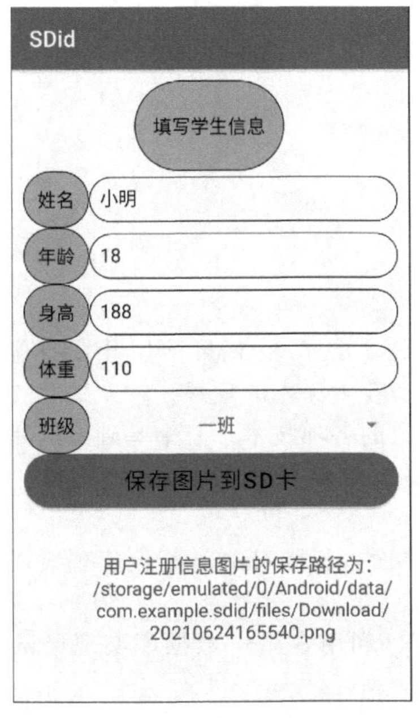


图 9-10　保存注册信息图片

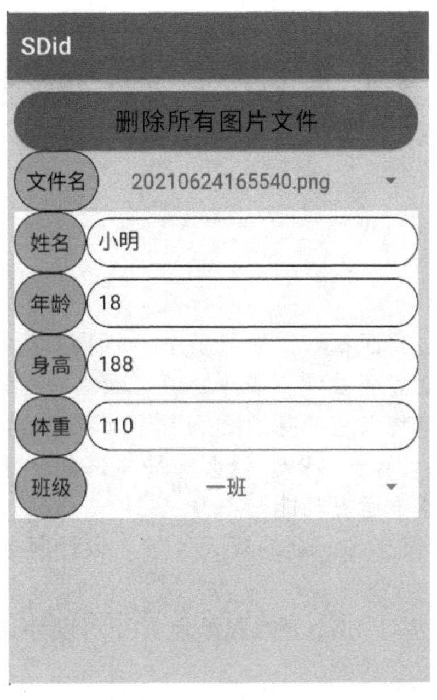


图 9-11　读取注册信息图片

从 SD 卡读取图片文件用到了 BitmapFactory 的 decodeStream( ) 方法，其实 BitmapFactory 还提供了其他方法，用起来更简单、方便，说明如下：

① decodeFile：该方法直接传文件路径的字符串，即可将指定路径的图片读取到 Bitmap 对象。

② decodeResource：该方法可从资源文件中读取图片信息。第一个参数一般传 getResources( )，第二个参数传 drawable 图片的资源 id。

## 习　题

1. Android 中有几种数据存储方式，分别是什么？
2. 获取 SharedPreferences 对象的方法有哪些？如何使用该对象保存键值对？
3. SharedPreferences 读取应用程序和其他应用程序的区别在哪里？
4. 使用 File 进行数据存储时主要使用哪些方法？
5. SQLiteDatabase 类有哪些功能？SQLiteOpenHelper 类有哪些功能？
6. 使用 SQLite 操作数据时，常用的对象和方法有哪些？
7. 简述 SQLite 数据库插入、更新、删除、查询语句的操作步骤。
8. 简述使用 SQLite 开发项目时对 SQLite 数据库的操作流程。

# 第10章 基础案例

通过前面章节，学习了 Java 面向对象的程序设计方法，了解了 Android 应用开发的基本项目结构，对界面设计、事件处理、网络编程和数据存储都有了较为深入的理解。

本章将以三个基础案例引导读者完整实现前面章节介绍的各项技术。三个基础案例如下：

1）计算器 APP。修改布局文件，设计呈现较为美观的计算器界面；修改控制文件，实现计算器的基本运算功能。

2）基于 Socket 的聊天 APP。设计服务器端和客户端界面，利用 Handle 机制实现线程间的消息传递。

3）基于 SQLite 的通讯录 APP。设计通讯录 APP 界面，利用 SQLite 数据库实现通讯录基本的增删改查功能。

## 10.1 计算器 APP

### 10.1.1 功能需求

1）设计一款简易的计算器 APP，使其能够完成简单的加减乘除运算。

2）该计算器含有清屏和删除功能。

3）既要包含整数运算，还要包含小数运算。

### 10.1.2 项目创建

打开 Android studio，创建项目 Calculator，本项目所需的包如图 10-1 所示。

### 10.1.3 界面设计

本项目仅涉及一个主页面界面布局，如图 10-2 所示，具体的界面配置文件将在之后介绍。

1）在 app/src/main/res/drawable 目录下添加按钮的样式配置文件 button1_nomal. xml、button3_nomal. xml、button4_nomal. xml，用于被 activity_main. xml 文件调用。

2）布局文件 activity_main. xml，完成计算器界面的网格布局设计，包括了 1 个文本编辑框和 18 个按钮。

### 10.1.4 功能实现

控制文件 MainActivity. java，完成按钮的处理事件，实现加减乘除及其结果输出的功能。主要包括：显示 activity_main. xml 定义的用户界面；与用户界面程序中的组件建立关联，为每个组件注册并实现监听接口。

```
app
  build
  libs
  src
    androidTest
    main
      java
        com.example.calculator
          MainActivity
      res
      AndroidManifest.xml
    test
  .gitignore
  build.gradle
  proguard-rules.pro
```

图 10-1　项目所需的包

图 10-2　主界面

MainActivity. java 代码如下：

```
//定义实现监听接口的类 MainActivity
public class MainActivity extends Activity implements View.OnClickListener {
    //声明 18 个按钮
    private Button bt1, bt2, bt3, bt4, bt5, bt6, bt7, bt8, bt9, bt0, btjia,
            btjian, btdian, btcheng, btchu, btdengyu, btqingchu, btshanchu;
    //声明一个文本框
    private EditText et_all;

    @ Override
    protected void onCreate(Bundle savedInstanceState) {

        super.onCreate(savedInstanceState);
        //显示 activity_main.xml 定义的用户界面
        setContentView(R.layout.activity_main);
        //实例化对象
        bt1 = (Button) findViewById(R.id.bt1);
        //同上,实例化数字 2 至数字 0 按钮
        btjia = (Button) findViewById(R.id.btjia);
        //同上,实例化加号、减号、点号、乘号、除号、等于号、清除号、删除号按钮
        et_all = (EditText) findViewById(R.id.et_all);

        //给每个按钮设置点击事件
        bt1.setOnClickListener(this);
        //同上,对数字 2 至 0,以及运算符按钮设置点击事件
    }

    @ Override
    public void onClick(View v) {
        //分别获取按钮的内容至文本编辑框
```

```
switch (v.getId()) {
    case R.id.bt1:
        et_all.append("1");
        break;
    //同上,分别获取从 2 至 0,点号以及运算符内容至文本框

    //等于按钮,负责将计算结果显示在文本编辑框
    case R.id.btdengyu:
        //获取当前文本编辑框的内容
        String all=et_all.getText().toString();
        //加法操作
        if (all.indexOf("+") ! =-1) {
            String a[]=all.split("\\+");
            double shu1=Double.valueOf(a[0]);//将字符串 a[0]转换为 double 类型
            double shu2=Double.valueOf(a[1]);
            System.out.println(a[0]);
            System.out.println(a[1]);
            double alljia=shu1 + shu2;
            et_all.setText(alljia + "");//将两个数相加的结果写入文本框
        }
        //减法操作
        if (all.indexOf("-") ! =-1) {
            String a[]=all.split("\\-");
            int shu1=Integer.parseInt(a[0]);//将字符串 a[0]转换为 int 类型
            int shu2=Integer.parseInt(a[1]);
            System.out.println(a[0]);
            System.out.println(a[1]);
            int alljia=shu1 - shu2;
            et_all.setText(alljia + "");//将两个数相减的结果写入文本框
        }
        //乘法操作
        if (all.indexOf("x") ! =-1) {
            String a[]=all.split("x");
            int shu1=Integer.parseInt(a[0]);
            int shu2=Integer.parseInt(a[1]);
            System.out.println(a[0]);
            System.out.println(a[1]);
            int alljia=shu1 *  shu2;
            et_all.setText(alljia + "");//将两个数相乘的结果写入文本框
        }
        //除法操作
        if (all.indexOf("÷") ! =-1) {
            String a[]=all.split("\\÷");
            double shu1=Double.valueOf(a[0]);
            double shu2=Double.valueOf(a[1]);
            System.out.println(a[0]);
```

```
                System.out.println(a[1]);
                double alljia=shu1 / shu2;
                et_all.setText(alljia + "");//将两个数相除的结果写入文本框
            }
            break;
        //清屏按钮,将文本编辑框的内容直接清空
        case R.id.btqingchu:
            et_all.setText("");
            break;
        //删除按钮,若当前文本编辑框内容为空,点击一次则删除一个字符串
        case R.id.btshanchu:
            //获取当前文本编辑框的内容
            String currentText=et_all.getText().toString();
            if (TextUtils.isEmpty(et_all.getText())) {
                return;
            }
            et_all.setText(currentText.substring(0, currentText.length() - 1).
length()>0 ?
currentText.substring(0, currentText.length() - 1) : "");
            break;
        default:
            break;
        }
    }
}
```

## 10.1.5　运行结果

启动模拟器，在图 10-3 所示的输入界面的文本编辑框中输入 5×6，可得图 10-4 所示的运行结果界面，运行结果为 30。

图 10-3　输入界面

图 10-4　运行结果

## 10.2 基于 Socket 的聊天 APP

### 10.2.1 功能需求

创建客户端与服务端 APP 能实现多个客户端与服务端基于 Socket 的通信。服务器端能够接收客户端发来的信息并显示，同时客户端也能接收服务器端发来的信息并显示。

### 10.2.2 清单文件配置

1. 清单文件 AndroidManifest. xml

AndroidManifest. xml 是应用配置文件，每个应用的根目录中都必须包含一个，并且文件名必须一模一样。这个文件中包含了 APP 的配置信息，系统需要根据里面的内容运行 APP 的代码，显示界面。

本实验的清单代码如下：

```
<? xml version="1.0" encoding="utf-8"? >
<manifest xmlns:android=http://schemas.android.com/apk/res/android ①
    package="wpp.yoodao.com.socketserviceappliacation">
<uses-permission android:name="android.permission.INTERNET"/> ②
    <application                              ③
        android:name=".MyAPP"
        android:allowBackup="true"
        android:icon="@ mipmap/ic_launcher"
        android:label="@ string/app_name"
        android:roundIcon="@ mipmap/ic_launcher_round"
        android:supportsRtl="true"
        android:theme="@ style/AppTheme">
        <activity android:name=".MainActivity">④
            <intent-filter>                   ⑤
                <action android:name="android.intent.action.MAIN" />
                <category android:name="android.intent.category.LAUNCHER" />
            </intent-filter>
        </activity>
    </application>
</manifest>
```

其中：

① <manifest>：首先所有的 xml 都必须包含<manifest>元素。这是文件的根节点。它必须要包含<application>元素，并且指明 xmlns：android 和 package 属性。

② <uses-feature>：它是<manifest>元素中的元素，作用是将 APP 所依赖的硬件或者软件条件告诉别人。它说明了 APP 的哪些功能可以随设备的变化而变化。

③ <application>：此元素描述了应用的配置。这是一个必备的元素，它包含了很多子元素来描述应用的组件，它的属性影响到所有的子组件。

④ <activity>：该元素声明了一个实现应用可视化界面的 Activity（Activity 类子类）。这是< application>元素中必要的子元素；所有的 Activity 都必须由清单文件中的<activity>元素表示。任何未在该处声明的 Activity 对系统都不可见，并且永远不会被执行。

⑤ <intent-filter>：指明这个 activity 可以以什么样的意图（intent）启动。该元素有几个子元素可以包含。以下先介绍遇到的这两个：

<action>元素表示 activity 作为一个什么动作启动，android. intent. action. MAIN 表示作为主 activity 启动。

<category>元素表示 action 元素的额外类别信息，android. intent. category. LAUNCHER 表示这个 activity 是当前应用程序优先级最高的 Activity。

## 10.2.3 服务端程序设计

### 1. 页面设计

主页面效果图如图 10-5 所示。

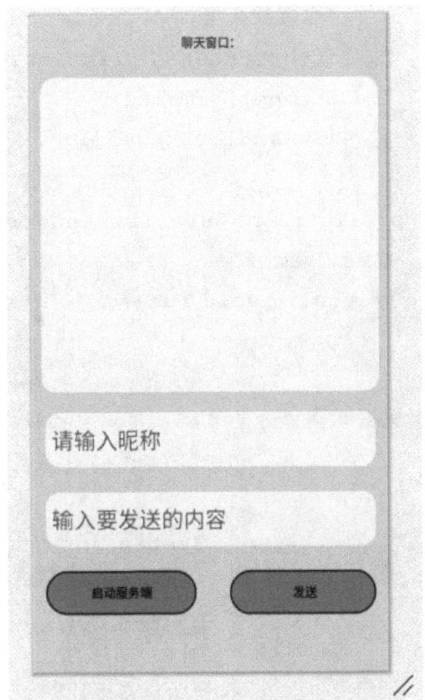


图 10-5 主页面效果图

打开 layout 文件下的 activity_main. xml 的文件进行代码的页面的布局。

其中：

① <LinearLayout>：包含在此空间下的控件布局为线性布局。

② <TextView>：文本框。

③ <EditText>：输入框，可以接收用户输入。

④ <Button>：按钮，id 号一定要唯一（缺少了就没办法监听了）。

⑤ android：onClick＝"click1"：属性设置，点击时从上下文中调用指定的方法。该属性值和要调用的方法名称完全一致。

⑥ android：background＝"@ drawable/button4_nomal"：调用的编写样式，在 drawable 文件创建的 button4_nomal. xml。

### 2. 功能实现

1）基于 Socket 通信，先创建 MyAPP. java 类（继承 android. app. Application 类）进行功能的实现，这是一个全局的服务端用于接收各个客户端；之后在 MainActivity. java 类中进行调用。这里体现了基本的面向对象封装思想。代码如下：

```
public class MyAPP extends android.app.Application {
    //  --------------socket 通信--------
    private Socket socket=null;
    private ServerSocket serverSocket=null;
    public static OutputStream outputStream; //输出流
    private static ConnectLinstener mListener;
    final LinkedList<Socket> list=new LinkedList<Socket>();
    private HandlerThread mHandlerThread;
    //子线程中的 Handler 实例。
    private Handler mSubThreadHandler;
```

```
    @ Override                                        //复写方法
    public void onCreate() {
        // TODO Auto-generated method stub
        super.onCreate();
        //启动服务端
        ServerListeners listener1=new ServerListeners();
        listener1.start();
        initHandlerThraed();
    }
    public class ServerListeners extends Thread {
        @ Override
        public void run() {
            try {
                serverSocket=new ServerSocket(7777);
//此处给的端口号为 7777,可以自己设定,ip 是自己的主机地址 127.0.0.1
                while (true) {

                    System.out.println("等待客户端请求....");
                    socket=serverSocket.accept();
                    System.out.println("收到请求,服务器建立连接...");
                           System.out.println ( " 客 户 端 " + socket.getInetAddress ( )
.getHostAddress() + "连接成功");
                    System.out.println("客户端" + socket.getRemoteSocketAddress() +
"连接成功");
                    list.add(socket);
                    //每次都启动一个新的线程
                    new Thread(new Task(socket)).start();
                }
            } catch (IOException e) {
                // TODO Auto-generated catch block
                e.printStackTrace();
            }
        }
    }
    private void initHandlerThraed() {
        //创建 HandlerThread 实例
        mHandlerThread=new HandlerThread("handler_thread");
        //开始运行线程
        mHandlerThread.start();
        //获取 HandlerThread 线程中的 Looper 实例
        Looper loop=mHandlerThread.getLooper();
        //创建 Handler 与该线程绑定。
        mSubThreadHandler=new Handler(loop) {
```

```
        public void handleMessage(Message msg) {
            writeMsg(msg.getData().getString("data1"));
        }
    };
}
/**
 * 处理 Socket 请求的线程类
 */
class Task implements Runnable {
    private Socket socket;

    /**
     * 构造函数
     */
    public Task(Socket socket) {
        this.socket=socket;
    }

    @Override
    public void run() {
        while (true) {
            int size;
            try {
                InputStream inputStream=null;  //输入流
                inputStream=socket.getInputStream();
                byte[] buffer=new byte[1024];
                size=inputStream.read(buffer);
                if (size>0) {
                    if (buffer[0] !=(byte) 0xEE) {
                        //将读取的 1024 个字节构造成一个 String 类型的变量
                        String data=new String(buffer, 0, size, "gbk");
                        Message message=new Message();
                        message.what=100;
                        Bundle bundle=new Bundle();
                        bundle.putString("data", data);

                        message.setData(bundle);
                        mHandler.sendMessage(message);
                    }
                }
            } catch (Exception e) {
                e.printStackTrace();
                return;
            }
```

```
            }
        }
    }
    //接口回调
    public interface ConnectLinstener {
        void onReceiveData(String data);
    }
    public void setOnConnectLinstener(ConnectLinstener linstener)
    {
        this.mListener=linstener;
    }
    Handler mHandler=new Handler() {
        public void handleMessage(Message msg) {
            switch (msg.what) {
                case 100:
                    if (mListener ! =null) {
    mListener.onReceiveData(msg.getData().getString("data"));
                    }
                    break;
            }
        }
    };
    /* *
     * 发送数据
     *
     *  @ param
     * /
    public void send(String bytes) {
        Message msg=new Message();
        Bundle bundle=new Bundle();
        bundle.putString("data1", bytes);
        msg.setData(bundle);
        mSubThreadHandler.sendMessage(msg);
    }
    private void writeMsg(String msg) {
        for (Socket s : list) {
            System.out.println("客户端" + s.getInetAddress().getHostAddress());
            try {
                outputStream=s.getOutputStream();
                if (outputStream ! =null) {
                    outputStream.write(msg.getBytes("gbk"));
                    outputStream.flush();
                }
            } catch (IOException e) {
```

```
                // TODO Auto-generated catch block
                e.printStackTrace();
            } catch (Exception e) {
                System.out.println("客户端 socket 不存在。");
            }
        }
}

    /**
     * 断开连接
     * @ throws IOException
     */
    public void disconnect() throws IOException {
        System.out.println("客户端是否关闭 1");
        if (list.size() ! =0) {
            for (Socket s : list) {
                s.close();
                System.out.println("客户端是否关闭 2");
            }
        }
        if (outputStream ! =null)
            outputStream.close();
        list.clear();
    }
}
```

其中：

当点击“启动服务器”时，在其事件代码中就会通过 MainActivity. java 类中 click1(View view)方法调用执行 MyAPP. java 中 listener1. start()和 initHandlerThraed()方法开启多线程任务并让服务器进入监听（接收）状态（等待客户端的连接）。

当客户端连接到服务端时，这时输入要发送的数据，点击“发送”就会通过调用 MainActivity. java 类中 click2(View view)方法调用执行发送功能的方法 send()方法。

2）可以理解 Android 程序的入口就是 MainActiivty 类，它一般继承 AppcompatActivity 类，代码如下：

```
public class MainActivity extends AppCompatActivity {

    private EditText et_content, et_name;
    private TextView tv_se;
    private MyAPP myAPP;
    @ Override
    protected void onCreate(Bundle savedInstanceState) {
        super.onCreate(savedInstanceState); // 调用父方法的属性
        setContentView(R.layout.activity_main);
        et_content=(EditText) findViewById(R.id.et_content);
```

```
        tv_se = (TextView) findViewById(R.id.tv_se);
        et_name = (EditText) findViewById(R.id.et_name);
        myAPP = (MyAPP) getApplication();
    }

    public void click1(View view) {
        myAPP.setOnConnectLinstener(new MyAPP.ConnectLinstener() {
            @Override
            public void onReceiveData(String data) {
                tv_se.append(data + "\n");
            }
        });
    }
    public void click2(View view) {
        String name = et_name.getText().toString();
        String a = name + ":" + et_content.getText().toString();
        tv_se.append(a + "\n");
        myAPP.send(a);
    }
}
```

## 10.2.4 客户端程序设计

### 1. 页面设计

主页面效果图如图 10-6 所示。

图 10-6 客户端页面

打开 layout 文件下的 activity_main. xml 的文件进行代码的页面布局。

**2. 功能实现**

客户端的功能实现代码全部位于 MainActivity. java 源文件中。当点击“连接服务器”按钮时，在其事件代码中执行 lianjie( View view)方法，输入昵称和所发送的信息，然后点击“发送”按钮。特别注意的是在 lianjie( )方法中绑定的 ip 和端口号必须是服务器的 ip 和端口号，具体代码如下：

```
public class MainActivity extends AppCompatActivity {
    private EditText etname,etneirong;
    private TextView tvneirong;
    private InputStream inputStream;
    private OutputStream outputStream;
    private HandlerThread mHandlerThread;
    //子线程中的 Handler 实例。
    private Handler mSubThreadHandler;
    Handler handler = new Handler() {
        public void handleMessage(Message msg) {
            Bundle bundle = msg.getData();
            String neirong = bundle.getString("neirong");
            tvneirong.append(neirong + "\n");
        }
    };

    @ Override
    protected void onCreate(Bundle savedInstanceState) {
        super.onCreate(savedInstanceState);
        setContentView(R.layout.activity_main);
        etname = (EditText) findViewById(R.id.edit_name);
        etneirong=(EditText) finViewById(R.id.myinternet_tcpclient_EditText02);
        tvneirong=(TextView)findViewById(R.id.myinternet_tcpclient_EditText01);
        initHandlerThraed();
    }

    public void lianjie(View view) {            ①
        new Thread(new Runnable() {

            @ Override
            public void run() {
                // TODO Auto-generated method stub
                String ip = "127.0.0.1";
                int duankou = 7777;
                try {
                    Socket socket = new Socket(ip,duankou);
                    inputStream = socket.getInputStream();
```

```
                outputStream = socket.getOutputStream();

                byte[] jieshou = new byte[1024];
                int len = -1;
                while ((len = inputStream.read(jieshou)) ! = -1) {
                    //将 byte 数组转换为 String 类型
                    String neirong = new String(jieshou,0,len,"gbk");
                    Message message = new Message();
                    Bundle bundle = new Bundle();
                    bundle.putString("neirong",neirong);
                    message.setData(bundle);
                    handler.sendMessage(message);

                }
            } catch (UnknownHostException e) {
                // TODO Auto-generated catch block
                e.printStackTrace();
            } catch (IOException e) {
                // TODO Auto-generated catch block
                e.printStackTrace();
            }
        }
    }).start();
}

public void fasong(View view) {
    //得到昵称
    String name = etname.getText().toString();
    //得到内容
    String neirong = etneirong.getText().toString();
    String all = name + ":" + neirong;
    tvneirong.append(all + "\n");
    etneirong.setText("");
    Message msg = new Message();
    msg.obj = all;
    mSubThreadHandler.sendMessage(msg);
}
private void initHandlerThraed() {        ②
    //创建 HandlerThread 实例
    mHandlerThread = new HandlerThread("handler_thread");
    //开始运行线程
    mHandlerThread.start();
    //获取 HandlerThread 线程中的 Looper 实例
    Looper loop = mHandlerThread.getLooper();
```

```
        //创建 Handler 与该线程绑定。
        mSubThreadHandler = new Handler(loop) {
            public void handleMessage(Message msg) {
                writeMsg((String) msg.obj);
            }
        };
    }
    private void writeMsg(String msg) {
        try {
            outputStream.write(msg.getBytes("gbk"));//发送
            outputStream.flush();
        } catch (Exception e) {
            e.printStackTrace();
        }
    }
}
```

其中：

①②不管是服务端还是客户端都应用了“线程处理机制”；每一个 Handler 类都和一个唯一的线程（以及这个线程的 MessageQueue）关联。当创建一个新的 Handler 类的时候，它就和创建它的 Thread/Message Queue 绑定，也就是说这个 Handler 类会向它所关联的 MessageQueue 递送 Messages 并且在该 Message 从 MessageQueue 出列的时候执行它。

### 10.2.5　运行结果

运行程序启动客户端，之后再启动服务端，点击“连接服务端”按钮，让服务端运行，Android studio 服务器后台会出现连接成功的提示，然后在服务端输入昵称“小花”，内容为“你最近好吗?”，如图 10-7 所示；客户端同样可以收发消息，如图 10-8 所示。注意：按照此实验步骤

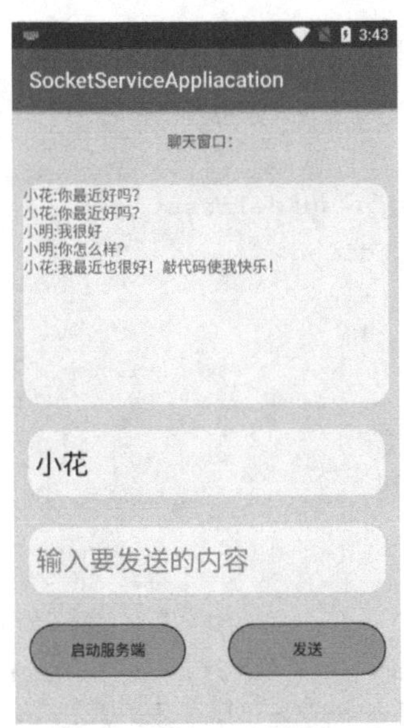


图 10-7　服务端收发消息

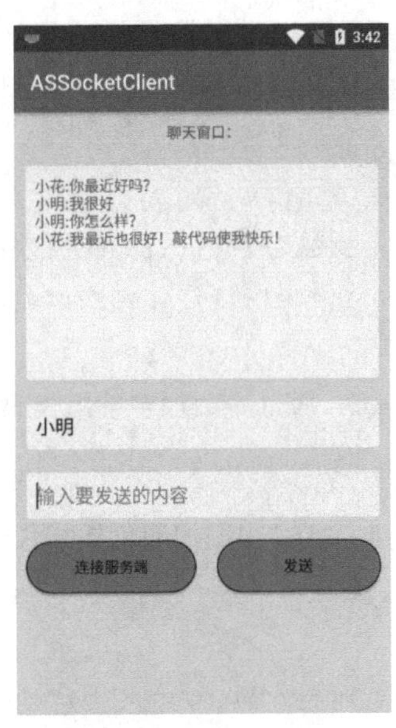


图 10-8　客户端收发消息

配置，实验中的两个应用是安装在一个模拟器上的，这样配置的主机地址才会有效。

# 10.3 基于 SQLite 的通讯录 APP

## 10.3.1 功能需求

1）使用 SQLite 数据库保存通讯录，保证每次运行程序均能显示当前联系人的列表。

2）单击添加、修改和删除联系人按钮能够将联系人的信息保存到 SQLite 数据库当中。

3）输入联系人的姓名和电话能够查找到联系人。

4）能够给联系人发短信和打电话。

## 10.3.2 项目创建

打开 Android Studio，创建项目 contacts ，本项目所需的包如图 10-9 所示。

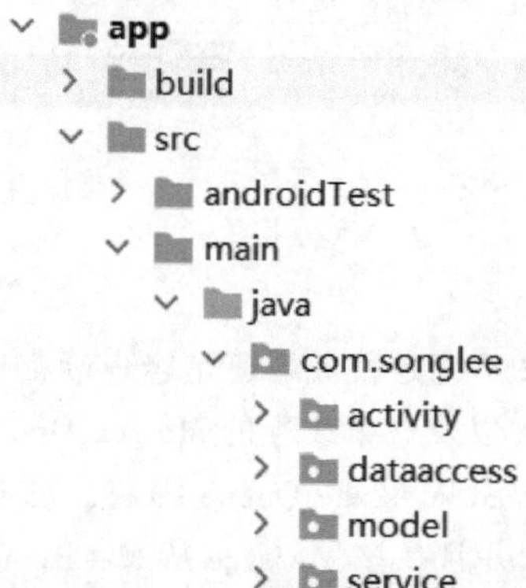


图 10-9 项目创建所需的包

## 10.3.3 界面设计

页面设计由 layout 和 menu 下的 . xml 文件组成，包括主页面 activity_main. xml、添加联系人页面 activity_add. xml、联系人详情页面 activity_detail. xml 和 menu_detail. xml、修改页面 activity_modify. xml 和 menu_modify. xml、弹窗页面 option_dialog. xml。

其他配置文件，例如，values 包用于存放一些常量（colors. xml、dimens. xml、strings. xml、styles. xml），不同类型的变量存放在不同的文件中，该目录中 xml 的文件名是不能改的。

1） colors. xml 中添加颜色代码如下：

```
<color name="red_300">#f36c60</color>
```

2） dimens. xml 中修改边框代码如下：

```
<resources>
    <! -- Default screen margins,per the Android Design guidelines. -->
    <dimen name="activity_horizontal_margin">16dp</dimen>
    <dimen name="activity_vertical_margin">16dp</dimen>
</resources>
```

3） strings. xml 中添加字符串代码如下：

```
<string name="title_activity_add">添加联系人</string>
```

4） styles. xml 中添加颜色样式代码如下：

```
<resources>

    <style name="AppTheme" parent="Theme.AppCompat.Light.DarkActionBar">
        <item name="colorPrimary">@ color/green_400</item>
```

```
        <item name="colorPrimaryDark">@ color/primary_dark</item>
        <item name="colorAccent">@ color/accent</item>
        <item name="android:textColorPrimary">@ color/black</item> <! -- 标题颜色 -->
    </style>

</resources>
```

## 10.3.4　功能实现

根据 Java 编程封装对象的思想，将功能实现代码分为四大模块，在项目包下建立四个类包分为 activity、dataaccess、model、service。每个类包所需的 Java 文件如图 10-10 所示

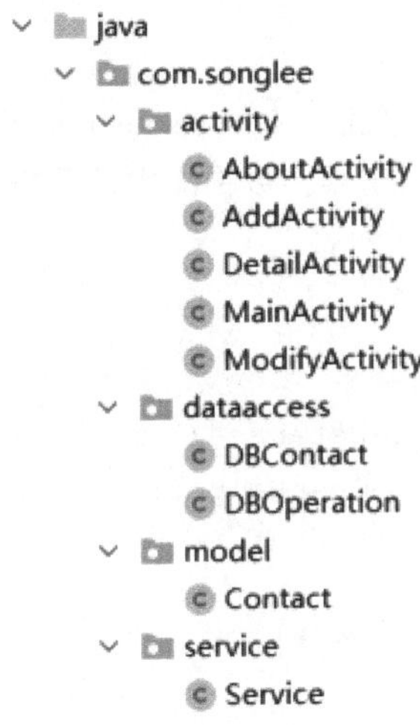


图 10-10　项目所需的 Java 文件

### 1. model 包

在 model 包下创建 Contact. java 类文件，定义和初始化项目中所用到的属性，在创建数据库时这些数据将会被调用。代码如下：

```
public class Contact {
        private int id;
        private String number=null;
    //同上,定义 name、phone、email、address、gender、relationship、remark
        public Contact(){
                id=0;
    //同上,初始化 name、phone、email、address、gender、relationship、remark
        }

        public void setId(int id){
                this.id = id;
        }
        public int getId(){
```

```
            return id;
        }

        public void setNumber(String number){
            this.number = number;
        }
        public String getNumber(){
            return number;
        }
//同上,构建 name、phone、email、address、gender、relationship、remark 的 set()和 get()方法

}
```

2. dataaccess 包

在 dataaccess 包下创建 DBContact. java 文件、DBOperation. java 文件；DBContact. java 文件用于创建数据库和表，DBOperation. java 文件用于操作数据库中的数据；DBContact. java 文件执行时将调用 DBOperation. java 文件用于创建数据库和表。

DBContact. java 代码如下：

```
import android.content.Context;
import android.database.sqlite.SQLiteDatabase;
import android.database.sqlite.SQLiteOpenHelper;
/*
* 创建数据库
* * /
public class DBContact extends SQLiteOpenHelper {                    ①
   private static final String DATABASE_NAME = "contact.db";          //数据库名称
   private static final int DATABASE_VERSION = 1;                //数据库版本号
   private static String sql = "create table contact (" + "_id integer primary key au-
toincrement,"
                     + "number text," + "name text," + "phone text," + "email
text,"
              + "address text," + "gender text," + "relationship text,"
                     + "remark text)";               //创建数据库的 sql 语句
      public DBContact(Context context) {
            super(context,DATABASE_NAME,null,DATABASE_VERSION);
      }
      @ Override
      public void onCreate(SQLiteDatabase db) {                 ②
            db.execSQL(sql);
      }
      @ Override
      public void onUpgrade(SQLiteDatabase db,int oldVersion,int newVersion) {
      }
}
```

其中：

① DBContact 继承于 SQLiteOpenHelper，SQLiteOpenHelper 是一个辅助类，管理数据库的创建和版本。可以通过继承这个类，实现它的一些方法来对数据库进行一些操作。

② onCreate( ) 方法用于执行 sql 语句。

DBOperation. java 代码如下：

```
public class DBOperation{
        private DBContact database = null;
        //创建数据库实例化对象
        public DBOperation(Context context){
                database = new DBContact(context);
        }
        //将数据写入数据库
        public boolean save(Contact contact){
                SQLiteDatabase db = database.getWritableDatabase();
                if(contact ! = null){
                        ContentValues value = new ContentValues();
                        value.put("number",contact.getNumber());
                        value.put("name",contact.getName());
                        value.put("phone",contact.getPhone());
                        value.put("email",contact.getEmail());
                        value.put("address",contact.getAddress());
                        value.put("gender",contact.getGender());
                        value.put("relationship",contact.getRelationship());
                        value.put("remark",contact.getRemark());
                        db.insertOrThrow("contact",null,value);
                        db.close();
                        return true;
                }
                else{
                        return false;
                }
        }
        //根据姓名或电话查找联系人信息,保存到 list 集合中
        public List getByName(String queryName){
                if(queryName == null ||queryName.equals("")){
                        return getAll();
                }
                List list = null;
                SQLiteDatabase db = database.getReadableDatabase();
                String sql = "select * from contact where name like ? or phone like ?";
                String[] params = new String[]{"% "+queryName+"% ","% "+queryName
+"% "};
                Cursor cursor = db.rawQuery(sql,params);
```

```
        list = new ArrayList();
        while(cursor.moveToNext()){
                Contact contact = new Contact();
                contact.setId(cursor.getInt(0));
                contact.setNumber(cursor.getString(1));
                contact.setName(cursor.getString(2));
                contact.setPhone(cursor.getString(3));
                contact.setEmail(cursor.getString(4));
                contact.setAddress(cursor.getString(5));
                contact.setGender(cursor.getString(6));

contact.setRelationship(cursor.getString(7));
                contact.setRemark(cursor.getString(8));
                list.add(contact);
        }
        cursor.close();
        db.close();
        return list;
}
public List getAll(){               //从数据库读取所有联系人信息,保存到 list 集合中
        List list = null;
        SQLiteDatabase db = database.getReadableDatabase();
        String sql = "select *  from contact";
        Cursor cursor = db.rawQuery(sql,null);

        list = new ArrayList();
        while(cursor.moveToNext()){
                Contact contact = new Contact();
                contact.setId(cursor.getInt(0));
                contact.setNumber(cursor.getString(1));
                contact.setName(cursor.getString(2));
                contact.setPhone(cursor.getString(3));
                contact.setEmail(cursor.getString(4));
                contact.setAddress(cursor.getString(5));
                contact.setGender(cursor.getString(6));
contact.setRelationship(cursor.getString(7));
                contact.setRemark(cursor.getString(8));
                list.add(contact);
        }
        cursor.close();
        db.close();
        return list;
}
```

```
//根据指定 id 从数据库读取联系人信息,保存到 Contact 对象中
public Contact getById(int id){
        Contact contact = null;
        if(id > 0){
                SQLiteDatabase db = database.getReadableDatabase();
                String sql = "select *  from contact where _id=?";
                String[] params = new String[] {String.valueOf(id)};
                Cursor cursor = db.rawQuery(sql,params);
                if(cursor.moveToNext()){
                        contact = new Contact();
                        contact.setId(cursor.getInt(0));
contact.setNumber(cursor.getString(1));
contact.setName(cursor.getString(2));
contact.setPhone(cursor.getString(3));
contact.setEmail(cursor.getString(4));
contact.setAddress(cursor.getString(5));
contact.setGender(cursor.getString(6));
contact.setRelationship(cursor.getString(7));
contact.setRemark(cursor.getString(8));
                }
                cursor.close();
                db.close();
        }
        return contact;
}
//根据指定 id 修改数据库中联系人信息
public boolean update(Contact contact){
        if(contact ! = null){
                SQLiteDatabase db = database.getWritableDatabase();
                ContentValues value = new ContentValues();
                value.put("number",contact.getNumber());
                value.put("name",contact.getName());
                value.put("phone",contact.getPhone());
                value.put("email",contact.getEmail());
                value.put("address",contact.getAddress());
                value.put("gender",contact.getGender());
                value.put("relationship",contact.getRelationship());
                value.put("remark",contact.getRemark());
                        db.update ( " contact ", value," _ id =?", new String [ ]
{String.valueOf(contact.getId())});
                db.close();
                return true;
        }
        else{
```

```
                return false;
            }
        }
        //根据指定 id 删除数据库中的联系人信息
        public void delete(int id){
            if(id > 0){
                SQLiteDatabase db = database.getWritableDatabase();
                String sql = "delete from contact where _id = ?";
                Object[] params = new Object[]{String.valueOf(id)};
                db.execSQL(sql,params);
                db.close();
            }
        }
}
```

### 3. service 包

在 service 包下创建 Service. java 文件，此文件将调用 dataaccess/DBOperation. java 文件中所写的对数据库的增删改查操作，具体方法功能将在代码中注释，代码如下：

```
import java.util.List;
import com.songlee.dataaccess.DBOperation;
import com.songlee.model.Contact;
import android.content.Context;
public class Service {
        private DBOperation dao=null;
        //创建数据库操作实例化对象
        public Service(Context context){
                dao = new DBOperation(context);
        }
        //将数据写入数据库
        public boolean save(Contact contact){
                boolean flag = dao.save(contact);
                return flag;
        }
        //根据姓名或电话查找联系人信息,保存到 list 集合中
        public List getByName(String queryName){
                List list = dao.getByName(queryName);
                return list;
        }
        //根据指定 id 从数据库读取联系人信息,保存到 Contact 对象中
        public Contact getById(int id){
                Contact contact = dao.getById(id);
                return contact;
        }
        //根据指定 id 修改数据库中联系人信息
```

```
        public boolean update(Contact contact){
                boolean flag = dao.update(contact);
                return flag;
        }
        //根据指定 id 删除数据库中的联系人信息
        public void delete(int id){
                dao.delete(id);
        }
}
```

4. activity 包

在 activity 包下创建 AboutActivity. java、AddActivity. java、DetailActivity. java、MainActivity. java、ModifyActivity. java 文件。

1）AddActivity. java 文件完成的主要功能：输入联系人的相关信息（编号、姓名、手机号、邮箱、地址、性别、关系、备注）。点击保存按钮，即可将该信息保存到 SQLite 数据库当中。

点击返回按钮，可在主页面列表显示该联系人。添加联系人 AddActivity. java 代码如下：

```
public class AddActivity extends ActionBarActivity {

    //定义 4 个文本框对象
    private EditText number=null;
    private EditText name=null;
    private EditText phone=null;
    private EditText email=null;
    private EditText address=null;
    private EditText remark=null;
    private Spinner spinner=null;
    private String[] relationship = {"同学""同事""家人""朋友"};
    //定义单选按钮对象
    private RadioButton gender=null;
    //定义类组单选按钮对象
    private RadioGroup group=null;
    //定义图像视图对象
    private ImageView image=null;
    private Service service=null;
    @ Override
    protected void onCreate(Bundle savedInstanceState) {
        super.onCreate(savedInstanceState);
        setContentView(R.layout.activity_add);

        service = new Service(this);
        init();

        //给下拉菜单添加数据
```

```
        ArrayAdapter<String> adapter = new ArrayAdapter<>(this,

android.R.layout.simple_spinner_item,relationship);
adapter.setDropDownViewResource(android.R.layout.simple_spinner_dropdown_item);
        spinner.setAdapter(adapter);

        //标题栏添加"返回"菜单
        getSupportActionBar().setDisplayHomeAsUpEnabled(true);
    }

    private void init(){
        number = (EditText)findViewById(R.id.contact_number);
        name = (EditText)findViewById(R.id.contact_name);
        phone = (EditText)findViewById(R.id.contact_phone);
        email = (EditText)findViewById(R.id.contact_email);
        address = (EditText)findViewById(R.id.contact_address);
        remark = (EditText)findViewById(R.id.contact_remark);
        spinner = (Spinner)findViewById(R.id.spinner);
        group = (RadioGroup)findViewById(R.id.group);
        group.setOnCheckedChangeListener(new GroupListener());
        image = (ImageView)findViewById(R.id.image_view);
    }
    //获取文本框内容,并保存到 Contact 类中
    private Contact getContent(){
        gender =
(RadioButton)findViewById(group.getCheckedRadioButtonId());
        Contact contact = new Contact();
        contact.setNumber(number.getText().toString());
        contact.setName(name.getText().toString());
        contact.setPhone(phone.getText().toString());
        contact.setEmail(email.getText().toString());
        contact.setAddress(address.getText().toString());
        contact.setRemark(remark.getText().toString());
        contact.setGender(gender.getText().toString());

contact.setRelationship(spinner.getSelectedItem().toString());
        return contact;
    }

    @ Override
    public boolean onCreateOptionsMenu(Menu menu) {
        getMenuInflater().inflate(R.menu.menu_add,menu);
        return true;
    }
```

```
    @ Override
    public boolean onOptionsItemSelected(MenuItem item) {
        int id = item.getItemId();
        if (id == R.id.action_save) {  //保存
            if(number.getText().toString().equals(""))
                Toast.makeText(this,"编号不能为空",Toast.LENGTH_LONG).show();
            else if(name.getText().toString().equals(""))
                Toast.makeText(this,"姓名不能为空",Toast.LENGTH_LONG).show();
            else if(phone.getText().toString().equals(""))
                Toast.makeText(this,"电话号码不能为空",Toast.LENGTH_LONG).show();
            else {
                boolean flag = service.save(getContent());  ①
                if(flag)
              Toast.makeText(this,"联系人添加成功",Toast.LENGTH_LONG).show();
                else
                    Toast.makeText(this,"联系人添加失败",Toast.LENGTH_LONG).show();
            }
            return true;
        }
        if (id == android.R.id.home)  //返回
        {
            finish();
        }
        return super.onOptionsItemSelected(item);
    }
    //外部类作为监听器
    class GroupListener implements OnCheckedChangeListener{
        @ Override
        public void onCheckedChanged(RadioGroup group,int checkedId) {
            if(group.getCheckedRadioButtonId() == R.id.male)
                image.setImageResource(R.drawable.icon_boy);
            else
                image.setImageResource(R.drawable.icon_girl);
        }
    }
}
```

其中①调用了 Service 类中 save（）方法，用于将数据保存到数据库中。

2）DetailActivity.java 主要完成的功能：

① 修改联系人信息，并将修改后的信息保存到 SQLite 数据库中。

② 删除联系人，将该联系人所有信息删除，在删除过程中必须有提示。

③ 给联系人发短信和打电话。

④ 点击返回按钮后，在主页面列表显示修改或删除之后的联系人信息。

DetailActivity.java 主要完成上述功能，其代码如下：

```
public class DetailActivity extends ActionBarActivity {
    private EditText number=null;
    private EditText name=null;
    private EditText phone=null;
    private EditText email=null;
    private EditText address=null;
    private EditText remark=null;
    private EditText gender=null;
    private EditText relationship=null;
    private ImageView image=null;
    private Button call=null;
    private Button sms=null;
    private Contact contact=null;
    private Service service=null;
    @Override
    protected void onCreate(Bundle savedInstanceState) {
        super.onCreate(savedInstanceState);
        setContentView(R.layout.activity_detail);
        contact = new Contact();
        init();
        Intent intent = getIntent();
        int id = intent.getIntExtra("id",-1);
        if(id == -1){
            finish();
        }else{
            service = new Service(this);
            contact = service.getById(id);
            number.setText(contact.getNumber());
            name.setText(contact.getName());
            phone.setText(contact.getPhone());
            email.setText(contact.getEmail());
            address.setText(contact.getAddress());
            remark.setText(contact.getRemark());
            gender.setText(contact.getGender());
            if(contact.getGender().equals("男")){
                image.setImageResource(R.drawable.icon_boy);
            }else{
                image.setImageResource(R.drawable.icon_girl);
            }
            relationship.setText(contact.getRelationship());
        }
        //标题栏添加"返回"菜单
```

```
        getSupportActionBar().setDisplayHomeAsUpEnabled(true);
}
    public void init(){
        number = (EditText)findViewById(R.id.contact_number);
        name = (EditText)findViewById(R.id.contact_name);
        phone = (EditText)findViewById(R.id.contact_phone);
        email = (EditText)findViewById(R.id.contact_email);
        address = (EditText)findViewById(R.id.contact_address);
        remark = (EditText)findViewById(R.id.contact_remark);
        gender = (EditText)findViewById(R.id.contact_gender);
        relationship = (EditText)findViewById(R.id.contact_relationship);
        image = (ImageView)findViewById(R.id.image_button);
        call = (Button)findViewById(R.id.call);
        call.setOnClickListener(new ButtonCallListener());
        sms = (Button)findViewById(R.id.sms);
        sms.setOnClickListener(new ButtonSmsListener());
    }

    //删除联系人的提示信息
    private void dialog(){
        AlertDialog.Builder builder = new
Builder(DetailActivity.this);
        builder.setMessage("确定删除吗?");
        builder.setTitle("提示");
        builder.setPositiveButton("确定",new OnClickListener(){
            @ Override
            public void onClick(DialogInterface dialog,int
which) {
                dialog.dismiss();
                service.delete(contact.getId());
                finish();
            }
        });
        builder.setNegativeButton("取消",new OnClickListener(){
            @ Override
            public void onClick(DialogInterface dialog,
int which) {
                dialog.dismiss();
            }
        });
        builder.create().show();
    }

    @ Override
```

```
public boolean onCreateOptionsMenu(Menu menu) {
    getMenuInflater().inflate(R.menu.menu_detail,menu);
    return true;
}

@ Override
public boolean onOptionsItemSelected(MenuItem item) {
    int id = item.getItemId();
    //修改联系人信息
    if (id == R.id.action_modify) {
        Intent intent = new Intent(DetailActivity.this,ModifyActivity.class);
        intent.putExtra("id",contact.getId());
        startActivity(intent);
        return true;
    }
    //删除联系人
    if (id == R.id.action_delete) {
        dialog();
        return true;
    }
    //返回主界面
    if (id == android.R.id.home)  //返回
    {
        finish();
    }
    return super.onOptionsItemSelected(item);
}

@ Override
protected void onRestart() {
    Intent intent = getIntent();
    int id = intent.getIntExtra("id",-1);
    if(id == -1){
        finish();
    }else{
        service = new Service(this);
        contact = service.getById(id);
        number.setText(contact.getNumber());
        name.setText(contact.getName());
        phone.setText(contact.getPhone());
        email.setText(contact.getEmail());
        address.setText(contact.getAddress());
        remark.setText(contact.getRemark());
        gender.setText(contact.getGender());
```

```
            if(contact.getGender().equals("男")){
                image.setImageResource(R.drawable.icon_boy);
            }else{
                image.setImageResource(R.drawable.icon_girl);
            }
            relationship.setText(contact.getRelationship());
        }
        super.onRestart();
    }

    //打电话
    class ButtonCallListener implements
android.view.View.OnClickListener{
        @ Override
        public void onClick(View v) {
            Intent intent = new Intent();
            intent.setAction(Intent.ACTION_CALL);
            intent.setData(Uri.parse("tel:"+contact.getPhone()));

intent.addCategory("android.intent.category.DEFAULT");
            startActivity(intent);
        }
    }
    //发短信
    class ButtonSmsListener implements
android.view.View.OnClickListener{
        @ Override
        public void onClick(View v) {
            Intent intent = new Intent();
            intent.setAction(Intent.ACTION_SENDTO);

intent.setData(Uri.parse("smsto:"+contact.getPhone()));

intent.addCategory("android.intent.category.DEFAULT");
            startActivity(intent);
        }
    }
}
```

3）ModifyActivity. java 文件主要完成的功能：根据指定 id 进入联系人详细页面，点击页眉上的修改按钮，进行联系人数据修改并保存至数据库。

ModifyActivity. java 代码如下：

```
public class ModifyActivity extends ActionBarActivity {
    private EditText number=null;     //声明所有 EditText 视图
```

```
    private EditText name=null;
    private EditText phone=null;
    private EditText email=null;
    private EditText address=null;
    private EditText remark=null;
    private Spinner spinner=null;
    private String[] relationship = {"同学""同事""家人""朋友"};
    private RadioButton gender=null;
    private RadioGroup group=null;
    private ImageView image=null;
    private Service service=null;
    private Contact contact=null;

    @ Override
    protected void onCreate(Bundle savedInstanceState) {
        super.onCreate(savedInstanceState);
        setContentView(R.layout.activity_modify);
        contact = new Contact();
        service = new Service(this);
        init();
        //向 Spinner 添加数据源
        ArrayAdapter<String> adapter = new
ArrayAdapter<String>(this,
            android.R.layout.simple_spinner_item,relationship);

adapter.setDropDownViewResource(android.R.layout.simple_spinner_dropdown_item);
        spinner.setAdapter(adapter);
        //根据指定 id 显示联系人的详细信息
        Intent intent = getIntent();
        int id = intent.getIntExtra("id",-1);
        if(id == -1){
            finish();
        }else{
            contact = service.getById(id);
            number.setText(contact.getNumber());
            name.setText(contact.getName());
            phone.setText(contact.getPhone());
            email.setText(contact.getEmail());
            address.setText(contact.getAddress());
            remark.setText(contact.getRemark());
            if(contact.getGender().equals("男")){
                group.check(R.id.male);
            }else{
                group.check(R.id.female);
```

```
            }
            int pos =
adapter.getPosition(contact.getRelationship());
            spinner.setSelection(pos);
        }
        //标题栏添加"返回"菜单
        getSupportActionBar().setDisplayHomeAsUpEnabled(true);
    }
    private void init(){
        number = (EditText)findViewById(R.id.number);  //按 id 获取所有 EditText 视图
        name = (EditText)findViewById(R.id.name);
        phone = (EditText)findViewById(R.id.phone);
        email = (EditText)findViewById(R.id.email);
        address = (EditText)findViewById(R.id.address);
        remark = (EditText)findViewById(R.id.remark);
        spinner = (Spinner)findViewById(R.id.spinner);  //得到 Spinner
        group = (RadioGroup)findViewById(R.id.group);  //得到 RadioGroup
        group.setOnCheckedChangeListener(new GroupListener());
        image = (ImageView)findViewById(R.id.image_view);
    }
    //获取输入文本
    private Contact getContent(){
        gender = (RadioButton)findViewById(group.getCheckedRadioButtonId());
        //获取所选单选按钮
        Contact c = new Contact();
        c.setId(contact.getId());
        c.setNumber(number.getText().toString());
        c.setName(name.getText().toString());
        c.setPhone(phone.getText().toString());
        c.setEmail(email.getText().toString());
        c.setAddress(address.getText().toString());
        c.setRemark(remark.getText().toString());
        c.setGender(gender.getText().toString());
        c.setRelationship(spinner.getSelectedItem().toString());
        return c;
    }
    @Override
    public boolean onCreateOptionsMenu(Menu menu) {
        getMenuInflater().inflate(R.menu.menu_modify,menu);
        return true;
    }

    @Override
    public boolean onOptionsItemSelected(MenuItem item) {
```

```
        int id = item.getItemId();
        if (id == R.id.action_save) {
            if(number.getText().toString().equals(""))
                Toast.makeText(this,"编号不能为空",
Toast.LENGTH_LONG).show();
            else if(name.getText().toString().equals(""))
                Toast.makeText(this,"姓名不能为空",
Toast.LENGTH_LONG).show();
            else if(phone.getText().toString().equals(""))
                Toast.makeText(this,"电话号码不能为空",
Toast.LENGTH_LONG).show();
            else {
                boolean flag = service.update(getContent());
                if(flag)
                  Toast.makeText(ModifyActivity.this,"修改成功",Toast.LENGTH_LONG).
show();
                else
                  Toast.makeText(ModifyActivity.this,"修改失败",Toast.LENGTH_LONG).
show();
            }
            return true;
        }
        if (id == android.R.id.home)   //返回
        {
            finish();
        }
        return super.onOptionsItemSelected(item);
    }
    //****************作为侦听器的内部类*******************
    class GroupListener implements OnCheckedChangeListener{
        @Override
        public void onCheckedChanged(RadioGroup group,int checkedId) {
            if(group.getCheckedRadioButtonId() == R.id.male)
                image.setImageResource(R.drawable.icon_boy);
            else
                image.setImageResource(R.drawable.icon_girl);
        }
    }
}
```

4）MainActivity.java 文件主要功能：

① 编写代码实现菜单添加、关于按钮等。

② 通过 getContent( )方法调用 Servie 类中 getByName( )方法获取联系人信息并显示在主页面列表中。

③ 点击列表中的联系人，弹出查看、打电话、发短信页面。点击查看按钮后，会自动调用 DetailActivity. java。

MainActivity. java 代码如下：

```
public class MainActivity extends ActionBarActivity {
    private ListView contact_list=null;
    private EditText search=null;
    private List contacts=null;
    private Contact contact=null;
    private Service service=null;
    public static final int OPTION_DIALOG = 1;
    private PopupWindow popupWindow;
    private ListView menuListView;
    @ Override
    protected void onCreate(Bundle savedInstanceState) {
        super.onCreate(savedInstanceState);
        setContentView(R.layout.activity_main);
        setTitle(R.string.title_main_activity);  //页眉视图
        service = new Service(this);
        init();
        getContent();
        //初始化 popup window
        initPopupWindow();
    }
    private void init(){
        contact_list = (ListView)findViewById(R.id.contact_list);
        contact_list.setCacheColorHint(Color.TRANSPARENT);
        contact_list.setOnItemClickListener(new ViewItemListener());
        search = (EditText)findViewById(R.id.search);
        search.addTextChangedListener(new SearchTextChangedListener());
    }
    //在 ListView 中显示已添加联系人信息
    private void getContent(){
        List mylist = new ArrayList();
        String queryName = search.getText().toString();
        contacts = service.getByName(queryName); //获取联系人数组
        if(contacts ! = null){
            for(int i=0; i<contacts.size(); i++){
                Contact contact = (Contact)contacts.get(i);
                // HashMap
                HashMap map = new HashMap();
                if(contact.getGender().equals("男")){
                    map.put("tv_image",R.drawable.icon_boy);
                }else{
```

```
                map.put("tv_image",R.drawable.icon_girl);
            }
            map.put("tv_name",contact.getName());
            map.put("tv_phone",contact.getPhone());
            mylist.add(map);
        }
    }
    SimpleAdapter adapter = new SimpleAdapter(this,mylist,R.layout.my_list_i-
tem,
            new String[] {"tv_image","tv_name","tv_phone"},
            new int[] {R.id.user_image,R.id.item_name,R.id.item_phone});
    contact_list.setAdapter(adapter);
}

@Override
public boolean onCreateOptionsMenu(Menu menu) {
    getMenuInflater().inflate(R.menu.menu_main,menu);
    return true;
}

@Override
public boolean onOptionsItemSelected(MenuItem item) {
    int id = item.getItemId();
    if (id == R.id.add_contact) { //添加联系人
        Intent intent = new Intent(MainActivity.this,AddActivity.class);
        startActivity(intent);
        return true;
    }
    if(id == R.id.more) {  //弹出菜单
        if(popupWindow.isShowing())
            popupWindow.dismiss();
        else
            popUp();
        return true;
    }
    return super.onOptionsItemSelected(item);
}

@Override
protected void onRestart() {
    getContent();
    super.onRestart();
}
```

```
    protected Dialog onCreateDialog(int id){
        Dialog dialog;
        switch(id){
            case OPTION_DIALOG:
                dialog = createOptionDialog();
                break;
            default:
                dialog = null;
        }
        return dialog;
    }

    private Dialog createOptionDialog(){
        final Dialog optionDialog;
        View optionDialogView = null;
        LayoutInflater li = LayoutInflater.from(this);
        optionDialogView = li.inflate(R.layout.option_dialog,null);
         optionDialog = new AlertDialog.Builder(this).setView(optionDialogView).
create();
        ImageButton ibCall = (ImageButton)optionDialogView.findViewById(R.id.dialog_
call);
        ImageButton ibView = (ImageButton)optionDialogView.findViewById(R.id.dialog_
view);
        ImageButton ibSms = (ImageButton)optionDialogView.findViewById(R.id.dialog_
sms);
        ibCall.setOnClickListener(new ImageButtonListener());
        ibView.setOnClickListener(new ImageButtonListener());
        ibSms.setOnClickListener(new ImageButtonListener());
        return optionDialog;
    }

    //实例化 PopupWindow 创建菜单
    private void initPopupWindow(){
        View view = getLayoutInflater().inflate(R.layout.popup_window,null);
        menuListView = (ListView)view.findViewById(R.id.popup_list_view);
         popupWindow = new PopupWindow(view,160,WindowManager.LayoutParams.WRAP_
CONTENT);
        //数据
        List<Map<String,Object>> data = new ArrayList<>();
        Map<String,Object> map = new HashMap<>();
        map.put("menu_about","关于");
        data.add(map);
        //创建适配器
        SimpleAdapter adapter = new SimpleAdapter(this,data,R.layout.popup_list_i-
```

```
tem,
                new String[]{"menu_about"},new int[]{R.id.menu_about});
        menuListView.setAdapter(adapter);
        //添加 Item 点击响应
          menuListView.setOnItemClickListener(new AdapterView.OnItemClickListener
() {
            @Override
            public void onItemClick(AdapterView<?> parent,View view,int position,
long id) {
                switch (position) {
                    case 0:
                        Intent intent = new
Intent(MainActivity.this,AboutActivity.class);
                        startActivity(intent);
                        popupWindow.dismiss();
                        break;
                }
            }
        });
        //在 popupWindow 以外的区域点击后关闭 popupWindow
        popupWindow.setFocusable(true);
        popupWindow.setTouchable(true);
        popupWindow.setBackgroundDrawable(new BitmapDrawable());
    }

    //显示 PopupWindow 菜单
    private void popUp(){
        //设置位置
        popupWindow.showAsDropDown(this.findViewById(R.id.more),0,2);
    }
    //*****************作为侦听器的内部类*******************
    class SearchTextChangedListener implements TextWatcher{
        @Override
        public void afterTextChanged(Editable s) {
        }
        @Override
          public void beforeTextChanged (CharSequence s, int start, int count, int
after) {
        }
        @Override
        public void onTextChanged(CharSequence s,int start,int before,int count) {
            getContent();
        }
    }
```

```
    class ViewItemListener implements OnItemClickListener{
        @ Override
        public void onItemClick(AdapterView<? > parent,View view,int position,
                                long id) {
            //从联系人数组中获取联系人。
            contact = (Contact)contacts.get(position);
            showDialog(OPTION_DIALOG);
        }
    }
    class ImageButtonListener implements OnClickListener{
        @ Override
        public void onClick(View v) {
            switch(v.getId())
            {
                case R.id.dialog_call:
                    if(contact.getPhone().equals("")){
                Toast.makeText(MainActivity.this,"没有手机号码",Toast.LENGTH_LONG).
show();
                    }else{
                        Intent intent = new Intent();
                        intent.setAction(Intent.ACTION_CALL);
                        intent.setData(Uri.parse("tel:"+contact.getPhone()));
                        intent.addCategory("android.intent.category.DEFAULT");
                        startActivity(intent);
                    }
                    dismissDialog(OPTION_DIALOG);
                    break;
                case R.id.dialog_view:
                    // Send an intent,Active the detailActivity
                                Intent   intent   =   new   Intent  ( MainActivity.this,
DetailActivity.class);
                    // Send the id of the selected contact by the intent
                    intent.putExtra("id",contact.getId());
                    startActivity(intent);
                    dismissDialog(OPTION_DIALOG);
                    break;
                case R.id.dialog_sms:
                    if(contact.getPhone().equals("")){
                Toast.makeText(MainActivity.this,"没有手机号码",Toast.LENGTH_LONG).
show();
                    }else{
                        Intent intent1 = new Intent();
                       intent1.setAction(Intent.ACTION_SENDTO);
                       intent1.setData(Uri.parse("smsto:"+contact.getPhone()));
                       intent1.addCategory("android.intent.category.DEFAULT");
```

```
                startActivity(intent1);
            }
            dismissDialog(OPTION_DIALOG);
            break;
        }
    }
  }
}
```

### 10.3.5 运行结果

运行程序，主界面如图 10-11 所示。单击添加联系人按钮，显示效果如图 10-12 所示。单击修改按钮，显示效果如图 10-13 所示。单击删除按钮，显示效果如图 10-14 所示。

图 10-11 主界面

图 10-12 添加联系人界面

图 10-13 修改联系人界面

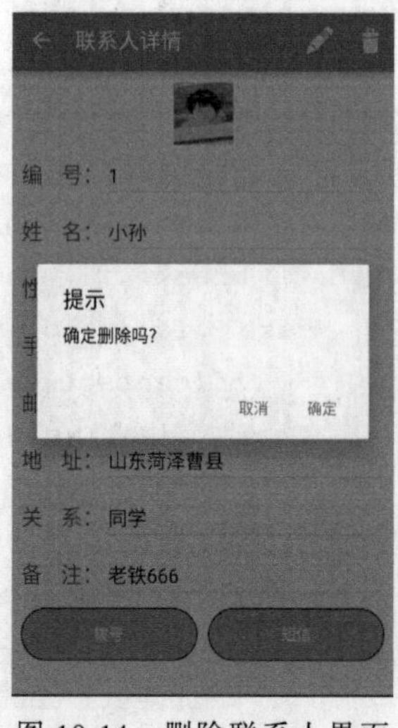


图 10-14 删除联系人界面

## 习 题

1. 在 10.1 节计算器 APP 的基础上，增添乘方、开方、阶乘、三角函数计算功能，并修改对应布局文件，完成一个科学计算器 APP。

2. 在 10.2 节基于 Socket 聊天 APP 基础上，增加保存聊天记录功能，将聊天记录保存为文件，修改对应布局文件，完成代码编写。

3. 创建一个基于 UDP 的 Android 局域网聊天 APP，实现功能与 10.2 节示例相同。

4. 利用 SQLite 创建学生管理系统，保存学生基本学籍信息和课程信息，具有基本的增删改查功能。

5. 利用 SQLite 创建校园新闻管理系统，具有发布、管理校园新闻的基本功能。

# 第11章 基于物联网开发平台的综合应用案例

本章以基于 COTEX A9 的物联网开发平台的环境监控系统为例，介绍 Android 开发在物联网领域的典型应用。首先介绍开发平台的硬件结构、操作流程及采集传感模块的通信协议，在此基础上给出一个较为完整的物联网环境监控软件系统综合案例，该系统包括前端数据传感采集软件、Android 网关软件、Web 服务端软件。为了便于不具备硬件开发平台的读者学习，本章还会给出一个 Android 操作系统下的数据传感采集模拟软件，能够在纯软件的环境下模拟数据传感采集模块与 Android 网关的通信过程，完整地展示系统的功能。

## 11.1 开发平台硬件结构

### 11.1.1 基于 COTEX A9 的 Android 主控系统

#### 1. 物联网开发平台总体结构

物联网开发平台由主控系统、数据采集区、外接串口扩展区、面包板、风扇、外接电源接口、总电源开关、电源扩展区等部分组成，如图 11-1 所示。主控系统为基于 COTEX A9 ARM 处理器的开发板，安装了 Android 操作系统。数据采集区提供六个工位槽，每个工位槽配备一个工

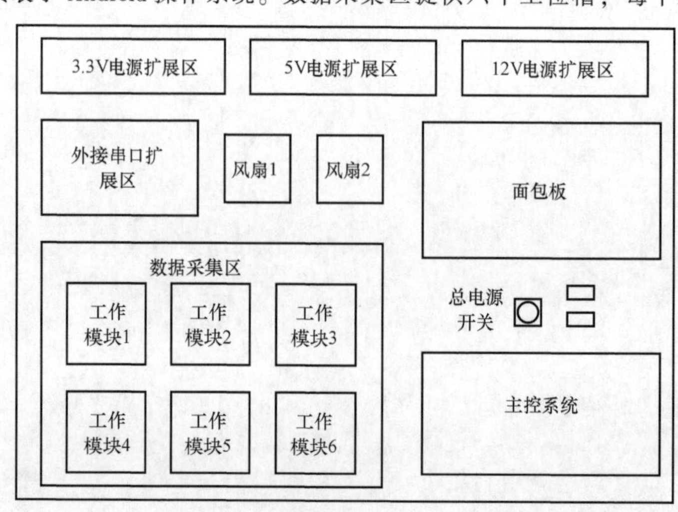


图 11-1 物联网开发平台总体结构

作模块，每个模块由大底板、LED 显示屏、数据采集与传感模块、核心板四部分构成。外接串口扩展区提供六个外接串口，分别将六个工位槽上的串口以 DB9 和 TTL 3 针的形式引出，方便模块与设备互联调测。外接电源接口可连接 5V 或 12V 电源，当接通 5V 电源时，3.3V、5V 电源区可用；当接通 12V 电源时，12V 电源区可用。

### 2. 基于 COTEX A9 的 Android 主控系统

主控系统是以三星 Cortex-A9 四核 ARM 处理器为基础的集成式开发板，整合了丰富的网络及通信接口，支持 CAN 总线及 $I^2C$ 总线，集成了 Mali-400 高性能图形引擎，提供 GPS 定位模块、摄像头、触摸液晶屏等，广泛应用于数字监控、智能家居、工业控制、生物医疗、数字娱乐、汽车电子等多种领域的产品设计开发。

三星 Cortex-A9 四核处理器 S5P4418 主频可调，最大为 1.6GHz；采用 32 位 RISC 指令集，提供 6.4GB/s 的存储带宽，适合处理数据交互量比较大的操作；支持 1080p 视频编解码及 2D、3D 图形硬件加速；支持 eMMC4.5、USB2.0、LVDS、HDMI 等多种高速接口；支持 LCD、HDMI、MIPI_DSI、LVDS 等多种显示接口，可满足双屏显示和高清显示的需求。

主控系统提供 1GB 容量的 32 位 DDR3 内存，此外还提供 8GB 容量的 eMMC 5.0 闪存。

主控系统的各类接口及外设见表 11-1。

表 11-1　主控系统的接口及外设

| 类型 | 名称 | 描述 |
|---|---|---|
| 总线接口 | $I^2C$ 接口 | 1 路 $I^2C$ 4P 连接器 |
| | CAN 总线 | 1 路支持 CAN2.0B 协议 |
| 通信接口 | RS232 串口 | 2 路 DB9 标准串口 |
| | TTL 串口 | 2 路 TTL 电平 4P 连接器 |
| | RS485 串口 | 1 路 RS485 接口 |
| | USB HOST | 两路 USB-A 型 USB 连接座 |
| | USB OTG | 1 路支持 USB OTG2.0 协议 |
| | 以太网接口 | 1 路 100M 标准 RJ45 接口 |
| | WiFi/蓝牙接口 | WiFi/BT 二合一，支持支持 802.11b、g、n 及蓝牙 4.0 |
| | MODEM | 标准 Minipci-E 接口，可支持 3G 和 4G |
| 其他接口 | GPIO | 2 路 GPIO 4P 连接器 |
| | SD 卡接口 | 标准 MicroSD 卡接口 |
| 显示接口 | HDMI | 1 路支持 1.4a HDMI 标准协议 |
| | LVDS | 1 路 20P 标准 LVDS 接口 |
| | RGB | 1 路分辨率 1024 * 600 |
| 音频接口 | MIC 接口 | 1 路模拟 MIC 输入 |
| | 耳机接口 | 1 路耳机输出 |
| 外设 | 喇叭 | 1.5W 带有音腔 |
| | 触摸屏 | $I^2C$ 接口电容屏，支持 5 点以上触摸 |
| | 摄像头 | 500M 像素 OV5642 |
| 定位与传感 | GPS 北斗 | 支持 GPS 或北斗标准 1612 型模块 |
| | 传感器 | 重力加速度传感器 |

### 11.1.2 数据传感与采集模块

数据传感与采集模块完成各类环境数据的采集，并接收核心板处理器的控制。物联网开发平台提供的现有数据传感与采集模块包括温湿度传感模块、光照度传感模块、调光灯模块、继电器模块、烟雾传感模块、振动传感器模块、超声波传感模块等。每个模块由传感器和小底板构成，小底板通过直列式插针连接工作模块大底板。

温湿度传感器采用 SENSIRION 公司的 SHT10 贴片封装传感器，它将传感元件和信号处理电路集成在一块微型电路板上，输出完全标定的数字信号。传感器包括一个电容性聚合体测湿敏感元件、一个用能隙材料制成的测温元件，并在同一芯片上与 14 位的 A/D 转换器以及串行接口电路实现无缝连接，具有体积小、响应速度快、接口简单、性价比高等特点。传感器通过一根双向数据引脚与 MCU 进行温湿度数据及指令的串行传输，通过一根串行时钟输入引脚实现与 MCU 的通信同步。

光照度传感器主要采用光敏电阻器件。在半导体光敏材料两端装上电极引线，将其封装在带有透明窗的管壳里就构成光敏电阻。在黑暗的环境下，它的阻值很高；当受到光照并且光辐射能量足够大时，光敏材料禁带中的电子受到能量大于其禁带宽度的光子激发，由价带越过禁带而跃迁到导带，使其导带的电子和价带的空穴增加，电阻率变小。

调光灯器件使用高亮度 LED 灯珠，通过调整通过电流实现亮度的调节。

继电器采用松乐公司的 SRD-03VDC-SL-C。继电器通常应用于自动控制电路，达到用低压控制信号控制高压电气电路执行元件的目的。电磁继电器一般由铁心、线圈、衔铁、触点簧片等组成。当在线圈两端加上一定的电压，线圈中就会流过一定的电流，从而产生电磁效应，衔铁就会在电磁力吸引的作用下克服返回弹簧的拉力吸向铁心，从而带动衔铁的动触点与静触点吸合。当线圈断电后，电磁的吸力也随之消失，衔铁就会在弹簧的反作用力下返回原来的位置，使动触点与原来的静触点断开。

烟雾传感器采用 MQ 气体传感器模块，可用作家庭和工厂的气体泄漏监测装置，适用于液化气、苯、烷、酒精、氢气、烟雾等的探测。模块具有双路信号输出，一路为模拟量输出，一路为 TTL 电平输出。TTL 输出有效信号为低电平，模拟量输出 0~5V 电压，浓度越高电压越高。

振动传感器模块由高灵敏度振动开关 SW-18015P、电压比较器 LM393、灵敏度调节电位器等组成。振动开关在静止时为开路状态，模块输出端口为高电平。当受到外力碰触达到振动力或移动速度达到适当离心力或偏心力时，振动开关瞬间导通，模块输出端口为低电平。当外力消失时，振动开关恢复为开路状态。

超声波传感器采用 HC-SR04 超声波模块，通过该模块可以方便地实现超声波测距。首先在控制 IO 口发送一个持续 10μs 以上的高电平触发信号，然后模块自动发送 8 个 40kHz 的方波，并自动检测是否有信号返回；当有信号返回，模块通过回响 IO 口输出一个高电平，高电平持续的时间就是超声波从发射到返回的时间，据此可以计算出测试距离。

### 11.1.3 核心板

核心板从数据传感采集模块获取各项采集到的数据进行数据处理，并将数据传输至主控系统，同时接收主控系统下发的控制命令并对相关数据模块进行控制。核心板最重要的构成是集成了通信功能的片上（System-on-a-Chip，SoC）系统。物联网开发平台使用了多种核心板，包括 ZigBee 通信核心板、WiFi 通信核心板以及蓝牙通信核心板等。

### 1. ZigBee 通信核心板

ZigBee 通信核心板使用了集成通信功能的片上系统 CC2530。CC2530 是德州仪器公司推出的用于 2.4GHz IEEE 802.15.4 ZigBee 和 RF4CE 应用的一个真正的片上系统解决方案，它结合了先进的 RF 收发器以及业界标准的增强型 8051 CPU，系统内提供可编程闪存、8KB RAM 和许多其他强大的功能。CC2530 有四种不同的闪存版本：CC2530F32/64/128/256，分别具有 32/64/128/256KB 的闪存。CC2530 具有很高的接收机灵敏度和可编程输出功率，在接收、发射和多种低功耗的模式下具有极低的电流消耗，能保证较长的电池使用时间，尤其适用于超低功耗要求的系统。

CC2530 支持 Zigbee/Zigbee PRO、Zigbee RF4CE、6LoWPAN、WirelessHART 及其他所有基于 802.15.4 标准的 ZigBee 协议解决方案。

ZigBee 是基于 IEEE802.15.4 标准的低功耗局域网协议，但 IEEE 仅处理低级 MAC 层和物理层协议，因此 ZigBee 联盟扩展了 IEEE，对其网络层协议和 API 进行了标准化。ZigBee 主要用于近距离无线连接，可实现数千个微小的传感器之间的相互协调通信。ZigBee 使用的主流频段为 2450MHz 频段，可提供大约 250Kbit/s 的数据传输速率。

ZigBee 网络由协调器（C）、路由器（R）和终端设备（E）组成。协调器负责组建 ZigBee 网络，具有网络的最高权限，是整个网络的维护者。路由器是一种支持关联的设备，能够实现其他节点的消息转发功能，并不是必需的。终端一般用来收发数据，功耗较低，不能转发其他节点的消息。

在本开发平台中，核心板上的 CC2530 作为 ZigBee 终端，主控系统则需连接另一个基于 CC2530 的 ZigBee 协调器，从而实现工作模块与主控系统间的通信。

### 2. WiFi 通信核心板

WiFi 通信核心板主要由 USR-C210 WiFi 模块和 STM32F103 构成。STM32 通过 UART 与 USR-C210 相连接。

USR-C210 模块是有人物联网公司推出的一款低功耗 802.11 b/g/n 模块。通过该模块，用户可以将设备连接到 WiFi 网络上，从而实现物联网的控制与管理。USR-C210 集成了 MAC、基频芯片、射频收发单元；内置低功耗运行机制，可以有效实现模块的低功耗运行；支持 WiFi 协议以及 TCP/IP。

无线模块有三种 WiFi 工作模式：STA、AP、AP+STA，可以为用户提供十分灵活的组网方式和网络拓扑方法。AP 即无线接入点，是一个无线网络的中心节点。通常使用的无线路由器就是一个 AP，其他无线终端可以通过 AP 相互连接。STA 即无线站点，是一个无线网络的终端，如笔记本计算机、PDA 等。在本开发平台中，使用了 STA 模式及 AP+STA 模式。

STM32F103 是意法半导体公司推出的基于 Cortex-M3 内核的 32 位 ARM 微控制器，工作频率为 70MHz，内置闪存和 SRAM，具有丰富的 IO 端口，内置两个 12 位 ADC、三个通用 16 位定时器和一个 PWM 定时器；此外提供多种接口，包括两个 $I^2C$ 和 SPI、三个 UART、一个 USB 和一个 CAN。基于上述性能及配置，STM32 已被广泛应用于物联网、工业控制、医疗和手持设备、视频对讲、安防报警等多个领域。

### 3. 蓝牙通信核心板

蓝牙通信核心板主要使用德州仪器公司推出的 CC2541 片上系统，集成了蓝牙 RF 收发器标准的增强型 8051 MCU，提供系统内可编程闪存存储器、8kB RAM 等，支持蓝牙 4.0 版以及 250Kbit/s、500Kbit/s、1Mbit/s 及 2Mbit/s 的专有模式，适合应用于需要超低能耗的系统，在物联网和可穿戴设备领域等具有广泛的应用前景。

蓝牙技术是一种无线通信技术规范，主要支持设备间短距离通信（一般 10m 内），能在包括移动电话、PDA、无线耳机、笔记本计算机、相关外设等众多设备之间进行无线信息交换。蓝牙工作在全球通用的 2.4~2.485GHz 的 ISM 波段，使用跳频技术。蓝牙 4.0 是 2012 年推出的蓝牙版本，是 3.0 的升级版本，具有低功耗、低成本、低延迟等特点；有效传输距离是 100m，在复杂环境下距离会越短一些；最高传输速率可达到 24Mbit/s；使用的跳频间距为 2MHz，可容纳 40 个频道。

在蓝牙协议中，每一对设备在通信时一个为主设备，另一个为从设备。通信之前必须由主设备进行查找，发起配对，链路建立成功后，双方即可收发数据。理论上一个蓝牙主设备可同时与七个蓝牙从设备进行通信。

## 11.2 工作模块与主控系统的通信协议

### 11.2.1 通信协议

在每个工作模块中，核心板中的微处理器从数据传感与采集模块获取各类环境数据后，需要周期地将数据传送至主控系统；同时工作模块还需接收主控系统下发的控制指令，并完成对相关器件的控制。因此，二者间的通信协议涉及上行（工作模块发送给主控系统）、下行（主控系统发送给工作模块）两个方向的消息传输。表 11-2 列出了一些主要的消息格式。

表 11-2 通信协议消息格式

| 数据类型 | 下行 | 上行 | 意义 |
|---|---|---|---|
| 光照 | 无 | EE CC 01 02 01 PH PL 00 00 00 00 00 00 00 00 FF | 光敏 AD 值 |
| 温湿度 | 无 | EE CC 01 03 01 XH XL YH YL 00 00 00 00 00 00 FF(X 表示温度，Y 表示湿度) | 温湿度值 |
| LED 控制 | CC EE 01 09 01 00 00 00 00 00 00 00 00 00 00 FF | EE CC 01 09 DD 01 00 00 00 00 00 00 00 00 00 FF | 打开 LED1 |
| | CC EE 01 09 02 00 00 00 00 00 00 00 00 00 00 FF | EE CC 01 09 DD 02 00 00 00 00 00 00 00 00 00 FF | 关闭 LED1 |
| | CC EE 01 09 03 00 00 00 00 00 00 00 00 00 00 FF | EE CC 01 09 DD 03 00 00 00 00 00 00 00 00 00 FF | 打开 LED2 |
| | CC EE 01 09 04 00 00 00 00 00 00 00 00 00 00 FF | EE CC 01 09 DD 04 00 00 00 00 00 00 00 00 00 FF | 关闭 LED2 |
| | CC EE 01 09 05 00 00 00 00 00 00 00 00 00 00 FF | EE CC 01 09 DD 05 00 00 00 00 00 00 00 00 00 FF | 打开 LED3 |
| | CC EE 01 09 06 00 00 00 00 00 00 00 00 00 00 FF | EE CC 01 09 DD 06 00 00 00 00 00 00 00 00 00 FF | 关闭 LED3 |
| | CC EE 01 09 07 00 00 00 00 00 00 00 00 00 00 FF | EE CC 01 09 DD 07 00 00 00 00 00 00 00 00 00 FF | 打开 LED4 |
| | CC EE 01 09 08 00 00 00 00 00 00 00 00 00 00 FF | EE CC 01 09 DD 08 00 00 00 00 00 00 00 00 00 FF | 关闭 LED4 |
| | CC EE 01 09 0c 00 00 00 00 00 00 00 00 00 00 FF | EE CC 01 09 DD 0c 00 00 00 00 00 00 00 00 00 FF | 打开全部 LED |
| | CC EE 01 09 0d 00 00 00 00 00 00 00 00 00 00 FF | EE CC 01 09 DD 0d 00 00 00 00 00 00 00 00 00 FF | 关闭全部 LED |

（续）

| 数据类型 | 下行 | 上行 | 意义 |
|---|---|---|---|
| 继电器 | CC EE 01 18 01 01 00 00 00 00 00 00 00 00 00 FF | EE CC 01 18 DD 01 01 00 00 00 00 00 00 00 00 FF | 打开继电器 1 |
| | CC EE 01 18 01 02 00 00 00 00 00 00 00 00 00 FF | EE CC 01 18 DD 01 02 00 00 00 00 00 00 00 00 FF | 打开继电器 2 |
| | CC EE 01 18 02 01 00 00 00 00 00 00 00 00 00 FF | EE CC 01 18 DD 02 01 00 00 00 00 00 00 00 00 FF | 关闭继电器 1 |
| | CC EE 01 18 02 02 00 00 00 00 00 00 00 00 00 FF | EE CC 01 18 DD 02 02 00 00 00 00 00 00 00 00 FF | 关闭继电器 2 |

在以上消息中，第 1、2 字节表示消息的传输方向，“CC EE”表示下行方向，“EE CC”表示上行方向。消息的第 3 字节表示工作模块编号，默认取“01”。消息的第 4 字节表示消息中携带的数据类型，根据类型的不同消息的后续相关字段携带具体的数据，如温湿度、光照度等。消息的总长度为 16 字节。

### 11.2.2 数据的处理

对于温湿度消息，消息的第 6、7 字节表示温度数据，其中第 6 字节（XH）为高位字节，第 7 字节（XL）为低位字节；消息的第 8、9 字节表示湿度数据，其中第 8 字节（YH）为高位字节，第 9 字节（YL）为低位字节。注意，这里温度数值的最小单位为 0.01℃，湿度单位为 1%，因此需要按照以下公式计算实际的温湿度：

$$温度=(XH\times256+XL)/100$$

$$湿度=(YH\times256+YL)/100$$

对于光照度数据，消息的第 6、7 字节表示光敏 AD 转换器的数值，其中第 6 字节（PH）为高位字节，第 7 字节（PL）为低位字节，直接按照以下公式计算光照度：

$$光照度=PH\times256+PL$$

## 11.3 基于物联网开发平台的环境监控软件系统

### 11.3.1 系统功能需求

#### 1. 系统构成

基于物联网开发平台的环境监控系统主要由前端数据采集传输模块、数据网关、服务器、监控用户构成，如图 11-2 所示，该结构也代表了当前物联网应用系统的典型结构。

前端数据采集传输模块负责将采集到的各类环境数据通过 ZigBee、WiFi 等方式传输至数据网关，并接收网关的指令对风扇继电器、LED 灯等进行开关控制。这些模块由物联网开发平台中的数据传感与采集模块、通信模块组合而成，本系统中使用四种模块组合方式，它们提供的数据采集/控制类型及数据传输方式见表 11-3。

数据网关即为基于 COTEX A9 的 Android 主控系统。网关一方面负责通过 ZigBee、WiFi 等方式与前端模块进行通信，接收各类实时环境数据并向前端模块下发控制指令；另一方面网关负责通过互联网与服务器进行通信，向服务器上传各类实时环境数据，并接收服务器下发的控制指令。

服务器基于互联网接收、存储、处理网关上传的数据，并向监控用户提供基于 Web 方式的

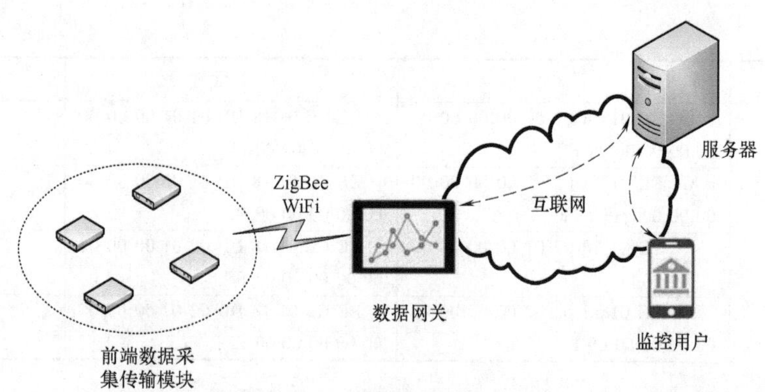


图 11-2 环境监控系统的构成

页面服务。

监控用户通过手机浏览器、PC 浏览器等访问服务器提供的 Web 页面，执行远程环境数据查看以及对前端模块的远程控制功能。

**表 11-3 环境监控系统中用到的数据采集与传感模块**

| 模块组合方式 | 数据采集/控制类型 | 数据传输方式 | 数据传输方向 |
|---|---|---|---|
| 组合方式 1 | 温湿度 | ZigBee | 单向,上行 |
| 组合方式 2 | 光照度 | WiFi | 单向,上行 |
| 组合方式 3 | 风扇继电器 | ZigBee | 双向 |
| 组合方式 4 | Led 灯 | WiFi | 双向 |

**2. 数据网关软件功能需求**

数据网关软件是运行在 Android 操作系统下的应用程序，数据网关可以在以下两种模式工作：

模式一，实体硬件环境模式。在该模式下，网关从前端传感与采集硬件模块获取真实的环境数据信息，并向前端模块下发控制指令。其中温湿度数据、风扇继电器开关控制指令通过连接在串口的 ZigBee 协调器进行传输；光照度数据、LED 开关控制指令通过 Socket 方式进行传输。

模式二，模拟硬件环境模式。在该模式下，网关从传感采集模拟器软件获取环境模拟数据信息，并向模拟软件下发控制指令。数据与指令均通过 Socket 方式进行传输。

两种模式下的网关软件提供的总体功能类似，且均采用 WebSocket 方式与服务器进行通信，向服务器上传环境数据并接收服务器下发的控制指令。其功能需求如图 11-3 所示。

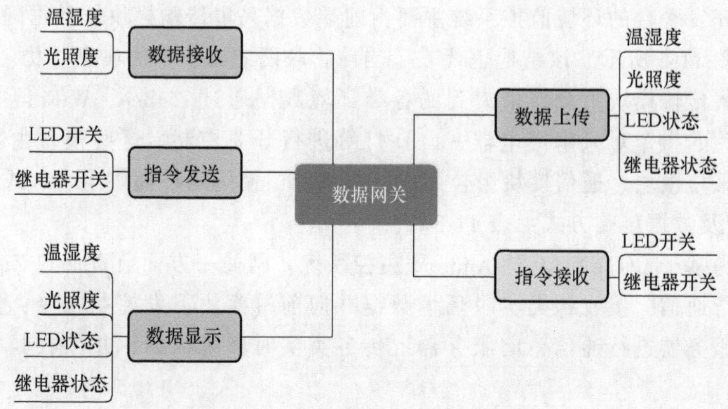


图 11-3 数据网关软件功能需求

### 3. 数据采集与传输模拟器软件功能需求

在物联网开发平台中，前端数据采集传输模块的软件程序采用 C 语言编写，已经提前烧写到模块的程序存储器中，这里不作为讲述的重点。为了便于不具备硬件开发平台的读者学习，在本章的环境监控系统中还提供了一个数据采集与传输模拟器软件，该软件可独立运行于 Android 操作系统中，通过 Socket 方式与网关进行数据及指令传输，用以在纯软件的环境下模拟前端模块与网关间的通信过程。模拟器软件的功能需求如图 11-4 所示。

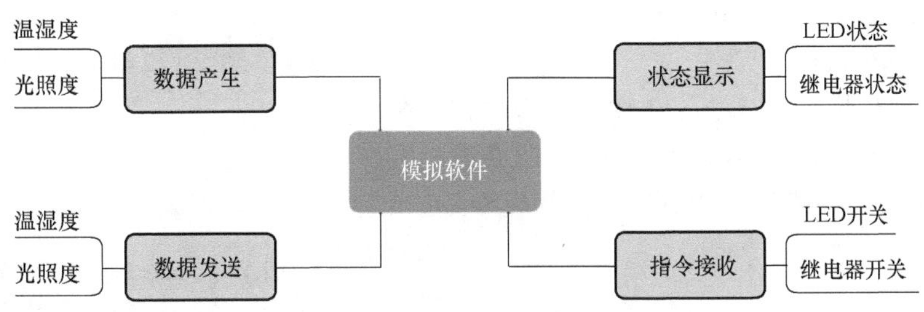


图 11-4　数据采集传输模拟器软件功能需求

### 4. 服务端软件功能需求

服务端软件的功能需求如图 11-5 所示。服务器软件运行在一台连接互联网的 PC 上，采用 Java 语言编写。服务器软件一方面基于 WebSocket 方式实现与网关之间的数据与指令传输，另一方面向远程用户提供 Web 监控页面服务。当用户登录页面后，可以实时查看各类数据、状态，并进行 LED、继电器的远程开关控制，同时也可以查看历史数据、删除历史数据，并执行用户管理等。

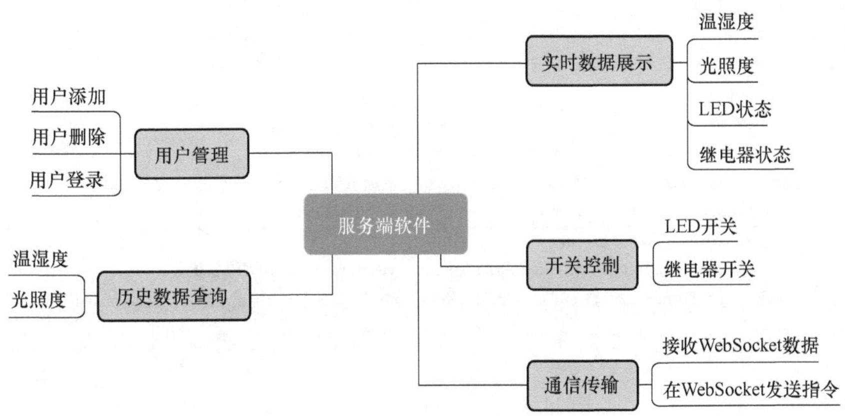


图 11-5　服务端软件功能需求

## 11.3.2　项目创建

### 1. 数据网关项目创建

数据网关项目涉及串口通信、Socket 通信、WebSocket 通信等功能，因此在项目的创建过程中需要进行 SDK Tools、build. gradle、AndroidManifest. xml 等的配置，下面给出其中的一些关键步骤。

(1) 基础项目创建

在 Android Studio 创建一个 Android 项目，项目名称为 DataGW，域名称为 EnvMonitor. com。

（2）配置 SDK Tools

由于数据网关软件程序涉及串口操作，需要通过 NDK 在 Android 中使用 JNI 与本地代码进行交互，因此需要在在 SDK Tools 中下载 NDK、CMake 和 LLDB。

（3）导入串口编程相关文件

把本章附带的源代码中提供的 jni 和 jniLibs 文件夹复制到 main 文件夹下，并把 android_serialport_api 文件夹复制到 java 文件夹下，如图 11-6 所示。

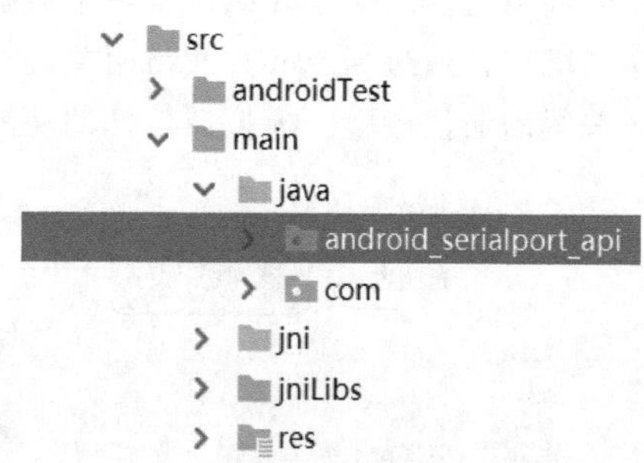


图 11-6　串口通信所需的文件

（4）修改 build. gradle 文件

由于本项目需要进行串口操作，因此需在 build. gradle 文件中增加 NDKBuild 路径；此外本项目需要使用 WebSocket，因此需要添加对 Java-WebSocket 库的依赖，如图 11-7 所示。

```
app ×
            minifyEnabled false
            proguardFiles getDefaultProguardFile('proguard-android.txt'), 'proguard-rules.pro'
        }
    }
    externalNativeBuild {
        ndkBuild {
            path 'src/main/jni/Android.mk'
        }
    }
}

dependencies {
    implementation fileTree(dir: 'libs', include: ['*.jar'])
    implementation 'com.android.support:appcompat-v7:27.1.1'
    implementation 'com.android.support.constraint:constraint-layout:1.1.3'
    implementation "org.java-websocket:Java-WebSocket:1.5.1"
    testImplementation 'junit:junit:4.12'
    androidTestImplementation 'com.android.support.test:runner:1.0.2'
    androidTestImplementation 'com.android.support.test.espresso:espresso-core:3.0.2'
}
```

图 11-7　build. gradle 文件的配置

（5）添加图片资源

在项目的 res 文件夹下添加需要用到的图片资源，这里将本章附带的源代码中 mipmap-hdpi 文件夹下的相关图片复制到本项目的 mipmap-hdpi 文件夹下即可。

（6）添加其他相关程序文件

在项目的 MainActivity. java 文件所在的路径中创建一个全局 Application 类的子类，类名为 MyApplication，用于实现 Socket 及串口通信功能。此外创建一个 WebSocketClient 类的子类，类名为 WebClient，用于实现 WebSocket 通信功能。

（7）修改 AndroidManifest. xml 文件

由于本项目需要使用 Socket 通信，因此应该在 AndroidManifest. xml 文件中添加网络权限：

<uses-permission android: name = " android. permission. INTERNET" />。此外还需在 AndroidManifest. xml 文件中指定 application 的 name 属性为步骤（6）中创建的 MyApplication 类，如图 11-8 所示。

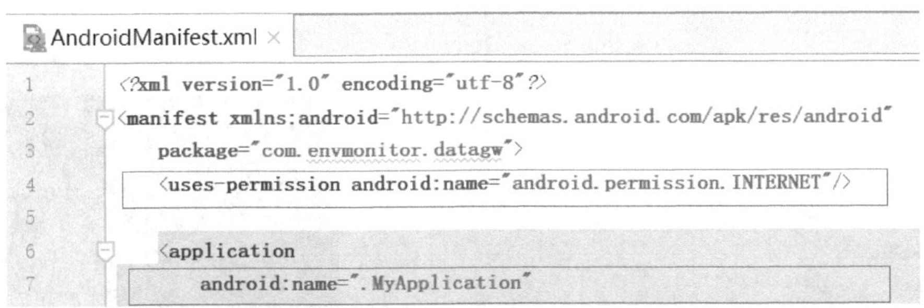

图 11-8　AndroidManifest. xml 文件的配置

（8）项目主要文件结构

基于以上步骤，项目 src 文件夹的主要文件结构如图 11-9 所示。

### 2. 数据采集与传输模拟器软件项目创建

数据采集与传输模拟软件项目的创建与配置相对比较简单，设置项目名称为 DataFaker，同样需要在 AndroidManifest. xml 文件中添加网络权限。此外还需在项目 res 文件夹下添加需要用到的图片资源，这里不再赘述。

图 11-9　数据网关项目的文件结构

### 3. 服务端项目创建

服务端软件项目使用 Java 语言编写，为提高开发效率，采用了 Spring Boot 框架。项目开发使用的集成环境为 IntelliJ IDEA 社区版，社区版是免费、开源的，其下载地址为 https://www.jetbrains.com/idea/download/#section = windows。前端 Web 页面使用 Spring 官方推荐的 Thymeleaf 模板，数据库访问使用 MyBatis 框架。

在安装 IDEA 前，需要安装 JDK、Maven 并配置其环境变量。本项目使用的 JDK 版本号为 1.8，Maven 版本号为 3.6.3，Spring Boot 版本号 2.3.4.RELEASE。

服务端使用 MySQL 数据库，为在项目中连接 MySQL，使用的数据库连接器 MySQL Connector 的版本号为 8.0.21，MyBatis 版本号为 2.1.3。

下面介绍项目创建的主要步骤。

（1）创建 Spring Boot 项目

由于 IDEA 社区版无法直接新建 Spring Boot 项目，可以采用 Spring Boot 官方提供的在线创建方式。访问 Spring 官方项目构造器（https://spring.io/quickstart），选定 Spring 版本，输入项目名称等信息，添加项目依赖（后续在 IDEA 中也可以添加）单击 Generate 即可下载一个初始项目文件，如图 11-10 所示。解压该文件，使用 IDEA 打开即可开始编码测试，Spring Boot 自带 Tomcat 服务器，无需进行更多的配置即可直接运行 Web 项目。这里服务端项目名称为 MonitorS，包命名为 com. xiyou. MonitorS。项目创建完成后，在 IDEA 中打开，可以看到项目的文件结构如图 11-11 所示。

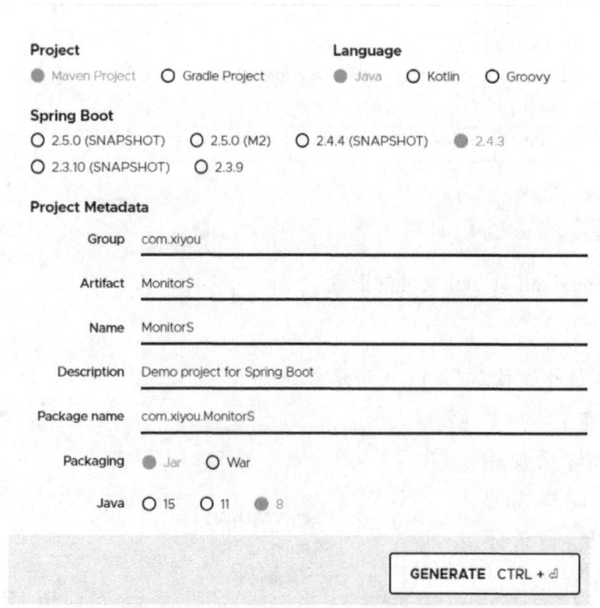


图 11-10　采用 Spring 官方项目构造器创建 Spring Boot 项目

图 11-11　Spring Boot 项目文件结构

（2）在项目的 pom. xml 文件中添加对相关包的依赖

Thymeleaf 依赖：

```
<! -- Thymeleaf -->
<dependency>
  <groupId>org. springframework. boot</groupId>
  <artifactId>spring-boot-starter-thymeleaf</artifactId>
</dependency>
```

Web 依赖：

```
<! -- Web -->
<dependency>
  <groupId>org. springframework. boot</groupId>
<artifactId>spring-boot-starter-web</artifactId>
</dependency>
```

WebSocket 依赖：

```
<! -- WebSocket -->
<dependency>
  <groupId>org. springframework. boot</groupId>
  <artifactId>spring-boot-starter-websocket</artifactId>
</dependency>
```

开发工具依赖：

```
<! -- DevTools -->
<dependency>
  <groupId>org.springframework.boot</groupId>
  <artifactId>spring-boot-devtools</artifactId>
  <scope>runtime</scope>
  <optional>true</optional>
</dependency>
```

测试依赖：

```
<! -- Test -->
<dependency>
  <groupId>org.springframework.boot</groupId>
  <artifactId>spring-boot-starter-test</artifactId>
  <scope>test</scope>
  <exclusions>
      <exclusion>
        <groupId>org.junit.vintage</groupId>
        <artifactId>junit-vintage-engine</artifactId>
      </exclusion>
  </exclusions>
</dependency>
```

MySQL 依赖：

```
<! -- MySQL -->
<dependency>
  <groupId>mysql</groupId>
  <artifactId>mysql-connector-java</artifactId>
  <version>8.0.21</version>
</dependency>
```

MyBatis 依赖：

```
<! -- MyBatis -->
<dependency>
  <groupId>org.mybatis.spring.boot</groupId>
  <artifactId>mybatis-spring-boot-starter</artifactId>
  <version>2.1.3</version>
</dependency>
```

单元测试依赖：

```
<! --单元测试 -->
<dependency>
  <groupId>junit</groupId>
  <artifactId>junit</artifactId>
```

```
  <scope>test</scope>
</dependency>
```

Json 依赖：

```
<! -- Json 数据转换 -->
<dependency>
  <groupId>com.alibaba</groupId>
  <artifactId>fastjson</artifactId>
  <version>1.2.32</version>
</dependency>
```

（3）配置项目的 application. properties 文件

这里的配置主要涉及服务端口、Thymeleaf 缓冲、数据库、MyBatis 和实体类存放路径，具体内容如下：

```
#服务端口
server.port=8080
# Thymeleaf 缓冲
spring.thymeleaf.cache=false
#数据库
spring.datasource.driver-class-name=com.mysql.cj.jdbc.Driver
spring.datasource.url=jdbc:mysql://localhost:3306/env_monitor\
  ? useUnicode=true\
  &characterEncoding=utf-8\
  &useSSL=false\
  &allowPublicKeyRetrieval=true\
  &serverTimezone=UTC
spring.datasource.username=root
spring.datasource.password=123
spring.datasource.type=com.zaxxer.hikari.HikariDataSource
spring.datasource.hikari.maximum-pool-size=15
spring.datasource.hikari.maximum-idle=5
spring.datasource.hikari.idle-timeout=30000
# MyBatis 配置
mybatis.mapper-locations=classpath:mapper/* .xml
#实体类存放路径
mybatis.type-aliases-package=com.xiyou.MonitorS.entity
mybatis.configuration.useGenerateKeys=true
mybatis.configuration.mapUnderscoreToCamelCase=true
```

## 11.3.3 界面设计

### 1. 数据网关软件界面设计

数据网关软件的界面效果及布局具体结构如图 11-12 所示。总体布局采用垂直线性布局，其中又嵌套了线性布局及相对布局。

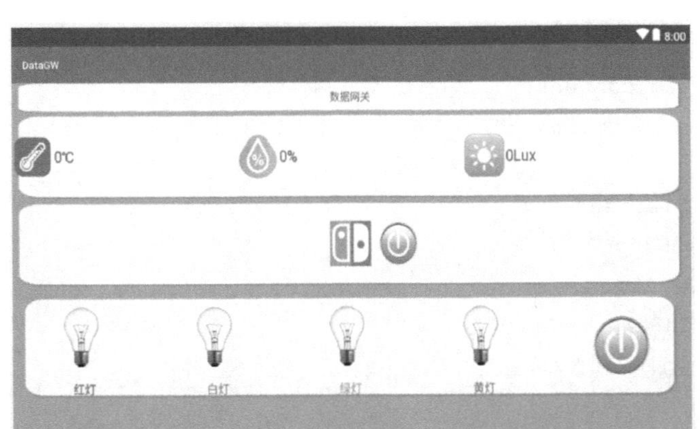


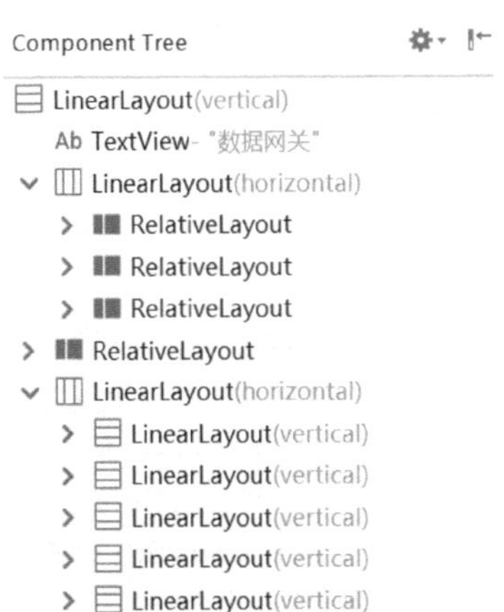


图 11-12　数据网关软件界面及布局结构

布局的第二行为嵌套的水平线性布局，其中又包含三个相对布局，每个相对布局中包含一个图片控件和一个文本框控件，图片控件用以显示温度、湿度、光照度图标，文本框控件用以显示网关实时采集的温度、湿度、光照度数据。三个相对布局的宽度权重相同，均取为 1。以第一个相对布局为例，其代码如下：

```
<RelativeLayout
        android:layout_width="0dp"
        android:layout_height= "match_parent"
        android:layout_weight="1">
        <ImageView
            android:id="@ +id/iv1"
            android:layout_width="60dp"
            android:layout_height="60dp"
            android:layout_alignParentStart="true"
            android:layout_centerVertical="true"
            android:src="@ mipmap/temp" />
        <TextView
            android:id="@ +id/temp"
            android:layout_width="wrap_content"
            android:layout_height="wrap_content"
            android:layout_centerVertical="true"
            android:layout_toEndOf="@ +id/iv1"
            android:text="0℃"
            android:textColor="#de0909"
            android:textSize="20dp" />
</RelativeLayout>
```

布局的第三行为嵌套的相对布局，其中包含一个图片控件和一个按钮控件，图片控件用以显示风扇继电器的开关状态，按钮控件用以对继电器进行开关控制，当按钮发生点击事件时，直接调用 MainActivity. java 中的 onRelayCtrlClick( )方法。该布局的代码如下：

```
<RelativeLayout
        android:layout_width="match_parent"
        android:layout_height="wrap_content"
        android:background="@ mipmap/tempback">
        <ImageView
            android:id="@ +id/iv_jiadian"
            android:layout_width="60dp"
            android:layout_height="60dp"
            android:layout_centerInParent="true"
            android:src="@ mipmap/jidian" />
        <Button
            android:id="@ +id/bt1"
            android:layout_width="70dp"
            android:layout_height="70dp"
            android:layout_centerVertical="true"
            android:layout_toRightOf="@ +id/iv_jiadian"
            android:background="@ mipmap/off"
            android:onClick="onRelayCtrlClick" />
</RelativeLayout>
```

布局的第四行为嵌套的水平线性布局，其中又包含五个垂直的线性布局，前四个线性布局中分别包含一个图片控件和一个文本框控件，图片控件用于显示四路 LED 灯的开关状态，且点击图片可以对单路 LED 进行开关控制。第五个线性布局中包含一个图片控件，点击该控件可以对所有的 LED 灯进行开关控制。对于这些图片控件，均通过调用控件的 setOnClickListener( )方法为其绑定点击事件监听器，具体可参照 MainActivity. java 代码。这五个线性布局的宽度权重相同，均取为 1。以第一个线性布局为例，其代码如下：

```
<LinearLayout
        android:layout_width="match_parent"
        android:layout_height="140dp"
        android:layout_margin="8dp"
        android:background="@ mipmap/tempback"
        android:orientation="horizontal"
        android:baselineAligned="false">
        <LinearLayout
            android:layout_width="0dp"
            android:layout_height="match_parent"
            android:layout_weight="1"
            android:gravity="center"
            android:orientation="vertical">
            <ImageView
                android:id="@ +id/control_light_img_red"
                android:layout_width="110dp"
```

```
        android:layout_height="110dp"
        android:background="@ mipmap/c_light_off" />
    <TextView
        android:layout_width="wrap_content"
        android:layout_height="wrap_content"
        android:layout_gravity="center_horizontal"
        android:text="红灯"
        android:textColor="#FF0000"
        android:textSize="16sp" />
</LinearLayout>
```

**2. 数据采集与传输模拟软件界面设计**

数据采集与传输模拟软件的作用是产生模拟的环境数据，并将数据传送给网关，同时接收网关的控制指令。在其界面上仅需模拟出风扇继电器及 LED 灯的开关状态，因此界面设计比较简单，其效果及布局结构如图 11-13 所示。

图 11-13　数据采集与传输模拟软件界面设计与布局结构

整个页面布局采用线性水平布局，其中嵌套了五个垂直线性布局。前四个垂直线性布局中均包含一个图片控件和一个文本框控件，图片控件用于显示模拟 LED 灯的开关状态。第五个垂直线性布局中包含一个图片控件，用于显示模拟继电器的开关状态。布局代码可以参考数据网关布局代码的写法，这里不再赘述。

**3. 服务端软件界面设计**

服务端软件提供多个 Web 页面，图 11-14～图 11-17 分别给出了用户登录页面、历史数据查询页面、实时数据查询与控制页面和管理员页面，通过页面顶部的标签可以进行页面间的切换。

首页　实时数据　历史数据　管理员页面

远程环境监控系统——用户登录

@ 用户名

@ 密码

登录

图 11-14　用户登录页面

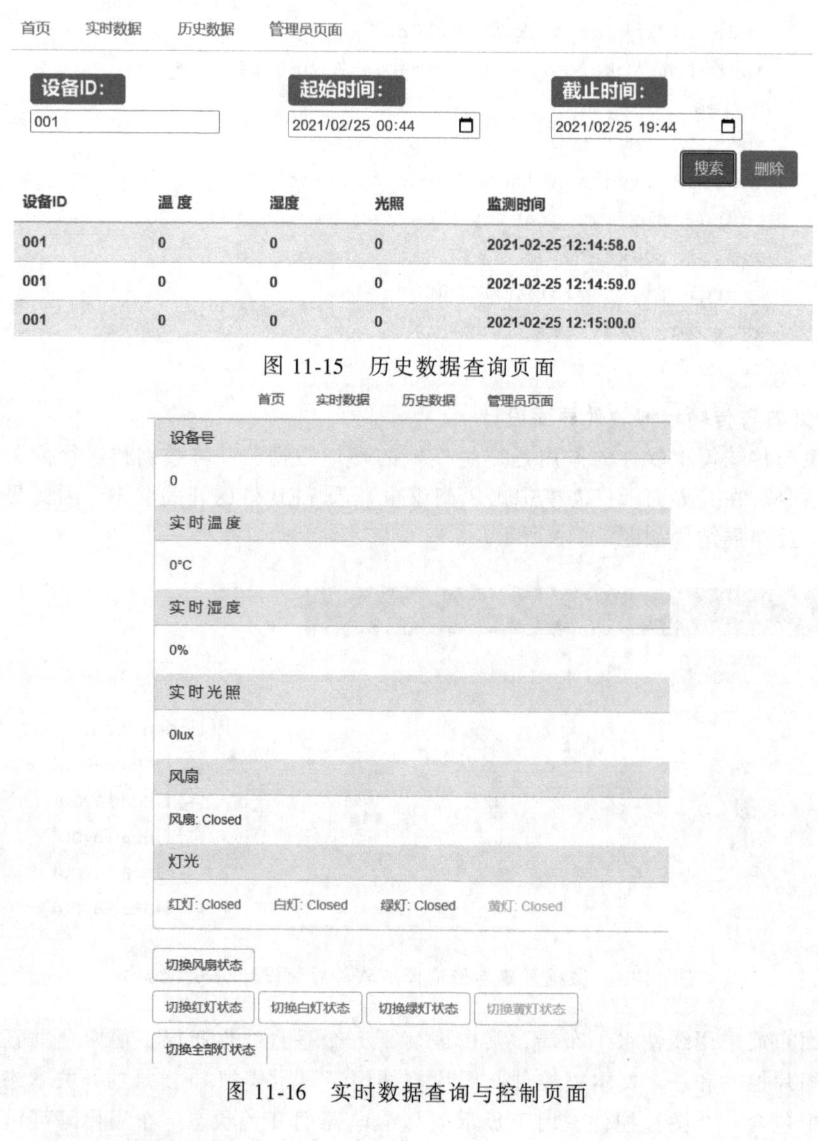


图 11-15　历史数据查询页面



图 11-16　实时数据查询与控制页面

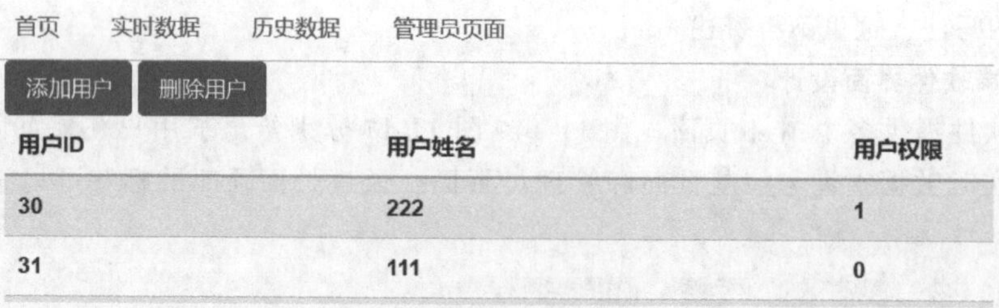

首页　实时数据　历史数据　管理员页面

添加用户　删除用户

| 用户ID | 用户姓名 | 用户权限 |
| --- | --- | --- |
| 30 | 222 | 1 |
| 31 | 111 | 0 |

图 11-17　管理员页面

## 11.3.4　功能实现

### 1. 数据网关软件功能实现

数据网关软件主要涉及三个程序文件：MainActivity.java、MyApplication.java 和 WebClient.java。在这几个文件中分别定义了以下三个类：

MainActivity 类：继承自 AppCompatActivity 类，是整个项目的主界面程序。

MyApplication 类：继承自 Android 的 Application 类，每当应用程序启动时，系统会自动创建一个 Application 类的对象且仅创建一个，不同的组件如 Activity、Service 等都可获得 Application 对象。在本项目中 MyApplication 类主要用于实现串口通信及 Socket 通信功能。

WebClient 类：继承自 Java 的 WebSocketClient 类，用于实现基于 WebSocket 协议的通信功能。

（1） MainActivity 类

1） 总体工作流程。MainActivity 类负责 UI 控件上的事件监听、UI 界面的更新。另一方面它通过使用 MyApplication 全局对象来实现与前端模块或前端模拟软件的 Socket 通信及串口通信；通过使用 WebClient 类来实现与服务端的 WebSocket 通信。MainActivity 类的 onCreate( ) 方法完成加载页面布局、获取视图控件对象、获取全局通信对象、网关模式选择、网关初始化等工作，其主要工作流程如图 11-18 所示。

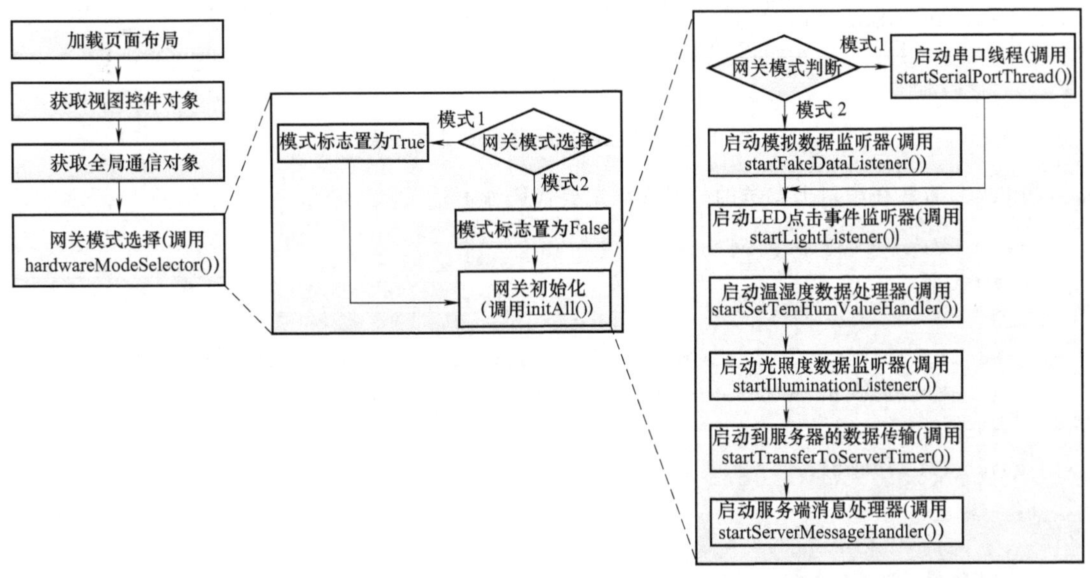


图 11-18　MainActivity 类 onCreate( ) 方法工作流程

2） MainActivity 类主要结构。MainActivity 类的主要成员结构如图 11-19 所示。下面介绍其中几个重要的成员方法。

① 启动串口线程方法 startSerialPortThread( )。数据网关以 ZigBee 方式接收前端模块发送的温湿度数据，并向前端模块发送风扇继电器开关消息。数据网关通过串口连接 ZigBee 协调器，网关程序通过操作串口即可实现 ZigBee 数据收发。startSerialPortThread( ) 方法用于打开串口，并将串口上收到的温湿度数据发送给相应的消息处理器进行处理。首先调用 myApplication 对象的 getSerialPort( ) 方法打开串口，并获取串口输入流和输出流。接下来创建串口监听线程，当监听到串口输入流上收到的温湿度数据时，将数据打包为消息并发给 setTemHumValueHandler 进行处理。需要说明的是，串口监听线程不负责完成消息发送功能，风扇继电器开关消息是通过调用 onRe-

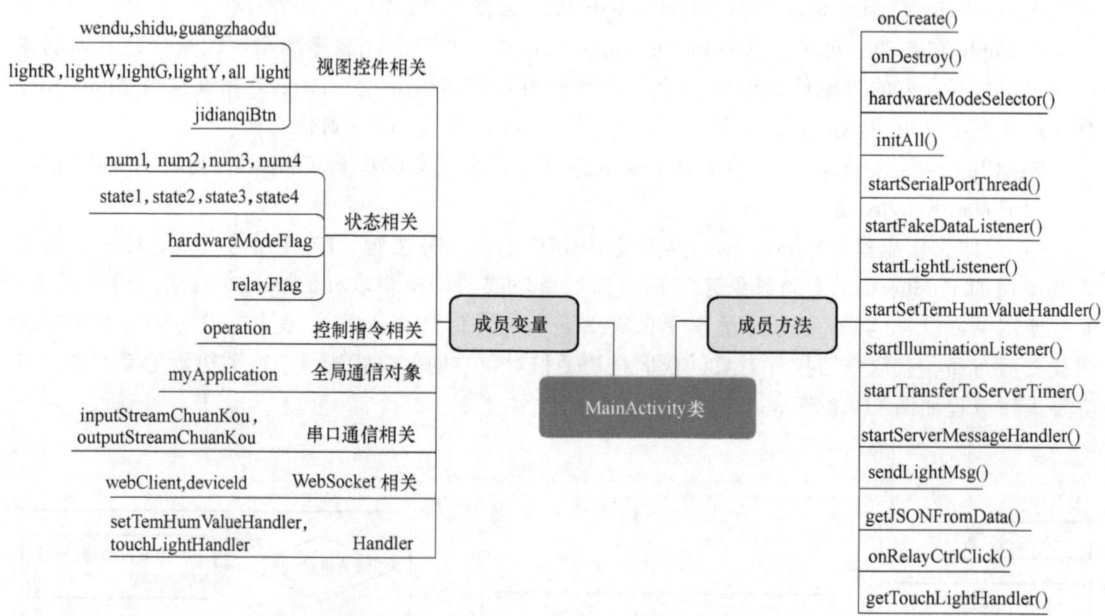


图 11-19 MainActivity 类的主要成员结构

layCtrlClick()方法在串口上发送的。该方法主要代码如下：

```
private void startSerialPortThread() {
    // 初始化串口
    try {
        SerialPort serialPort = myApplication.getSerialPort("/dev/ttyAMA5");
        inputStreamChuanKou = serialPort.getInputStream();
        outputStreamChuanKou = serialPort.getOutputStream();
    } catch (IOException e) {
        e.printStackTrace();
    }
    // 开启线程监听串口文件
    new Thread(new Runnable() {
        @ Override
        public void run() {
            byte[] data = new byte[16];
            try {
                if (inputStreamChuanKou ! = null) {
                    while (inputStreamChuanKou.read(data) ! = -1) {
                        Message message = new Message();
                        Bundle bundle = new Bundle();
                        bundle.putByteArray("data",data);
                        message.setData(bundle);
                        setTemHumValueHandler.sendMessage(message);
                    }
                }
```

```
            } catch (IOException e) {
                e.printStackTrace();
            } catch (Exception e) {
                e.printStackTrace();
            }
        }
    }).start();
}
```

② 启动模拟数据监听器方法 startFakeDataListener( )。当数据网关工作在模式 2 时，调用 startFakeDataListener( )方法，从而基于 Socket 方式接收数据采集传输模拟器发来的温湿度数据。在 startFakeDataListener( ) 中调用了 myApplication 对象的 setHumListenerOnConnected( ) 方法，此时需要向该方法传递一个 ConnectListener 类型的实例。这里采用匿名内部类的方式创建了 ConnectListener 接口的实现类，其中实现了 ConnectListener 的 onReceiveData( ) 方法，系统在创建匿名内部类时会自动创建其实例。当数据网关接收到 Socket 上的温湿度数据时，onReceiveData( ) 方法被调用，将数据打包为消息，并将消息发送给 setTemHumValueHandler 进行处理。部分实现代码如下：

```
private void startFakeDataListener() {
        myApplication.setHumListenerOnConnected(new MyApplication.ConnectListener
() {
            @ Override
            //接收到 socket 上的温度湿度数据
            public void onReceiveData(byte[ ] buffer) {
                Message message = new Message();
                Bundle bundle = new Bundle();
                bundle.putByteArray("data",buffer);
                message.setData(bundle);
                setTemHumValueHandler.sendMessage(message);
            }
        });
    }
```

③ 启动 LED 点击事件监听器方法 startLightListener( )。startLightListener( ) 方法用于监听 LED 图片控件上的点击事件，并对事件做出响应，从而实现对前端模块（或前端模拟器）的 LED 灯的开关控制。该方法的部分实现代码如下：

```
private void startLightListener() {

lightR = this.findViewById(R.id.control_light_img_red);
……
lightR.setOnClickListener(new View.OnClickListener() {
    @ Override
    public void onClick(View v) {
        if (num1 == 0 && state1 == 0) {
```

```
                operation = "1";
                sendLightMsg(operation);
                lightR.setBackgroundResource(R.mipmap.c_light_red);
                num1 = 1;
                state1 = 1;
            } else if (num1 == 1 && state1 == 1) {
                operation = "2";
                sendLightMsg(operation);
                lightR.setBackgroundResource(R.mipmap.c_light_off);
                num1 = 0;
                state1 = 0;
            }
            operation = "";
        }
});
……
}
```

以红色 LED 为例，首先获取红色 LED 灯图片控件对象 ID，并为该控件绑定点击事件监听器。当监听到该控件对象上发生点击事件时，先判断 LED 灯是否为关闭状态，若为关闭状态则调用 sendLightMsg( )方法向前端模块发送打开红色 LED 灯指令，并将图片控件对应的图片修改为红灯点亮图片，然后将红色 LED 灯的状态标志修改为开启状态；若判断当前 LED 灯为开启状态，则调用 sendLightMsg( )方法向前端模块发送关闭红色 LED 灯指令，并将图片控件对应的图片修改为 LED 灯关闭图片，然后将红色 LED 灯的状态标志修改为关闭状态。由于前端 LED 灯硬件模块采用 WiFi 方式与数据网关进行通信，因此这里的开灯、关灯指令采用 Socket 方式发送给前端模块（或前端模拟器），其具体实现过程可参照 sendLightMsg( )方法。

④ 发送 LED 开关指令方法 sendLightMsg( )。sendLightMsg( )方法用于生成 LED 开关消息，并以 Socket 方式向前端模块发送。其中，cmd 为生成的初始 LED 控制消息，消息的具体格式参照 11.2 节中的通信协议。消息的第五个字节 cmd[4]的取值表示不同的 LED 开关操作。根据 operation 参数中携带的开关指令类型的不同，需要对 cmd[4]赋以不同的数值。例如，当 operation = “1”，表示打开红色 LED 指令，则令 cmd[4]=0x01，即可产生打开红色 LED 消息。然后调用 myApplication 对象的 send( )方法通过 Socket 方式向前端模块发送该消息。部分代码如下：

```
public void sendLightMsg(String operation) {
        //默认数据 (byte)是进行强制类型转换
  byte[] cmd = {(byte)0xCC,(byte) 0xEE,(byte) 0x01,(byte) 0x09,
              (byte) 0x00,(byte) 0x00,(byte) 0x00,(byte) 0x00,
              (byte) 0x00,(byte) 0x00,(byte) 0x00,(byte) 0x00,
              (byte) 0x00,(byte) 0x00,(byte) 0x00,(byte) 0xFF};

      if (operation.equalsIgnoreCase("1")) {//红灯开
          cmd[4] = (byte) 0x01;
      } else if (operation.equalsIgnoreCase("2")) {//红灯关
```

```
            cmd[4] = (byte) 0x02;
        } else if
……
        Log.d("PayActivity:","cmd:" + Arrays.toString(cmd));
        myApplication.send(cmd);
    }
```

⑤ 启动温湿度数据处理器方法 startSetTemHumValueHandler( )。startSetTemHumValueHandler( )方法用于创建一个消息处理器 Handler 类的对象，此时需要向 Handler 的构造方法中传递一个 Handler. Callback 类型的实例。这里仍然采用匿名内部类的方式创建 Handler. Callback 接口的实现类，其中实现了 Callback 接口的 handleMessage( )方法，用于在收到温湿度消息时提取其中的温湿度数据，并修改主界面显示的温湿度数值。代码如下：

```
private void startSetTemHumValueHandler() {
        setTemHumValueHandler = new Handler(new Handler.Callback() {
            @ Override
            public boolean handleMessage(Message msg) {
                byte[] data = msg.getData().getByteArray("data");
                assert data ! = null;
                if (data[3] == (byte) 0x03 && data[4] == (byte) 0x01) {      //接收到温湿
度数据
          byte byteXH = data[5];
          byte byteXL = data[6];
          byte byteYH = data[7];
          byte byteYL = data[8];
          String wdText = "温度:" + (byteXH *  256 + byteXL)/100;
          String sdText = "湿度:" + (byteYH *  256 + byteYL)/100;
                wendu.setText(wdText);
                shidu.setText(sdText);
                }
                return true;
            }
        });
    }
```

⑥ 启动到服务器的数据传输计时器方法 startTransferToServerTimer( )。startTransferToServer-Timer( )方法用于建立到服务端的 WebSocket 通信连接，并周期地向服务端发送网关的上行数据。首先创建一个 WebClient 对象，对象名为 webClient，此时需要传递一个 URI 格式的参数，该参数携带了对端的 WebSocket 地址、WebSocket 协议类型及设备标识。这里服务端的端口号为 8080，假设使用 Android 模拟器来运行数据网关程序，且服务端程序也与 Android 模拟器运行于同一主机，此时主机本机地址被 Android 模拟器映射为 10. 0. 2. 2。读者可以根据自己实际配置情况修改这里的 IP 地址和端口号。接下来使用 webClient. connect( )方法建立与服务端的 WebSocket 连接。然后创建一个 TimerTask 定时任务，用于在该 WebSocket 连接上周期地发送网关端数据，定时任务的调度周期为 1 秒，第一次执行的延时时间为 3 秒。发送前需要调用 getJSONFromData( )方法

获取数据并封装为 JSON 格式。主要代码如下：

```
private void startTransferToServerTimer() {
        try {
            //模拟机连接计算机的地址
            String url = "ws://10.0.2.2:8080";
            webClient = new WebClient(new URI(url + "//websocket/" + deviceId),this);
        } catch (URISyntaxException e) {
            e.printStackTrace();
        }
        if (webClient ! = null) {
            //开启连接,此处连接失败会调用 onError 方法
            webClient.connect();
            //定时任务
            long delay = 3000; //第一次执行的延迟时间,3 秒
            long period = 1000; //执行间隔时间,1 秒
            final WebClient finalWebClient = webClient;
            TimerTask task = new TimerTask() {
                @ Override
                public void run() {
                    try {
                        finalWebClient.send(getJSONFromData());
                    } catch (JSONException e) {
                        e.printStackTrace();
                    }
                }
            };
            Timer timer = new Timer();
            timer.scheduleAtFixedRate(task,delay,period);
        }
    }
```

⑦ 获取数据并封装为 JSON 格式方法 getJSONFromData( )。getJSONFromData( )方法用于获取数据并封装为 JSON 格式。首先获取网关界面上显示的温度、湿度、光照度数据值并将其转换为 String 类型，其后创建一个日期格式化对象，获取系统当前的时间日期，并将其转换为 String 格式。接下来用 String 类型的变量记录网关界面上的风扇继电器以及红、白、绿、黄四个 LED 的开关状态。然后生成 JSON 对象 jsonObject，并使用 jsonObject. put( )方法将以上数据值及状态值封装进 JSON 对象，最后将 JSON 对象转换为 String 类型并返回。getJSONFromData( )方法实现代码如下：

```
private String getJSONFromData() throws JSONException {
        //获取显示的数据值
    String[] tem = wendu.getText().toString().split(":");
    String[] hum = shidu.getText().toString().split(":");
    String[] ill = guangzhaodu.getText().toString().split(":");
```

```
    @ SuppressLint ("SimpleDateFormat") SimpleDateFormat df = new SimpleDate-
Format("yyyy-MM-dd HH:mm:ss");
String time = df.format(System.currentTimeMillis());
String fan = relayFlag ? "Opened" : "Closed";
String lightR = (num1 == 1 && state1 == 1) ? "Opened" : "Closed";
String lightW = (num2 == 1 && state2 == 1) ? "Opened" : "Closed";
String lightG = (num3 == 1 && state3 == 1) ? "Opened" : "Closed";
String lightY = (num4 == 1 && state4 == 1) ? "Opened" : "Closed";
JSONObject jsonObject = new JSONObject();
jsonObject.put("temperature",tem.length > 1 ? tem[1] : "0")
            .put("humidity",tem.length > 1 ? hum[1] : "0")
            .put("illuminance",tem.length > 1 ? ill[1] : "0")
            .put("monitoringtime",time)
            .put("fan",fan)
            .put("lightr",lightR)
            .put("lightw",lightW)
            .put("lightg",lightG)
            .put("lighty",lightY);
      return jsonObject.toString();
   }
```

⑧ 启动服务端消息处理器方法 startServerMessageHandler( )。startServerMessageHandler( )方法用于创建一个消息处理器对象以处理服务端下发的消息。在创建 Handler 对象时，需向 Handler 的构造方法中传递一个 Handler. Callback 类型的实例。这里仍然采用匿名内部类的方式创建 Handler. Callback 接口的实现类，其中实现了 Callback 接口的 handleMessage( )方法。在消息的处理过程中，首先获取消息中的“data”字段的值，接下来判断服务端的指令类型是操作风扇继电器还是 LED，然后使用 performClick( )方法模拟网关界面上对应控件的点击事件。然后界面将根据之前写好的点击事件处理过程进行响应。例如，当指令类型为操作风扇继电器，则模拟出 jidianqiBtn 控件对象上的点击事件，界面对于该点击事件调用的是 onRelayCtrlClick( )方法。代码如下：

```
private void startServerMessageHandler() {
      touchLightHandler = new Handler(new Handler.Callback() {
         @ Override
         public boolean handleMessage(Message message) {
            String hid = message.getData().getString("data");
            if (hid == null) return false;
            switch (hid) {
               //风扇继电器
               case "f": jidianqiBtn.performClick();break;
               //红灯
               case "r": lightR.performClick();break;
               //白灯
               case "w": lightW.performClick();break;
```

```
                //绿灯
                case "g": lightG.performClick();break;
                //黄灯
                case "y": lightY.performClick();break;
                //全部灯
                case "a": all_light.performClick();break;
                default: break;
            }
            return true;
        }
    });
}
```

⑨ 风扇继电器点击事件处理方法 onRelayCtrlClick()。onRelayCtrlClick()方法是在网关界面上点击风扇继电器按钮时直接调用的。首先生成继电器开关消息 cmd，判断当前继电器状态，若为开启状态，则接下来需要关闭继电器，此时将继电器状态设置为关闭，并将继电器按钮的图片置为关闭图片，然后将 cmd［4］的值修改为 0x02，即为关闭继电器消息。若继电器当前为关闭状态，则需要开启继电器，将继电器状态设置为开启，并将继电器按钮的图片置为开启图片。接下来需要向前端发送继电器开关指令，此时需判断是采用前端硬件模块还是采用前端模拟软件，如果是前者，则通过串口发送，否则通过 Socket 发送指令。代码如下：

```
public void onRelayCtrlClick(View view) {
byte[] cmd = {(byte) 0xCC, (byte) 0xEE, (byte) 0x01, (byte) 0x18, (byte) 0x01, (byte)
        0x01, (byte) 0x00, (byte) 0x00, (byte) 0x00, (byte) 0x00, (byte) 0x00,
        (byte) 0x00, (byte) 0x00, (byte) 0x00, (byte) 0x00, (byte) 0xFF};
    if (relayFlag) {
        //关闭继电器
        relayFlag = false;
        jidianqiBtn.setBackgroundResource(R.mipmap.off);
        cmd[4] = (byte) 0x02;
    } else {
        //开启继电器
        relayFlag = true;
        jidianqiBtn.setBackgroundResource(R.mipmap.on);
    }
    //根据是否有硬件来判断使用串口发送数据还是通过 Socket 发送数据
    if (hardwareModeFlag) {
        try {
            outputStreamChuanKou.write(cmd);
            outputStreamChuanKou.flush();
        } catch (IOException e) {
            e.printStackTrace();
        }
    } else {
```

```
        myApplication.send(cmd);
    }
}
```

（2） MyApplication 类

1） MyApplication 类的主要作用。MyApplication 类继承自 android. app. Application 类。Application 类是用来维护全局应用状态的基类，Application 类的子类需要在 Manifest. xml 文件中通过 name 属性来标记，用来实现自定义的功能。每个 Android App 运行时，会首先自动创建 Application 类并实例化 Application 对象，且一个应用中只有一个 Application 对象。不同的组件都可获得 Application 对象。Android 系统的入口是 Application 类的 onCreate( ) 回调方法，默认为空实现，开发者可以重写 onCreate( ) 方法来完成一些初始化工作。

在本案例中，MyApplication 类主要用于提供与 Socket 通信功能及串口通信功能有关的全局变量及操作。MyApplication 中与通信功能相关的成员如图 11-20 所示。

2） 串口通信相关功能的实现。在 Android 中可以调用 Unix 的动态连接库（. so 扩展名文件）来集成串口通信，这种调用的方式称为 JNI。Google 安卓官方提供了 android-serialport-api 官方 API，项目的具体结构如图 11-21 所示。

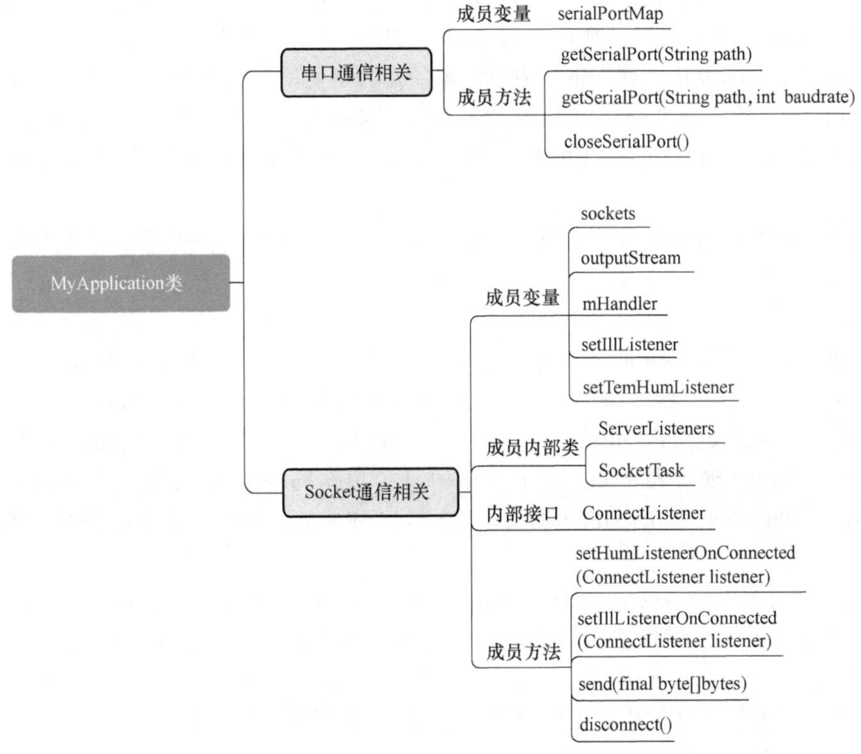


图 11-20　MyApplication 中与通信功能相关的成员

jni 文件夹中存放了 JNI 调用的 C/C++文件；libs 文件夹中存放了 . so 文件，是由 C/C++编译而来的；src 中的 SerialPort. java 和 SerialPortFinder. java 是提供 Java 开发的类。SerialPort 类主要用于提供打开串口及关闭串口的操作，SerialPortFinder 类主要用于查找设备中所有可用的串口。基于 SerialPort 类实现串口通信的工作流程如图 11-22 所示。

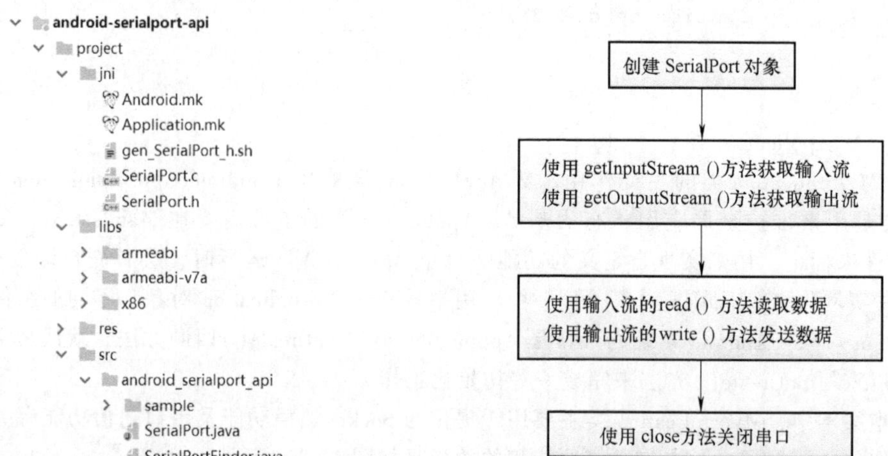


图 11-21　android-serialport-api 项目结构　　　图 11-22　使用 SerialPort 类实现串口通信的工作流程

在 MyApplication 类中，使用了上述的安卓官方串口操作 API。在本章附带的源代码中已经提供了官方 API 的相关文件以及编译好的 . so 文件。读者在创建自己的项目时，只需将源代码中的 jni 文件夹及 jniLibs 文件夹复制到项目的 src/main 文件夹之下，并将 android_serialport_api 文件夹复制到项目的 src/main/java 文件夹下。需要注意的是为了使用 JNI，应在自己的 Android Studio 开发环境的 SDK Tools 中下载 CMake、LLDB 以及 NDK。此外，还需要在项目的 build. gradle 文件中添加 externalNativeBuild 节点，在其中配置 Android. mk 的路径。以上配置过程可参照 11. 3. 2 小节。

MyApplication 类在 SerialPort 类的基础上定义了与串口访问的相关内容，主要包括成员变量 serialPortMap 及成员方法 getSerialPort （String path）、getSerialPort （String path，int baudrate） 以及 closeSerialPort( )。

① serialPortMap 变量。serialPortMap 是一个 Map 类型的映射表。Map 是 Java 中的一种接口，用于存储元素对（称作“键”和“值”），其中每个键映射到一个值。Map 接口的常用实现类有 HashMap、TreeMap、LinkedHashMap 和 Properties 等，其中 HashMap 使用最为广泛。serialPortMap 是 HashMap 的映射表对象，其中存储的是“串口路径-串口对象”元素对，串口路径为 String 类型，串口对象为 SerialPort 类型。通过 serialPortMap 可以记录系统中打开的多个串口对象。

② 获取串口对象方法 getSerialPort （String path）。getSerialPort （String path） 方法被 MainActivity 调用，用于返回一个 path 参数指定的串口对象。该方法调用 getSerialPort （String path，int baudrate） 方法。在 Android 系统中，串口设备的路径位于/dev 路径之下，在本项目中需要打开的是实验平台上的 5 号串口，其路径为/dev/ttyAMA5。代码如下：

```
public SerialPort getSerialPort(String path) throws SecurityException, IOException,InvalidParameterException {
    return getSerialPort(path,115200);
}
```

③ 获取串口对象方法 getSerialPort （String path，int baudrate）。getSerialPort （String path，int baudrate） 方法根据指定的路径和波特率返回一个串口对象。首先在 serialPortMap 中检索路径为

path 的串口对象，若检索结果为空，说明该路径对应的串口对象不存在，则按照该 path 路径和指定的波特率创建一个新的串口对象，并将新的“串口路径-串口对象”加入 serialPortMap 映射表；若检索结果不为空，则直接返回检索到的串口对象。代码如下：

```
    public SerialPort getSerialPort(String path,int baudrate)throws SecurityException,IOException,InvalidParameterException {
        System.out.println("MyApplication 启动");
        SerialPort mSerialPort = serialPortMap.get(path);
        if (mSerialPort == null) {
            /* Check parameters 检查参数 */
            if ((path.length() == 0) || (baudrate == -1)) {
                throw new InvalidParameterException();
            }
            /* Open the serial port 打开串口 使用指定的端口名、波特率 */
            mSerialPort = new SerialPort(new File(path),baudrate,0);
            serialPortMap.put(path,mSerialPort);
        }
        return mSerialPort;
    }
```

④ 关闭串口方法 closeSerialPort()。closeSerialPort()方法用于关闭 serialPortMap 映射表中的所有串口，其后将 serialPortMap 清空。其代码如下：

```
public void closeSerialPort() {     //关闭串口
        for (SerialPort mSerialPort : serialPortMap.values()) {
            if (mSerialPort != null) {
                mSerialPort.close();
            }
        }
        serialPortMap.clear();
    }
```

3）Socket 通信相关功能的实现。Android 中的 Socket 通信主要通过使用 java.net 包中提供的 ServerSocket 类及 Socket 类来实现，其工作原理及编程方法已在第 8 章中进行介绍。MyApplication 类在 ServerSocket 类及 Socket 类的基础上定义了与 Socket 通信相关的对象与方法，主要包括成员变量 sockets、outputStream、mHandler、setTemHumListener 及 setIllListener；成员内部类 ServerListeners 及 SocketTask；内部接口 ConnectListener；成员方法 setHumListenerOnConnected()、setIllListenerOnConnected()、send()以及 disconnect()。

① 成员变量。sockets 是一个 LinkedList 类型的链表，其中存储了系统中建立的所有通信套接字对象。数据网关作为 Socket 通信的服务端，打开了一个监听套接字，每次在监听套接字上接收一个新的请求时，均会建立一个新的通信套接字对象，并将其加入链表。

outputStream 是通信套接字上的输入流对象，用于向外发送数据。

mHandler 是一个消息处理器对象，在创建该对象时，通过匿名内部类的方式重写了 Handler.Callback()接口的 handleMessage()方法，用于对 Socket 上接收到的消息进行类型判断，并调用对应消息监听器的 onReceiveData()方法进行处理。其代码如下：

```
Handler mHandler = new Handler(new Handler.Callback() {
        @ Override
        public boolean handleMessage(Message message) {
            byte[] data = message.getData().getByteArray("data");
            switch (message.what) {
                case 100://光照度消息
                    if (setIllListener != null) setIllListener.onReceiveData(data);
                break;
                case 200://温湿度消息
                    if (setTemHumListener != null)
setTemHumListener.onReceiveData(data);
                    break;
            }
            return true;
        }
    });
```

setTemHumListener 是温湿度消息监听器，setIllListener 是光照度消息监听器，二者都是 ConnectListener 类型的对象，其中的 onReceiveData( )方法在 MainActivity 中被重写，分别用于完成收到温湿度消息及光照度消息时的处理。

② 成员内部类。ServerListeners 类是 Java 线程类 Thread 的子类，ServerListeners 线程用于创建数据网关上的服务端监听套接字并监听客户端请求。在 ServerListeners 中重写了 Thread 类的 run( ) 方法，首先建立一个监听套接字 ServerSocket 类的对象，注意这里服务端监听端口号为 7777，这是与前端模块事先商定好的；ServerSocket 的 accept( )方法从请求队列中读取一个请求，并返回一个会话套接字对象；接下来该会话套接字被加入 sockets 链表，然后启动一个 SocketTask 子线程。在 MyApplication 的 OnCreate( )方法中，将创建并启动 ServerListeners 子线程。其代码如下：

```
public class ServerListeners extends Thread {     //socket 监听线程
        @ Override
        public void run() {
            try {
                //监听端口 7777
                ServerSocket serverSocket = new ServerSocket(7777);
                while (true) {
                    System.out.println("等待下一个客户端请求....");
                    //  -------------socket 通信--------
                    Socket socket = serverSocket.accept();
                    System.out.println("收到请求,服务器建立连接...");
                    System.out.println("客户端" +
                    socket.getInetAddress().getHostAddress() + "连接成功");
                    System.out.println("客户端" +
                    socket.getRemoteSocketAddress() + "连接成功");
                    sockets.add(socket);
```

```
                //每次都启动一个新的线程
    new Thread(new SocketTask(socket)).start();  //启动接收子线程
            }
        } catch (IOException e) {
            e.printStackTrace();
        }
    }
}
```

SocketTask 类实现了 Java 的 Runnable 接口。SocketTask 子线程负责在一个会话套接字上接收数据。SocketTask 中重写了 Runnable 接口的 run()方法，首先获取会话套接字的输入流并从中读取数据；接下来生成一个 Message 消息对象 message，根据接收到的数据是温湿度数据还是光照度数据，来设置 message 的 what 参数；然后将数据打包进 message 消息，并将消息发送给 mHandler 进行处理。其代码如下：

```
class SocketTask implements Runnable {     //接收子线程
        private Socket socket;
        /* *
        * 构造函数
        * /
        public SocketTask(Socket socket) {
            this.socket = socket;
        }
        @ Override
        public void run() {
            while (true) {
                int size;
                try {
        InputStream inputStream= socket.getInputStream(); //输入流
                    byte[] buffer = new byte[16];
                    size = inputStream.read(buffer);
                    if (size > 0) {
                        Message message = new Message();
  if (buffer[3] == (byte) 0x02 && buffer[4] == (byte) 0x01) {
                          //光照
                          message.what = 100;
                        }
    else if(buffer[3] == (byte) 0x03 && buffer[4] == (byte) 0x01){
                            //温度湿度
                            message.what = 200;
                        }
                        Bundle bundle = new Bundle();
                        bundle.putByteArray("data",buffer);
                        message.setData(bundle);
                        mHandler.sendMessage(message);
```

```
                }
            } catch (Exception e) {
                e.printStackTrace();
                return;
            }
        }
    }
}
```

③ 内部接口 ConnectListener。ConnectListener 接口用于定义各类消息监听器，其中声明了 onReceiveData( )方法，用于对接收到的温湿度消息或光照度消息进行处理，该方法在 MainActivity 中实现。代码如下：

```
public interface ConnectListener {    //接收接口定义
    void onReceiveData(byte[] buffer);
}
```

④ 成员方法。setHumListenerOnConnected( )方法及 setIllListenerOnConnected( )方法分别用于设置温湿度消息监听器及光照度消息监听器。以 setHumListenerOnConnected( )方法为例，在调用该方法时需要传入一个 ConnectListener 类型的实例参数，该实例被赋予 My Application 的 setTemHumListener 对象。代码如下：

```
public void setHumListenerOnConnected(ConnectListener listener) {
    this.setTemHumListener = listener;
}
```

send( )方法用于在会话套接字上发送数据。在 send( )方法中创建了一个发送子线程，这里采用匿名内部类的方式重写了 Runnable( )接口的 run( )方法，对 sockets 链表中的所有会话套接字进行遍历，并在每个套接字的输出流上发送数据。代码如下：

```
public void send(final byte[] bytes) {    //发送数据函数,供主程序调用
    System.out.println("当前连接数" + sockets.size());
    new Thread(new Runnable() {
        @ Override
        public void run() {
            for (Socket s : sockets) {
System.out.println("客户端" + s.getRemoteSocketAddress());
                try {
                    outputStream = s.getOutputStream();
                    if (outputStream ! = null) {

                        outputStream.write(bytes);
                        outputStream.flush();
                    }
                } catch (IOException e) {
                    e.printStackTrace();
                } catch (Exception e) {
```

```
                    e.printStackTrace();
                    System.out.println("连接出错。");
                }
            }
        }
    }).start();
}
```

disconnect()方法用于关闭 sockets 链表中的所有会话套接字，关闭输出流，最后清空 sockets 链表。其代码如下：

```
public void disconnect() throws IOException {
            if (sockets.size() != 0) {
        for (Socket s : sockets) {
            s.close();
                }
        }
        if (outputStream != null)
            outputStream.close();
        sockets.clear();
    }
}
```

（3） WebClient 类

WebClient 类提供基于 WebSocket 协议的客户端通信功能，它继承了抽象类 WebSocketClient。WebSocket 协议是基于 TCP 的一种应用层全双工通信协议，在该协议中服务器可以主动向客户端推送信息，客户端也可以主动向服务器发送信息，是真正的双向平等对话，属于服务器推送技术的一种。WebSocketClient 来自于开源项目 Java-websocket。在 WebClient 类中，需要实现 WebSocketClient 类的四个抽象方法 onOpen()、onMessage()、onClose()和 onError()。onOpen()方法在 WebSocket 连接开启时被调用，onMessage()方法在接收到消息时被调用，onClose()方法在连接断开时被调用，onError()方法在连接出错时被调用。在 WebClient 类中，重写的 onMessage()方法负责从 WebSocket 上接收到的消息中提取出 JSON 格式的数据，并将数据打包为消息，发送给 MainActivity 的 touchLightHandler 进行处理。其代码如下：

```
@Override
public void onMessage(String message) {
    Log.d("WebClient---->","onMessage->"+message);
    try {
        JSONObject jsonObject = new JSONObject(message);
        String hid = jsonObject.get("hardwareid").toString();
        Message msg = new Message();
        Bundle bundle = new Bundle();
        bundle.putString("data",hid);
        msg.setData(bundle);
        mainActivity.getTouchLightHandler().sendMessage(msg);
```

```
        } catch (JSONException e) {
            e.printStackTrace();
        }
    }
```

需要说明的是为了在程序使用 Java-websocket，应在 build. gradle 中加入依赖。

```
dependencies {
    ……
    implementation  "org.java-websocket:Java-WebSocket:1.5.1"
    ……
}
```

（4）数据网关软件中的多线程通信机制

数据网关涉及与前端采集模块/前端模拟软件、服务端软件的通信，传输的数据有多种类型，通信的方式多样化，涉及串口通信、Socket 通信及 WebSocket 通信等。这些通信功能的实现是数据网关软件程序设计中较为复杂的地方。由于网关上的多种通信过程需要同时持续进行，属于耗时性的操作，因此不在程序的主线程中执行数据的发送与接收工作，而是将这些工作交给子线程来完成，因而在程序中涉及较多的子线程。另一方面子线程在完成通信任务后，不能直接对 UI 界面进行更新，而需要向主线程中创建的各个消息处理器 Handler 发送消息，然后由 Handler 处理消息并更新 UI 界面。图 11-23 总结了数据网关程序中的多线程通信机制。

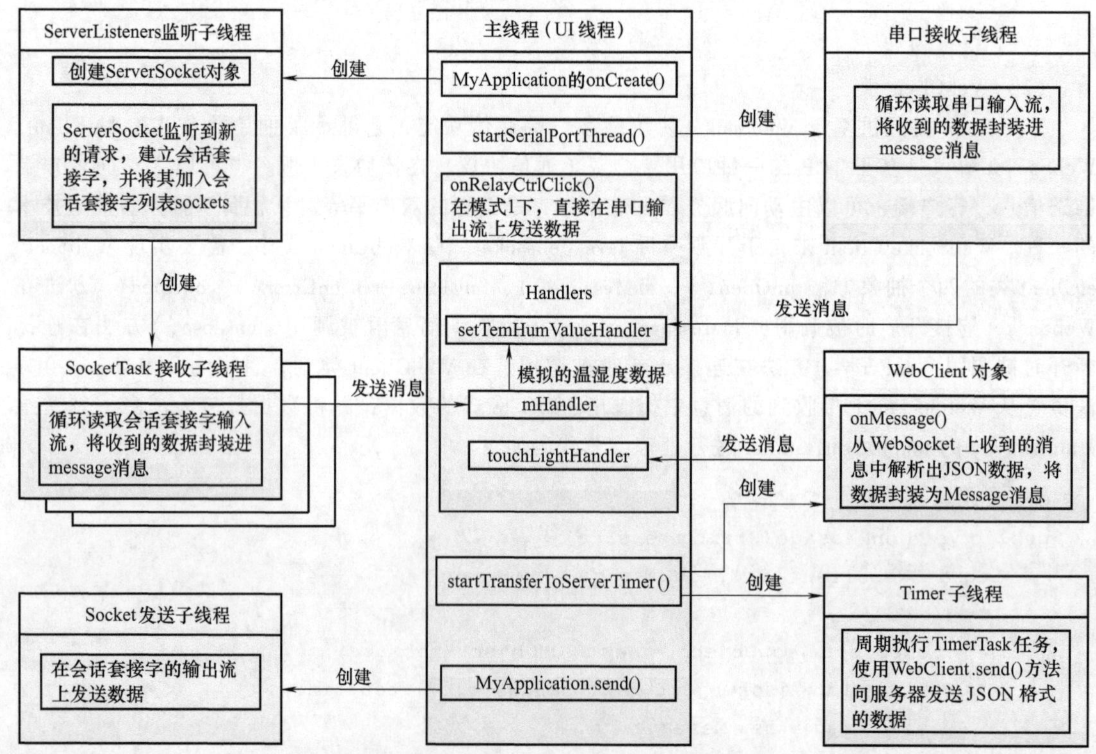


图 11-23　数据网关程序中的多线程通信机制

Socket 通信涉及三种子线程，ServerListeners 子线程、SocketTask 子线程以及 Socket 发送子线程。主线程在调用 MyApplication 对象的 onCreate( )方法时创建一个 ServerListeners 子线程，它负

责创建服务端的监听套接字，并监听请求，当收到请求时，创建新的会话套接字，并创建一个新的 SocketTask 子线程用来在该会话套接字上接收数据，并向主线程的 mHandler 发送消息，每一个会话套接字均对应一个独立的 SocketTask 子线程，因此同时运行的 SocketTask 子线程可以有多个。当主线程调用 MyApplication 对象的 send( )方法时，将创建一个 Socket 发送子线程，它负责在所有的会话套接字上发送数据。基于 Socke 方式接收的数据包括模式 1 之下前端模块传来的光照度数据；模式 2 之下模拟前端软件传来的温湿度与光照度数据。基于 Socke 方式发送的数据包括模式 1 下的 LED 开关控制指令；模式 2 下的 LED 开关控制指令与继电器开关控制指令。

串口通信仅在数据网关工作在模式 1 时使用，这里只涉及一个串口接收子线程，主线程在调用 startSerialPortThread( )方法时创建该线程，它负责从串口输入流读取数据，并向主线程的 setTemHumValueHandler 发送消息。串口数据的发送则在主线程中进行，当主线程调用 onRelayCtrClick( )时，直接在串口输出流上发送数据。基于串口方式接收的数据是温湿度数据，发送的数据是继电器开关指令。

WebSocket 通信主要涉及两个子线程。当主线程调用 startTransferToServerTimer( )方法时，创建 WebClient 对象，并启动了 Timer 子线程。Timer 子线程负责周期执行 TimerTask 任务，定时向服务器发送网关上的数据。当 WebClient 在 WebSocket 上收到数据时，该对象的 onMessage( )方法被调用，它是运行在一个独立的接收线程中的，负责接收数据并向主线程的 touchLightHandler 发送消息。基于 WebSocket 发送的数据包括网关界面上显示的温湿度数据、光照度数据、四个 LED 的开关状态、继电器开关状态；基于 WebSocket 接收的数据包括服务器传来的 LED 开关指令、继电器开关指令。

可以通过使用 Java 的 Process 类的 myPid( )方法和 Thread 类的 currentThread( )方法来获取程序当前运行所在的进程及线程状态，从而更具体地了解程序中的多线程工作机制。例如，在 ServerListeners 的 run( )方法中加入以下代码，当程序运行时就可以在控制台输出 ServerListeners 所在的进程 ID 及线程 ID。代码如下：

```
System.out.println("ServerSocketProcess " + Process.myPid());
System.out.println("ServerSocketThread " + Thread.currentThread().getId());
```

一个 Andorid 应用程序运行在一个进程中，进程中包含多个线程。下面列出了数据网关中通信相关方法运行所在的线程 ID。主线程 ID 为 1，其他的子线程各自有不同的 ID。

```
02-07 17:32:53.090 1703-1703/com.envmonitor.datagw I/System.out: MyApplicationOn-
Create@ Thread 1
02-07 17:32:53.099 1703-1721/com.envmonitor.datagw I/System.out: ServerListenersRun
@ Thread 117
02-07 17:32:53.120 1703-1703/com.envmonitor.datagw I/System.out: MainActivityOnCre-
ate@ Thread 1
02-07 17:32:57.018 1703-1703/? I/System.out: WebClientCreate@ Thread 1
02-07 17:33:01.034 1703-1754/? I/System.out: TimerTaskRun@ Thread122
02-07 17:33:06.945 1703-1839/? I/System.out: SocketTaskRun@ Thread 125
02-07 17:33:09.940 1703-1703/? I/System.out: mHandlerHandleMsg@ Thread1
02-07 17:34:10.081 1703-1753/? I/System.out: WebClientOnMsg@ Thread 121
02-07 17:34:10.086 1703-1979/? I/System.out: SocketSendThread127
```

**2. 数据采集与传输模拟软件功能实现**

（1） 主要工作流程

数据采集与传输模拟软件仅涉及一个程序文件 MainActivity. java。在 MainActivity 的 onCreate()方法中，完成页面布局的加载、Socket 初始化、模拟数据定时器开启、Socket 数据接收线程开启、消息处理器 Handler 的创建等任务。图 11-24 所示为 onCreate()方法的主要工作过程。在模拟软件程序中，除 UI 主线程外，还创建了通信初始化子线程，该线程又创建了定时器子线程在 Socket 上发送模拟的温湿度数据，此外还创建了 Socket 接收子线程。

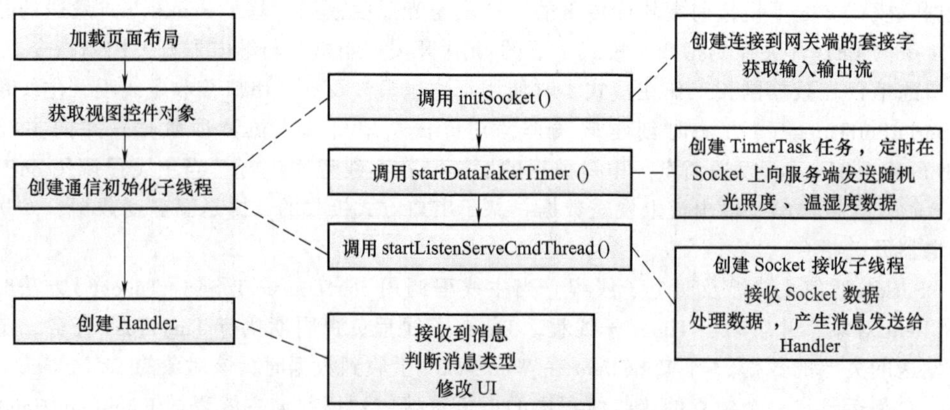


图 11-24　MainActivity 类 onCreate()方法工作流程

（2） MainActivity 类的主要结构

MainActivity 类的结构如图 11-25 所示，下面介绍其中的一些主要成员方法的实现。

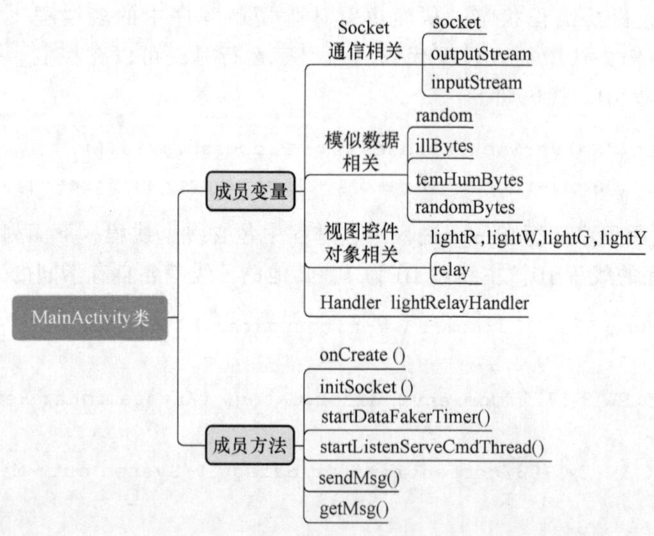


图 11-25　MainActivity 类的结构（数据采集与传输模拟软件）

1） initSocket()方法。initSocket()方法用于完成 Socket 通信的初始化工作。首先创建一个客户端 Socket，它连接的网关端 Socket 端口号为 7777。这里假设网关软件与模拟软件运行于同一 Android 设备或同一 Android 模拟器，则需要连接的网关端 Socket 的 IP 地址为本机地址“localhost”。读者可以根据实际情况修改该 IP 地址。若 Socket 创建成功，则获取输入流和输出流。实现代码如下：

```
public void initSocket() throws IOException {
        try {
            socket = new Socket("localhost",7777);
            System.out.println("连接成功");
        }catch (NetworkOnMainThreadException e) {
            System.out.println("连接失败");
            e.printStackTrace();
        }
        if(socket ! = null) {
            outputStream = socket.getOutputStream();
            inputStream = socket.getInputStream();
        }
    }
```

2）startDataFakerTimer( )方法。startDataFakerTimer( )方法创建了一个 TimerTask 定时任务，用于产生随机的光照度数据以及温湿度数据，调用 sendMsg( )方法将数据发送给数据网关。接下来创建一个定时器子线程，用于周期执行 TimerTask 任务。第一次执行的延迟时间为 3 秒，执行周期为 1 秒。其代码如下：

```
public void startDataFakerTimer(){
        if (socket ! = null) {
            long delay = 3000; //第一次执行的延迟时间,3 秒
            long period = 1000; //执行间隔时间,1 秒
            TimerTask task = new TimerTask() {
                @ Override
                public void run() {
                    int randomInt = random.nextInt(12);
                    illBytes[5] = temHumBytes[5] = temHumBytes[8] = randomBytes[ran-
domInt];
                    randomInt = random.nextInt(12);
                    illBytes[6] = temHumBytes[6] = temHumBytes[7] = randomBytes[ran-
domInt];
                    try {
                        sendMsg(illBytes);
                        sendMsg(temHumBytes);
                    } catch (IOException e) {
                        e.printStackTrace();
                    }
                }
            };
            Timer timer = new Timer();
            timer.scheduleAtFixedRate(task,delay,period);
        }
    }
```

3）startListenServeCmdThread 方法。startListenServeCmdThread 方法用于创建 Socket 接收子线程。在该线程的 run（）方法中，首先调用 getMsg（）方法获得数据网关发来的控制指令，并创建一个消息对象，然后根据指令的第 4 字节判断指令的类型是 LED 开关控制指令还是继电器开关指令。以 LED 开关指令为例，还需进一步根据控制指令的第 5 字节判断具体的开关类型，接下来生成消息并发送给 Handler。下面给出了部分代码：

```
private void startListenServeCmdThread(){
        new Thread(new Runnable() {
            @ Override
            public void run() {
                while (true) {
                    try {
                        byte[] socketCmd = getMsg();
                        System.out.println(Arrays.toString(socketCmd));
                        if (socketCmd == null)
                            return;
                        Message message = new Message();
                if (socketCmd[3] == (byte) 0x09) {//LED 开关指令
                            switch (socketCmd[4]) {
                                case (byte) 0x01:
                                    message.what = 1;
                                    lightRelayHandler.sendMessage(message);
                                    System.out.println("红灯开");
                                    break;
                                ……
                            }
              }else if(socketCmd[3] == (byte) 0x18){ //继电器开关指令
                            ……
                        }
                    } catch (IOException e) {
                        e.printStackTrace();
                    }
                }
            }
        }).start();
}
```

4）sendMsg( )方法与 getMsg( )方法。sendMsg( )方法用于在 Socket 输出流上向数据网关发送光照度及温湿度数据。getMsg( )方法用于从 Socket 输入流上读取数据。其实现代码如下：

```
public void sendMsg(byte[] msg) throws IOException {
        outputStream.write(msg);
        outputStream.flush();
}
public byte[] getMsg() throws IOException {
```

```
        byte[] buffer = new byte[16];
        int size = inputStream.read(buffer);
        if (size > 0)
        {
            return buffer;
        }
        return null;
    }
}
```

5）lightRelayHandler 的 handleMessage( )方法。在 onCreate( )方法中，创建了 Handler 类型的对象 lightRelayHandler，这里仍然采用匿名内部类的方式创建了 Handler.Callback 接口的实现类，其中实现了 Callback 接口的 handleMessage( )方法。在该方法中，根据收到消息的 what 字段判断消息的类型，然后进行 UI 控件图片的更新。例如，对于类型 1，则为开启红色 LED 指令，将红色 LED 图片控件的背景图切换为点亮图片。其部分代码如下：

```
lightRelayHandler = new Handler(new Handler.Callback() {
            @Override
            public boolean handleMessage(Message msg) {
                switch (msg.what){
                    case 1:// 开红灯
lightR.setBackgroundResource(R.mipmap.c_light_red);
                    break;
                    case 2:// 关红灯
lightR.setBackgroundResource(R.mipmap.c_light_off);
                    break;
                    ……
                }
                return false;
            }
        });
    }
```

### 3. 服务端软件功能实现

（1）服务端项目文件结构

服务端项目主要结构如图 11-26 所示。src 目录是存放项目源码的路径，分为 main 目录和 test 目录，分别存放功能源码和测试源码。下面重点介绍 main 目录。

main 目录下包含 java 目录和 resources 目录。java 目录下的 com.xiyou.MonitorS 目录中已包含 Spring Boot 程序的入口文件 MonitorApplication.java，此外还需新建 config 目录、controller 目录、dao 目录、entity 目录、service 目录和 utils 目录。

config 目录用来存放配置类。本项目中配置了 WebSocket。

controller 目录用来存放控制器类，主要用于接收前端发送的 HTTP 请求并处理。本项目中共四个控制器类：EnvDataController 用于处理环境数据相关的请求；PageController 用于处理页面跳转相关的请求；UpdateHardwareController 用于处理更改硬件方面的请求；UserController 用于处理用户相关的请求。

service 目录用来存放服务类，主要用于处理业务相关的逻辑，被控制器类调用。本项目中共三个服务类：EnvDataService 用于处理环境数据相关的业务逻辑；UserService 用于处理用户相关的业务逻辑；WebSocketService 用于处理 WebSocket 相关的业务逻辑。

dao 目录用来存放映射接口类，映射 resources \ mapper 目录下所写的 XML 文件，主要用于相关数据的增删改查的 SQL 语句的映射，被 service 类调用。本项目中共两个映射接口类：EnvDataMapper 用于处理环境数据的增删改查；UserMapper 用于处理用户数据的增删改查。

entity 目录用来存放实体类，实体类一般与数据库表字段一一对应，主要用于各层之间的数据传递。本项目中共三个实体类：EnvData 为环境数据；HardwareData 为硬件数据，本项目不作储存；User 为用户数据。

utils 目录用来存放工具类。

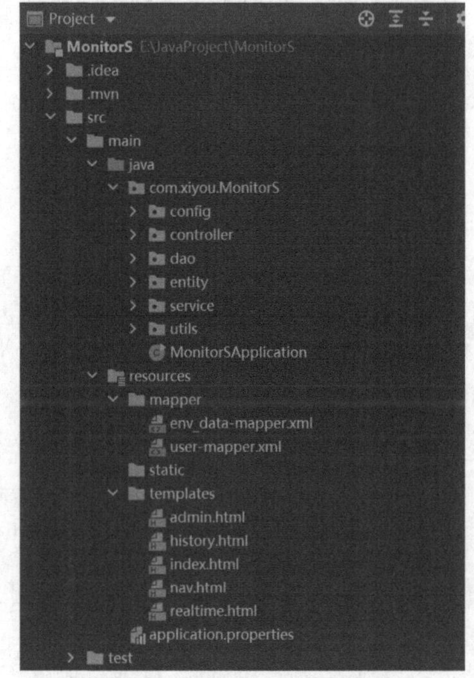


图 11-26　服务端项目结构

resources 目录包括 mapper、static、templates 三个目录。mapper 用于存放写有 SQL 语句的 XML 文件，被 dao 目录的映射接口类所映射；static 用于存放一些静态资源；templates 用于存放 HTML 文件。resources 目录下还包含 application. properties 文件，用于存放应用程序的一些配置属性，如服务器端口、数据库端口、Mybatis 映射路径等。

(2) 服务端数据表

服务端项目使用 MySQL 数据库，创建的数据库名为 env_monitor，其中包含两张数据表，分别是环境数据表 env_data 和用户表 user，这两张数据表中包含的字段内容见表 11-4、表 11-5。

表 11-4　环境数据表 env_data

| 字段 | 类型 | 是否主键 | 是否非空 | 是否自增 | 备注 |
|---|---|---|---|---|---|
| env_data_id | INT | 是 | 是 | 是 | 环境数据 ID |
| device_id | VARCHAR(45) | | 是 | | 设备 ID |
| temperature | VARCHAR(45) | | 是 | | 温度 |
| humidity | VARCHAR(45) | | 是 | | 湿度 |
| illuminance | VARCHAR(45) | | 是 | | 光照度 |
| monitoring_time | DATETIME | | 是 | | 监控时间 |

表 11-5　用户表 user

| 字段 | 类型 | 是否主键 | 是否非空 | 是否自增 | 备注 |
|---|---|---|---|---|---|
| u_id | INT | 是 | 是 | 是 | 用户 ID |
| name | VARCHAR(45) | | 是 | | 用户名 |
| pwd | VARCHAR(45) | | 是 | | 密码 |
| auth | INT | | 是 | | 权限(0 为管理员,1 为可以删除操作的用户 A 类,2 为只可以查看的用户 B 类) |

(3) 服务端控制器类提供的 API

服务端项目中的控制器类是整个程序的核心，它们负责接收 Web 前端的 HTTP 请求并进行处理。本项目的 controller 目录中包含四个控制器类，包括 PageController、UserController、EnvDataController 和 UpdateHardwareController，在这些控制器类中提供了相关的 API 从而处理 HTTP 请求。这些 API 分为页面跳转类、用户相关类、环境数据类、控制硬件类，其说明分别在表 11-6~表 11-9 给出。

表 11-6　页面跳转类 API（PageController）

| API 地址 | 请求方式 | 说明 | 返回数据 |
|---|---|---|---|
| /index | Get | 获取首页 | 首页 HTML 代码 |
| /realtime | Get | 获取实时数据页面 | 实时数据页面 HTML 代码 |
| /history | Get | 获取历史数据页面 | 历史数据页面 HTML 代码 |
| /admin | Get | 获取管理员页面 | 管理员页面 HTML 代码 |

表 11-7　用户相关类 API（UserController）

| API 地址 | 请求方式 | 说明 | 返回数据 |
|---|---|---|---|
| /user/{name}/{pwd} | Get | 登录,{name}为用户名,{pwd}为密码,将 user 数据保存在 Session 中 | 返回为空,前端通过访问 Session 判定是否登录成功 |
| /user/exit | Get | 退出登录,删除 Session 中的 user 数据 | 返回首页 HTML 代码 |
| /user/{name}/{pwd}/{auth} | Post | 新增用户,{auth}为权限 | 返回新增用户结果字符串,前段使用 alert 展示 |
| /user/{name} | Delete | 删除用户 | 返回新增用户结果字符串,前段使用 alert 展示 |

表 11-8　环境数据类 API（EnvDataController）

| API 地址 | 请求方式 | 说明 | 返回数据 |
|---|---|---|---|
| /refresh | Get | 刷线实时环境数据页面 | 实时数据页面 HTML 代码片段,前端改变显示的 HTML |

（续）

| API 地址 | 请求方式 | 说明 | 返回数据 |
| --- | --- | --- | --- |
| /history/{did}/{start}/{end} | Get | 查询历史数据，{did}为设备号，{start}为起始时间，{end}为结束时间，时间格式为 2020-10-08T12:10 | 历史数据页面 HTML 代码片段，前端改变显示的 HTML |
| /history/{did}/{start}/{end} | Delete | 删除历史数据 | 返回新增用户结果字符串，前段使用 alert 展示 |

表 11-9　硬件控制类 API（UpdateHardwareController）

| API 地址 | 请求方式 | 说明 |
| --- | --- | --- |
| /updateHardware/{did}/{hid} | Put | 发送控制硬件的消息，{did}为设备号，{hid}为需控制的硬件号 |

## 11.3.5　运行结果

### 1. 服务端软件运行结果

在整个物联网环境监控软件系统中，首先需要运行服务器软件，接下来运行网关软件，然后启动前端数据采集模块或运行前端数据模拟软件。服务端软件项目使用的 Spring Boot 框架自带 Tomcat 服务器，无需进行更多的配置即可直接运行 Web 项目。在 IntelliJ IDEA 中运行程序时，需要先创建自己特定类型的运行/调试配置。这里为服务端项目创建了一个 Application 类型运行的配置，如图 11-27 所示，其中配置名可自行定义，此处设为 MonitorSApplication。Build and run 属性设为 java 8 SDK of 'MonitorS' module，Main class 设为 com. xiyou. MonitorS. MonitorSApplication。运行/调试配置创建好之后，即可基于该配置中的参数来启动服务程序。

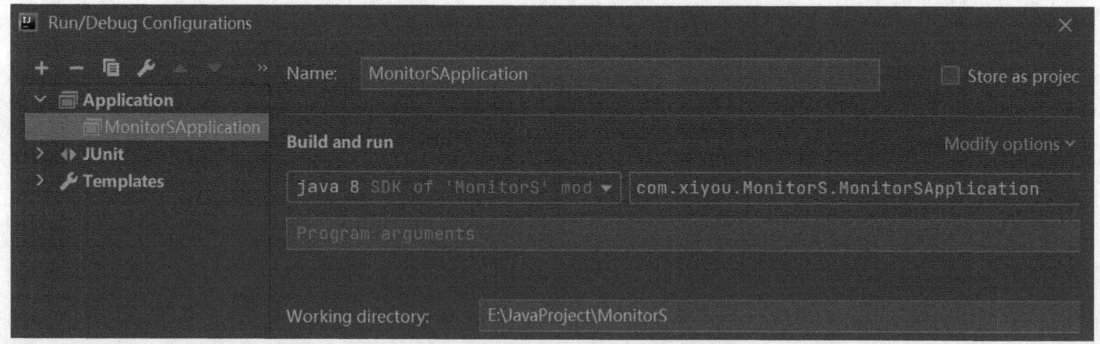


图 11-27　服务端项目运行/调试配置

### 2. 数据网关软件运行结果

数据网关软件可运行于 Android 模拟器或物联网开发平台上的 Android A9 主控系统中。需要注意的是当数据网关软件运行于 Android 模拟器时，若服务端软件也与模拟器运行于同一主机，则网关 WebSocket 连接的服务端 IP 地址为 10. 0. 2. 2，这是由于模拟器将所在主机的本机地址映射为 10. 0. 2. 2。若数据网关软件运行于物联网开发平台上的 Android A9 主控系统，则网关 WebSocket 连接的服务端 IP 地址为服务器的实际 IP 地址。

当数据网关软件启动后，用户首先需进行工作模式选择，如图 11-28 所示。若选择“是”，则环境数据来自于数据采集与控制模拟软件，否则数据来自于物联网开发平台的工作模块。

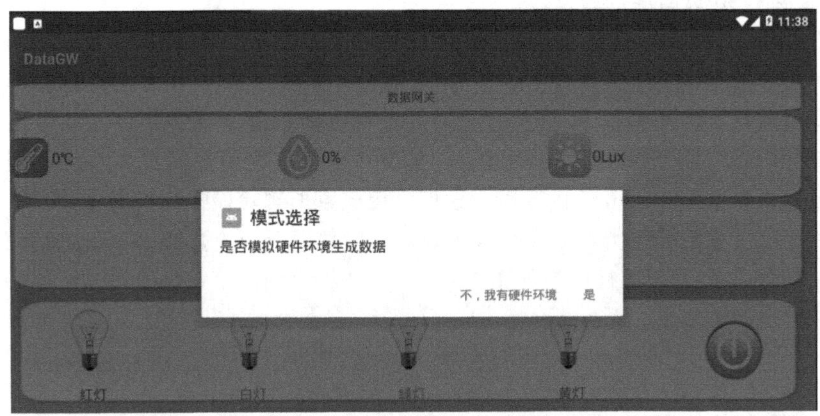


图 11-28　数据网关的模式选择

当进行模式选择之后，数据网关软件界面如图 11-29 所示，界面上实时显示温度、湿度、光照度数据，继电器、LED 的状态也显示在界面上，同时用户可对其进行开关控制。

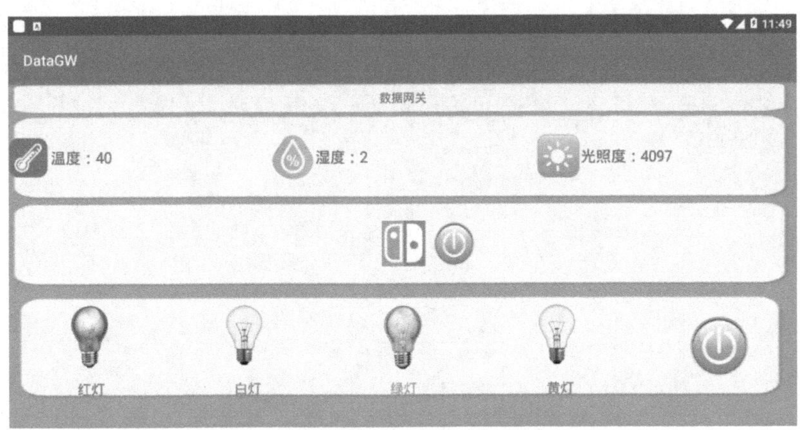


图 11-29　数据网关软件主界面运行结果

### 3. 数据采集与传输模拟软件运行结果

数据采集与传输模拟软件可运行于 Android 模拟器或 Android 实体设备，其运行结果如图 11-30 所示。在其界面上显示继电器和 LED 的当前状态，但并不显示环境数据。

图 11-30　数据采集与传输模拟软件运行结果

4. 远程监控 Web 页面运行结果

当服务端软件、数据网关软件、物联网开发平台工作模块（或数据采集与传输模拟软件）正常运行时，用户使用浏览器登录服务端 Web 系统后，即可在 Web 页面上实时查看网关传输到服务器上的环境数据，并在 Web 页面上向网关发送继电器、LED 开关指令，此外还可以查看历史数据。用户的账户权限分为类型 0、类型 1、类型 2 三类。类型 0 用户为系统管理员，除可查看实时数据及历史数据外，还可以执行用户管理、历史数据删除操作。类型 1 用户不可进行用户管理，但可以删除历史数据。类型 2 用户仅可查看实时数据及历史数据。不可进行用户管理及历史数据删除。部分 Web 页面运行结果如图 11-31～图 11-33 所示。

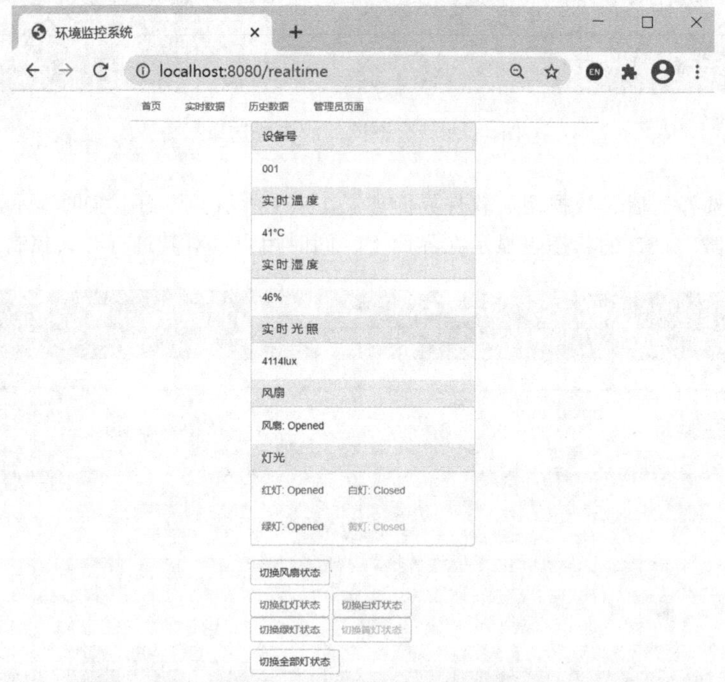


图 11-31　实时数据查看与远程控制页面运行结果

环境监控系统

localhost:8080/history

首页　实时数据　历史数据　管理员页面

设备ID: 001　起始时间: 2021/03/04 11:42　截止时间: 2021/03/04 11:45

搜索　删除

| 设备ID | 温度 | 湿度 | 光照 | 监测时间 |
|---|---|---|---|---|
| 001 | 5 | 5 | 514 | 2021-03-04 11:42:00.0 |
| 001 | 20 | 5 | 2050 | 2021-03-04 11:42:01.0 |
| 001 | 12 | 15 | 1286 | 2021-03-04 11:42:02.0 |
| 001 | 5 | 12 | 517 | 2021-03-04 11:42:03.0 |
| 001 | 2 | 12 | 261 | 2021-03-04 11:42:04.0 |

图 11-32　历史数据查看页面运行结果

图 11-33　用户管理页面运行结果

## 习　题

1. 物联网开发平台硬件由哪些部分组成？说明各个部分的主要作用。

2. 基于物联网开发平台的环境监控系统由哪些部分组成？各个部分之间需要传递哪些数据？它们通过何种方式进行通信？

3. 数据网关软件的工作模式 1 和模式 2 有何区别？

4. 数据网关软件中的 MyApplication. java 程序的作用是什么？

5. 数据网关软件程序中的 Socket 通信涉及哪些子线程？

6. WebSocket 协议的优点是什么？说明 WebSocket 协议的工作过程。

7. 简要说明服务端程序中的控制器类、服务类、映射接口类、实体类之间的关系。

8. 假设使用 Android 模拟器来运行数据网关程序，当服务端程序与 Android 模拟器运行于同一主机以及不同主机时，那么网关连接服务器时，服务器端的 IP 地址分别是什么？

# 参考文献


[1] 张普宁，吴大鹏，舒毅，等. 移动互联网关键技术与应用 [M]. 北京：电子工业出版社，2019.

[2] 关锦文，吴观福. 移动互联网技术应用基础 [M]. 广州：华南理工大学出版社，2015.

[3] 苏广文，何鹏举，张乐芳，等. 移动互联网应用新技术 [M]. 西安：西安电子科技大学出版社，2017.

[4] 傅洛伊，王新兵. 移动互联网导论 [M]. 3 版. 北京：清华大学出版社，2019.

[5] 张鸿涛. 移动互联网 [M]. 北京：北京邮电大学出版社，2019.

[6] 危光辉，罗文. 移动互联网概论 [M]. 北京：机械工业出版社，2014.

[7] 李维勇，杜亚杰，石建. 移动互联网应用开发（基于 Android 平台）[M]. 北京：清华大学出版社，2016.

[8] 董西成. 大数据技术体系详解：原理、架构与实践 [M]. 北京：机械工业出版社，2018.

[9] 李刚. 疯狂 JAVA 讲义 [M]. 4 版. 北京：电子工业出版社，2018.

[10] 邬贺铨. 对网络体系变革的思考 [J]. 中兴通讯技术，2019，25（1）：2-4.

[11] 邬贺铨. 2019 互联网再出发 [J]. 科学中国人，2019（5）：36-39.

[12] 张长青. 浅析 5G 网络对移动互联网的影响 [J]. 电信网技术，2015（11）：28-33.

[13] 贾庆民. 5G 移动通信网络中缓存与计算关键技术研究 [D]. 北京：北京邮电大学，2019.

[14] 张亚强. 边缘计算下物联网事件边界检测与复杂任务调度优化 [D]. 北京：中国地质大学（北京），2020.

[15] 李洪星. 移动边缘计算组网与应用研究 [D]. 北京：北京邮电大学，2017.

[16] 姚广. 5G 移动通信发展趋势与若干关键技术分析 [J]. 信息系统工程，2017（2）：57.

[17] 尤肖虎，潘志文，高西奇，等. 5G 移动通信发展趋势与若干关键技术 [J]. 中国科学：信息科学，2014，44（5）：551-563.

[18] 赵亚军，郁光辉，徐汉青. 6G 移动通信网络：愿景、挑战与关键技术 [J]. 中国科学：信息科学，2019，49（8）：963-987.

[19] 明日科技. Java 从入门到精通 [M]. 北京：清华大学出版社，2019.

[20] 郭现杰，张权. 从零开始学 Java. [M]. 北京：电子工业出版社，2015.

[21] 克尼亚万. Java 编程指南 [M]. 闫斌，贺莲，译. 北京：机械工业出版社，2015.

[22] 李宁宁，等. 基于 Android Studio 的应用程序开发教程 [M]. 北京：电子工业出版社，2016.

[23] 刘慧琳. Java 程序设计教程 [M]. 北京：人民邮电出版社，2013.

[24] 温淑鸿，田沛. Android 核心编程：Activity、BroadcastRecevier、Service 与 ContentProvider 实战 [M]. 北京：清华大学出版社，2019.

[25] 李刚. Android 疯狂讲义 [M]. 4 版. 北京：电子工业出版社，2019.

[26] 欧阳燊. Android Studio 开发实战——从零基础到 App 上线 [M]. 2 版. 北京：清华大学出版社，2018.

[27] 陈文，郭依正. 深入理解 Android 网络编程技术详解与最佳实践 [M]. 北京：机械工业出版社，2013.

[28] 明日学院，Android 开发从入门到精通 [M]. 北京：中国水利水电出版社，2017.

[29] 邵长恒，等. Android 程序开发实用教程 [M]. 北京：清华大学出版社，2014.

[30] 傅由甲，等. Android 移动网络程序设计案例教程 [M]. 北京：清华大学出版社，2016.

[31] 董志鹏，等. Android 手机应用开发简明教程 [M]. 北京：清华大学出版社，2016.